처음
만나는
뇌과학
이야기

일상 속에 숨겨진
재미있는
뇌의 비밀

양은우 지음

처음
만나는
뇌과학
이야기

카시오페아
Cassiopeia

매년 3월 셋째 주에는 전 세계 60여 개 선진국가에서 뇌의 가치와 중요성을 알리고자 '세계뇌주간'이란 것을 마련해 각종 강연과 세미나를 엽니다. 처음에는 뇌과학, 의학 차원의 어려운 전문용어와 학자들이 중심이었지만, 지난 10여 년 사이 생활 속 주제와 일반 대중으로 완전히 바뀌었지요. 21세기 대표 키워드 '뇌'는 그렇게 우리의 삶속으로 들어와 있습니다.

이제 뇌에 대한 질문은 'What'이 아니라 'How'로 시작됩니다. 뇌에 대한 직접적인 연구는 뇌과학자와 의학자, 공학자 들이 주도하겠지만, 누구에게나 있는 뇌의 활용과 계발은 우리 모두의 몫이 되었기 때문입니다. 《처음 만나는 뇌과학 이야기》는 그러한 면에서 출간 시점이 적절하고 책의 방향이 타당합니다.

일반 대중들이 뇌과학자와 의학자들만큼 뇌에 대한 지식을 알아야 하는 부담을 느낄 필요가 없습니다. 중요한 것은 생활 속에서 나의 삶을 보다 건강하고, 의미 있게 만드는 활용에 있을 것입니다. '일상 속에 숨겨진 뇌의 비밀'이라는 표현에서 알 수 있듯이 이 책의 효용성은 여기에 있습니다.

나로부터 시작해서, 나와 너 사이의 관계, 뇌가소성으로 대표되는 변화와 훈련 그리고 활용에 이르기까지 총 4장으로 구성되어 있는 책의 전개 흐름 안에 저자가 보여주는 뇌에 대한 인식이 녹아 있습니다.

　'눈에 반짝거림이 없어지는 순간 뇌는 쇠퇴한다'라는 말이 있습니다. 뇌를 생물학적인 대상이 아닌 활용하고 계발해야 할 최고의 자산으로 여길 때 적지 않은 변화가 생길 것입니다.

장래혁(《브레인》 편집장·글로벌사이버대학교 뇌교육융합학부 교수)

최근 경제, 경영, 마케팅, 과학, 예술 등 전 분야에 걸쳐 뇌과학 혹은 조금 더 넓은 의미로 신경과학을 응용한 새로운 시도들이 활발하게 이루어지고 있다. 경제와 신경과학을 결합한 신경경제학, 심리학과 신경과학을 결합한 신경심리학, 마케팅과 신경과학을 결합한 뉴로마케팅, 리더십과 신경과학을 결합한 뉴로리더십, 건축 등 공학과 신경과학을 결합한 뉴로엔지니어링 등 모든 산업과 학문 분야에서 뇌과학은 기존 이론의 정체를 해소해줄 수 있는 새로운 대안으로 떠오르고 있다. 스포츠나 교육, 자기 계발 분야는 물론 정치나 법조계에 이르기까지 사회 구석구석에서 뇌를 우리 삶에 응용하기 위한 새로운 시도들이 활발하게 진행 중이다. 이에 따라 세계 각국마다 뇌과학을 미래의 유망한 학문 및 산업 분야로 인식하고 이에 대한 투자를 대폭적으로 늘려나가고 있다.

뇌과학이 새로운 화두로 등장함에 따라 일반인들의 관심도 점차 증가하는 추세이다. '뇌섹남'이나 '뇌섹녀'와 같이 뇌와 관련된 신조어가 등장하는가 하면 관련된 서적의 출판이나 연구 결과 보도도 꾸준히 늘어나고 있다. 최근 출간되는 책들 중 상당수는 뇌과학

이론들을 자연스럽게 인용하기도 한다. 이제는 주위에서 뇌에 관한 이야기를 하는 것이 낯설지 않고 자연스럽게 받아들여질 정도이다. 그럼에도 불구하고 신경과학은 '뇌'라는 특수한 영역을 기반으로 하다 보니 전문적인 지식이 없이는 내용을 쉽게 이해하기 어렵고 따라서 아직까지도 어렵다는 인식이 보편적으로 퍼져 있는 상황이다. 아무리 쉽게 풀어쓴 뇌과학 책이라고 할지라도 모험을 좋아하는 일부 선구자들에 의해서만 한정적으로 읽히고 있는 형편이다. 아직 뇌과학은 가까이하기에는 너무 어려운 존재라고 여겨지고 있는 듯싶다.

이러한 상황에서 나는 일반 대중들에게 뇌라는 것이 생각처럼 그리 어려운 것이 아님을 알리고 싶었다. 우리의 일상생활 속에서 일어나는 일들이 알고 보면 뇌와 관련된 것들이 많으며 친근함을 통해 뇌의 응용에 더욱 가까이 다가갈 수 있는 발판을 마련하고 싶었다. 일반인들은 쉽게 받아들이기 어려운 과학적 사실들을 우리가 매일 접하는 일상 속의 현상과 접목함으로써 전문 과학 영역과 일반 대중 사이에 서로 공감할 수 있는 영역을 만들어보고 싶었다. 그리고 더 나아가 우리 몸에서 가장 중요한 부위인 뇌를 더욱 잘 활용함으로써 삶의 질을 한 단계 끌어올리도록 돕고 싶은 취지가 담겨 있다.

사실 나 역시 뇌과학에 대해 본격적으로 지식을 쌓게 된 것은 그리 오래되지 않았다. 25년간 몸담았던 직장을 그만두고 난 후 나만의 차별화된 콘텐츠가 필요했다. 이를 위해 세상의 흐름을 관찰하던 중 우연히 뇌과학이라는 단어가 눈에 띄었다. 이미 뇌과학이 선진국과 우리나라를 비롯해 수많은 나라에서 미래 유망 산업 분야로 지정되어 있는 데다 국가적인 차원에서의 지원도 적지 않다는 것을 알게 된 것이다. 놀라운 것은 선진국에서는 이미 여러 분야에서 뇌과학이 실용적인 차원으로 파고들고 있었다는 점이다. 뇌과학을 이용한 마케팅은 이미 오래전부터 시작되었고 스포츠와 정치, 심지어는 법조계까지 뇌과학 이론들이 광범위하게 파고들고 있었다. 하지만 우리나라에서는 뇌과학의 발달이 상대적으로 더디게 이루어졌다. 기업의 HR 분야에서도 뇌과학에 대한 관심이 높아지고 있었지만 본격적인 연구는 이루어지지 못하고 있었다. 막연하기는 했지만 기회가 될 수 있었기에 뇌과학 분야를 파고들어 가 보기로 했다.

우연이 때를 잘 만나면 필연으로 이어질 수 있는 법이다. 어느 날 우연히 오랫동안 쓰지 않고 방치해두었던 전자메일에 접속하게 되었는데 마침 한 교육기관에서 주관하는 3개월 교육과정을 알리는 메일이 있었다. 한국브레인트레이너협회에서 주관하는 것으로 전반적인 두뇌활용능력을 높이기 위한 프로그램이었는데 교육을 이수하기 위해서는 뇌에 대한 전반적인 지식과 이해가 필요했다. 마침 경영에 접목할 새로운 키워드로 뇌과학을 선정하고 학습 기회를 찾던 나의 시야에 그것이 들어왔다. 그렇게 뇌과학과의 인연이 시작되었다.

이후 모든 경제활동을 단념한 채 하루 8시간씩 3개월간 오로지 뇌과학 공부에만 매달렸다. 이전에도 관심이 없는 것이 아니었기에 틈날 때마다 뇌과학과 관련된 서적들을 찾아보고는 했지만 비전공자가 그 내용을 이해하기는 쉽지 않았다. 그래서 내게 뇌과학은 여전히 접근하기 힘들고 어려운 분야로 남아 있었다. 하지만 뇌의 구조와 기능에 대한 지식이 쌓여가고 이해의 수준이 높아짐에 따라 뇌과학에 대한 공부에 자신이 붙게 되었다. 체계적으로 학습을 하면서부터 뇌과학 자체에 점점 흥미를 느꼈고 강의는 물론 다양한 서적과 논문, 영상 자료들을 찾아가며 깊이를 더해나가기 시작했다. 그러자 뇌라는 것이 우리가 피상적으로 알고 있었던 것보다 훨씬 신비하기도 하면서 반면에 부족한 존재라는 것을 알게 되었고 더 깊이 있게 알고 싶다는 욕심이 생겼다. 3개월간의 교육과정이 끝나자 전문자료와 서적, 강의 등을 섭렵하며 미처 채우지 못했던 지식을 넓혀나갔다.

그런데 흥미로웠던 것은 뇌과학을 공부하는 동안 무의식적으로 또는 의식했을 수는 있으되 그 이유를 알지 못한 채 행했던 많은 일들이 보이지 않는 뇌의 작용에 의해 이루어지고 있다는 사실이었다. 한동안 인터넷에서 논란이 되었던 드레스 색깔 논란, 귀신의 소행이라고 얘기되던 가위 눌리는 현상, 무엇인가에 몰입하여 정신 없이 일을 처리하고 나면 허기가 지는 것 등이 모두 뇌와 관련되어 있다는 사실을 알게 되었다. 그리고 뇌과학이 아직도 어려운 사람들에게 이러한 이야기들을 들려줄 수 있다면 뇌과학이 조금 더 쉽고 가깝게 느껴질 수 있겠다는 생각이 들었다. 만약 그렇다면 뇌과학에 대한 지식의 보편적 전달과 그것을 디딤돌 삼아 과학의 발달에도 미약하나마 기여할 수 있지 않을까 하는 욕심까지 생겼다. 비록 심리학이나 신경과학을 전문적으로 공부한 사람도 아니고 아직도 일천한 지식이지만 그러한 결심이 뇌과학 분야의 교양서적을 집필하도록 만든 계기가 되었다. 큰 강이 가로막고 있어 건너갈 엄두조차 내지 못했던 뇌과학이라는 고립된 섬에 비록 보이지 않을 정도로 작을지라도 다리 하나를 놓아두면 그것이 사람들의 관심을 끌어들일 수 있는 기폭제가 될 수 있지 않을까 하는 생각을 하면서 말이다. 거대한 횃불이 아니라도 의지만 있다면 작은 스파크로도 불을 피울 수 있음을 믿으면서 말이다.

그러한 목적으로 쓰였기에 이 책은 우리 일상에서 누구나 한 번쯤은 겪을 수 있는 상황들을 바탕으로 하였다. 따라서 독자들도 쉽게 공감할 수 있도록 만들었다. 본문에 있는 예시를 읽는 독자들은 '맞아. 나도 그래' 하고 동의하면서 동시에 '그런데 왜 그런 거지?'라는 궁금증을 갖게 될 수 있다. 이렇게 평소 이유를 알 수 없지만 무의식적으로 행동했던 내용들을 뇌과학 측면에서 차근차근 설명하고 있기 때문에 내용에 대한 공감과 함께 깨달음의 즐거움도 얻을 수 있을 것이다. 또한 이 책은 전문적으로 깊이 있는 내용을 다루고 있지 않고 현상을 이해할 수 있는 수준에서 과학적인 설명을 곁들였기 때문에 그다지 어렵지 않고 쉽게 읽을 수 있다. 누구나 쉽게 읽을 수 있는 과학칼럼처럼 말이다. 지나치게 전문적이거나 어려운 내용은 꼭 필요한 경우가 아니면 생략하고 독자들의 흥미를 반감시킬 수 있도록 쉽게 풀어 썼다. 반면에 책을 다 읽고 난 후에는 뇌에 대한 이해와 지식이 예전에 비해 더 깊이 있는 수준으로 올라설 수 있도록 배려하였다.

이 책은 크게 네 개 영역으로 구성되어 있다. 1장에서는 나의 내면 세계에서 일어나는 현상들을 주로 다루었다. 특정 사건에 대하여 서로 엇갈리는 기억, 다른 사람이 잘되는 모습을 보며 배가 아프다고 느끼는 시기와 질투, 편의점 도시락으로 점심을 때우면서도 비싼 커피를 마시려는 비효율적인 소비심리, 일확천금의 부푼 꿈을 안고 매주 복권을 구입하는 이유, 꼬리에 꼬리를 물고 이어지는 부정적인 생각으로 밤새 잠 못 드는 시간들, 젊은 시절에는 비난을 퍼붓던 정치인들에게 나이가 들면서 표를 던지는 심리, 그리고 나 자신을 움직이는 힘이라 여겨지는 자유의지 등에 대한 내용들을 다루고 있다. 이러한 내용들을 통해 뇌가 나의 행동에 어떤 영향을 미치는지 살펴보았다.

2장에서는 나를 벗어나 다른 사람들과의 관계에서 일어날 수 있는 현상들을 중심으로 이야기를 풀어나갔다. 다른 사람과 더불어 살아가야 하는 세상에서 좋은 인간관계를 유지할 수 있는 비결들을 뇌와 연계하여 다루었다. 뇌 속에 숨겨진 가장 강력한 재능인 마음 읽기와 공감, 남녀의 소통 방식이 다른 이유, 사춘기 자녀들과의 의사불통, 타인의 사소한 변화를 알아채지 못함으로써 발생하는 오해, 무의식적인 언어습관이 타인에게 미칠 수 있는 영향, 그리고 심리적인 보상을 얻기 위해 공포물을 즐겨 찾는 습관 등에 대해 뇌과학적인 측면에서 설명하였다.

3장에서는 우리의 삶을 보다 바람직한 방향으로 끌어올릴 수 있도록 두뇌를 활용하는 방법에 대해 다루고 있다. 두뇌는 사용하는 사람에 따라 쓸모없는 신경덩어리가 될 수도 있고 무궁무진한 능력을 발휘할 수 있는 보석 같은 존재가 될 수도 있다. 뇌를 어떻게 사용하느냐에 따라 그 사람의 삶이 달라질 수 있다. 책과 운동이 두뇌 활동에 미치는 영향, 정신없이 바쁘게만 사는 것보다는 가끔 일에서 벗어나 휴식을 취해야 하는 이유, 충분한 수면이 정신건강에 미치는 영향, 바보상자라고 불리는 텔레비전이 미치는 영향 등에 대해 다루었다. 또한 경험과 훈련에 의해 바뀔 수 있는 뇌의 가소성에 대해 다루고 있으며 한동안 핫한 트렌드를 형성했던 요리의 효과에 대해서도 짚어보았다.

마지막으로 4장에서는 보다 건강한 삶을 위해 두뇌를 활용하는 방안에 대해 다루고 있다. 스트레스와 비만 등 현대인들이라면 피하기 어렵고 자유로울 수 없는 요인들에 대해 그 폐해를 짚어보고 그로부터 벗어날 수 있는 방안을 제시하고 있다. 또한 하늘이 내린

천형이라고 하는 치매의 위험에서 벗어나기 위한 뇌 활용 방법 등 일상에서 쉽게 맞닥뜨릴 수 있는 문제들을 다루고 있다.

이 책을 읽기 위해서는 뇌에 대한 기초적 이해가 필요하다. 뇌에 대한 기본적인 지식이 갖추어져 있다면 그리 어렵지 않게 읽을 수 있지만 뇌에 대한 기본 지식이 부족하다면 참고할 만한 내용이 필요할 수 있다. 그래서 그러한 분들을 위해 본문 마지막에 간단하게 뇌에 대한 기초적 이해를 도울 수 있는 부분을 삽입하였다. 이 부분은 독자의 수준에 따라 선택적으로 읽을 수 있을 것이다.

한 권의 책으로 그동안 어렵게만 여겨졌던 뇌과학에 대한 거부감을 말끔히 걷어낼 수는 없겠지만 그 거리를 조금은 가깝게 단축할 수 있지 않을까 싶다. 이 책을 읽은 독자들이 뇌과학을 그리 어렵지 않게 여기고 이전보다 더욱 많은 관심을 가질 수 있게 된다면 그것으로 보람을 느낄 것이다.

2016년 여름
양은우

차례

2장. 타인을 이해한다는, 거대한 착각

3장. 뇌는 타고나는 것일까? 계발하는 것일까?

4장. 뇌는 몸으로 말한다

1장

나도 모르는 나,
뇌는 알고 있다

내 기억이
네 기억이라는 생각

거짓말하는 사람들

서로 기억하는 것이 달라 사람들 사이에 말다툼이 발생하는 경우를 종종 볼 수 있다. 직장인들이라면 상사가 자신이 시킨 일을 왜 하지 않느냐고 다그치거나 자신이 시킨 것과 다른 일을 해왔다고 야단을 맞는 일도 있다. 그런데 당황스럽게도, 알고 보면 그러한 지시 자체가 없었던 경우도 있다. 친구들 사이에서도 마찬가지이다. 철수는 동일한 상황을 A라고 기억하지만 영호는 그것을 B라고 기억하기도 한다. 예를 들어 철수는 영호에게 만 원을 꾼 후 바로 갚았다고 얘기하지만, 영호는 철수로부터 돈을 돌려받은 기억이 없다. 대체로 자신에게 유리한 쪽으로 기억하는데 이러한 기억의 차이는 종종 심각한 갈등으로 번지기도 한다. 도대체 누가 맞는 것일까?

기억의 오류와 관련해 아주 유명한 일화가 있다. 힐러리 클린턴은

1996년 보스니아를 방문했을 당시 저격수들의 살해 위협을 피해 몸을 낮추면서 비행기에서 내렸다고 텔레비전 쇼를 통해 증언했다. 당시 그녀는 오바마와 함께 민주당 대통령 후보가 되기 위해 선거운동을 하던 참이었다. 그런데 당시의 촬영 기록을 보면 힐러리 클린턴이 딸 첼시와 함께 만면에 웃음이 가득한 모습으로 비행기 트랩을 내려와 한 아이로부터 꽃다발을 받는 모습을 볼 수 있다. 힐러리 클린턴이 기억하고 있는 당시의 모습과 촬영 기록으로 남은 모습 사이에 큰 차이가 있었던 것이다. 이 일로 인해 힐러리는 거짓말쟁이로 낙인찍혔고 무려 8%의 지지율 폭락을 겪으며 결국 대통령 후보로 선출되는 데 실패했다.

이를 두고 힐러리는 자신의 기억이 맞는다며 억울해했고 자기의 모습이 찍힌 촬영 기록을 보고서도 믿을 수 없다는 표정을 지었다고 한다. 의도된 거짓말이 아니라면 그녀의 기억 속에서 사실관계가 심하게 왜곡되었다고 여길 수밖에 없다. 미국의 대통령이었던 로널드 레이건 역시 대통령 선거운동을 하면서 많은 전쟁 영웅들에 대해 거론했지만 대부분 영화 속 장면들을 언급한 것에 불과했다. 그 역시 영화 속의 장면들을 실제의 사건들과 혼동하였던 것이다. 이러한 기억의 왜곡을 두고 마크 트웨인은 "나는 일생 동안 산전수전을 다 겪었는데, 어떤 일들은 실제로 일어나기도 했다"고 재치 있게 말하기도 했다.

이 외에도 잘못된 기억에 관한 사례들은 헤아릴 수 없이 많다. 유명 인사들과 관련된 일들은 공식적으로 기록되어 남지만 평범한 사람들의 이야기는 기록되지 않은 채 흘러간다. 크리스토퍼 차브리스와 대니얼 사이먼스가 쓴 『보이지 않는 고릴라』에는 기억과 관련된 챕터가 있는데 흥미로운 사례들을 많이 다루고 있다. 이들은 사람들이 그렇게 서로 다르게 기억하는 이유를 '기억의 착각'이라 표현한다.

앞에서 철수와 영호, 둘 중 하나는 거짓말을 하는 셈이지만 거짓이라기보다는 기억이 잘못되었을 가능성이 높다. 기억은 속성상 쉽게 변질되거나 소멸되거나 혹은 자신에게 유리한 방향으로 편향될 수 있다. 누구도 자신의 기억이 완벽하다고 주장할 수 없는 것이 기억의 속성이다. 그럼에도 불구하고 현실 세계에서는 자기의 기억이 틀릴 리가 없다며 핏대를 올리는 사람들이 많으니 그들에게 이번 장을 꼭 읽어보라고 권해주기 바란다.

기억은 어떻게 만들어지는가?

기억을 이해하기 위해서는 먼저 기억이 뇌에서 어떻게 만들어지고 저장되며 인출되는지 알아야 한다. 기억은 크게 단기 기억과 장기 기억으로 나눌 수 있다. 단기 기억이란 말 그대로 몇 분 혹은 몇 시간 정도 기억되었다가 사라지는 것을 말한다. 예를 들어 저녁에 퇴근하면서 아이가 부탁한 아이스크림을 사 가기 위해 잊지 않고 기억해두는 일이나 누군가에게 전화를 하기 위해 잠깐 동안 전화번호를 외우는 것 등은 단기 기억이다. 무언가 과제를 수행하기 위해 기억하는 것이라고 해서 작업 기억working memory이라고 불리기도 한다. 단기 기억은 일회용품과 같이 한 번 쓰고 버리는 것이기 때문에 사용 목적이 소멸되고 나면 뇌 속에 남지 않고 사라진다.

반면에 사라지지 않고 뇌 속에 지속적으로 저장되는 기억들이 있는데 이를 장기 기억이라고 한다. 장기 기억은 다시 서술 기억과 비서술 기억으로 나눌 수 있다. 서술 기억은 일상에서 벌어진 일이나 경험, 의도적으로 학습한 내용 등을 기억하는 것으로 '대상을 아는 것knowing what'이다. 반면 비서술 기억은 어떤 것을 행하는 '방식을 아는 것knowing how'이다. 비서술 기억은 절차 기억이라고도 하는데 이는 운전하기나 자전거 타기, 수영하기, 공 던지기 등과 같이 그 행위의 방법을 분명하게 서술할 수는 없지만 자연스럽게 행위를 하도록 재연되는 기억을 말한다.

서술 기억은 다시 일화 기억episodic memory과 의미 기억semantic memory 두 가지로 나뉜다. 일화 기억은 개인이 겪은 경험이나 사건, 감정과 같이 언제, 어떻게 그러한 일들이 벌어졌는지에 대한 기억이다. 의미 기억은 이 세상에 존재하는 단어들과 그 개념들에 대한 기억으로 예를 들어 대한민국의 수도는 '서울'이고 소금은 '짜다', '개는 멍멍 짖는다'와 같이 변할 수 없는 사실에 관한 것이다. 일반적으로 기억이라고 하는 것은 장기 기억을 말한다.

그런데 왜 사람마다 기억이 다르고 때로는 잘못된 기억을 하는 것일까? 그것은 기억을 저장하는 과정에서부터 왜곡이 일어나기 때문인데 첫 단추부터 잘못 끼워지는 셈이다. 기억의 형성과 저장에 가장 밀접한 관련이 있는 두뇌 부위는 측두엽 안쪽에 있는 해마라는 부위이다. 바다 속 생물인 해마와 닮았다고 해서 이름 붙여진 이 영역은 단기 기억을 장기 기억으로 저장하는 데 결정적인 역할을 한다.

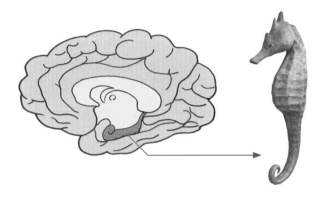

[뇌 속의 해마와 바다 속 해마의 비교 모습]

해마가 손상된 사람들은 과거에 저장된 기억은 회상할 수 있지만 새로운 정보는 기억을 하지 못한다. 뇌 질환으로 인해 해마를 제거하는 수술을 받은 H. M.이라는 환자는 수술 이후 새로운 정보를 접할 때마다 그 기억이 불과 10분밖에 유지되지 않았다고 한다. 영화 〈메멘토Memento〉를 떠올리면 쉽사리 이해가 갈 것이다.

외부에서 받아들인 정보는 해마에서 일차적인 처리를 거치게 된다. 해마는 정보들을 분류하거나 서로 연계하거나 과거의 사건과 관련짓는 정교화 과정 등을 거쳐 대뇌피질에 새겨 넣는다. 뇌는 특별한 저장 공간이 있어서 그곳에 정보들을 보관하는 것이 아니라 해마가 정보를 가공하여 대뇌피질에 새겨 넣는 과정에서 동시에 발화된 시냅스 간에 연결이 이루어짐으로써 기억이 형성된다. 수많은 시냅스들이 동시에 발화되면서 연결을 이루고 이것이 기억으로 저장되는 것이다.

주관과 감정에 의해 달라지는 기억

이 과정에서 뇌는 외부의 정보를 사진이나 동영상처럼 여과 없이 정교하게 저장하지는 않는다. 그렇게 하려면 정보가 너무 많아 에너지가 많이 소모되고 노력이 많이 필요하기 때문이다.

뇌는 항상 에너지를 최소로 소모하면서도 가장 효율적인 방식으로 작동하려는 경향이 있다. 무언가를 기억으로 저장할 때도 마찬가지이다. 모든 장면을 빠짐없이 저장하는 것이 아니라 그중 자신에게 의미 있다고 판단되는 부분만 선택적으로 발췌하여 대략적인 과정만 기억에 남긴다. 여기에 정보를 받아들이는 사람의 주관적인 판단이나 추론 등이 개입된다. 예를 들어, '사탕', '맵다', '설탕', '시다', '초콜릿', '쓰다' 등 일련의 단어들을 들려주고 시간이 지난 후에 사람들에게 '달다'라는 단어가 있었느냐고 물어보면 많은 사람이 '그렇다'라고 대답한다. 이는 사탕이나 설탕, 초콜릿 등 단맛과 관련된 단어들이 있으므로 비록 그 단어를 보지 못했음에도 불구하고 그 단어가 있었다고 착각하기 때문이다.

또 자신의 과거 경험이나 가치관, 이해 수준, 판단 능력 등에 따라 동일한 정보를 다르게 해석하거나 자신에게 유리하게 편향된 해석을 하게 된다. 하버드 대학의 대니얼 색터Daniel Schacter 교수에 따르면 이렇게 정보에 색을 입히거나 왜곡하는 현상이 벌어짐으로써 초기부터 잘못된 정보가 기억에 저장된다고 한다.

기억의 저장 과정에 감정이 관여하는 점도 영향을 미친다. 새로운 정보는 해마로 보내져 일시 보관되었다가 자극이 강하거나 반복적으로 받아들인 정보 등 인상적이거나 필요하다고 여겨지는 것들을 골라내어 대뇌피질로 새겨 넣게 되는데 이 과정에서 편도체가 관여하게 된다. 편도체는 인간의 정서 상태와 밀접하게 관련되어 있는 부위이다. 해마에서 정리된 정보에 편도체에서 받아들인 감정, 즉 긍정적이거나 부정적인 감정들을 덧붙여 대뇌피질로 전달하는 것이다. 그런데 사람마다 정보를 받아들일 때의 정서 상태가 다르다 보니 동일한 사실을 다르게 해석할 수 있고 그 해석 결과에 따라 기억의 내용이 바뀔 수 있는 것이다. 때로 떠올리기 싫은 나쁜 기억들은 의도적으로 망각되거나 왜곡되기도 한다.

미국의 심리학자 엘리자베스 로프터스Elizabeth Loftus는 기억에 대해 '자신이 직접 경험했던 사건의 일부를 토대로 상상을 덧붙여 하나의 건축물을 완성하는 것'이라고 하였다. 단도직입적으로 말해 '틀린' 사실들이 쉽게 기억 속에 남아 있게 되는 것이다. 사람들에게 슈퍼마켓에서 길을 잃었던 경험이나 열기구에 탔던 사건 등에 대해 문자 질문을 받은 사람들 중 4분의 1 정도가 실제 경험이 없음에도 불구하고 아주 자세하고 상세한 설명을 했다고 한다. 앞서 힐러리 클린턴이나 로널드 레이건이 거짓을 말한 이유도 바로 이 때문이라고 할 수 있다.

기억은 흔들리는 갈대

덧붙여 설득력 있는 질문을 받으면 기억이 쉽게 바뀌거나 심어지기도 한다. 예를 들어 범죄를 수사하는 과정에서 수사관이 증인에게 "확실해요?"라고 물으면 그것에 대해 확신할 수 없게 되거나 "혹시 이렇게 된 것 아닙니까?" 하면서 시나리오를 들려주면 마치 그게 옳은 것처럼 기억이 바뀔 수 있다. 일상에서도 누군가 "그럴 리가 있나요. 이렇게 된 거 아닙니까?" 하면서 논리적인 증거를 동원하여 설명하면 마치 그것이 옳은 것처럼 기억이 변형되기도 한다. 이처럼 기억이라는 것은 외부의 영향에 의해 쉽게 바뀔 수 있다.

두뇌의 영양 상태도 영향을 미칠 수 있다. 앞에서 언급한 것처럼 기억이 장기 저장되는 '응고화' 과정에는 단백질이 중요한 역할을 한다. 만일 뇌에서 단백질 합성이 차단되면 학습은 하지만 며칠 뒤에는 학습한 내용을 기억해낼 수 없게 된다. 단백질 합성을 방해하는 억제제를 동물의 뇌에 주사하면 학습은 하되 기억은 하지 못하는 현상이 나타난다. 따라서 뇌에 단백질 수준이 부족하면 기억이 제대로 형성되지 않을 수도 있다.

반복적인 학습이 기억을 악화시킨다는 이론도 있다. 『학습과 기억Learning and Memory』에 발표된 논문에 따르면 동일한 이미지를 반복적으로 보게 될 경우 아주 기본적인 사항은 달라지지 않지만 그때의 주의 상태나 감정 등에 따라 기억하는 내용에 차이가 생길 수 있다. 그래서 시간이 지난 후에 그 이미지를 떠올리려고 하면 서로 다른 기억들이 경쟁적으로 떠오르면서 서로 중복되는 부분은 강화되지만 그렇지 못한 부분은 기억에서 사라지게 된다. 어떠한 기억을 떠올릴 때마다 그 기억이 달라지고 긴가민가하다가 시간이 지나면서는 어떤 것이 진실인지 헷갈리게 되는 이유도 이러한 것과 관련되어 있다.

기억의 생성뿐 아니라 인출하는 과정에서도 오류가 발생한다. 기억을 떠올리는 것은 정보를 저장하는 과정에서 서로 연결된 시냅스들이 인출 과정에서 다시 결합되는 것이다. 그런데 기억의 인출 과정이 반드시 저장 과정과 일치한다고 할 수 없다. 기억이 물리적인 공간에 저장되는 것이 아니라고 했으므로 인출 과정에서도 특정 영역을 뒤지면 어떤 기억이 떠오르는 것이 아니다. 정보를 기억할 당시에 서로 발화되었던 시냅스들이 동시에 연결되도록 함으로써 기억을 떠올리게 되는데 이 과정에서 오류가 발생할 수 있다. 즉 기억의 인출 과정에서 저장 과정과 다른 시냅스들이 결합되면 기억은 왜곡될 수밖에 없다. 혹은 저장 과정에 관여했던 시냅스들 중 일부가 누락되면 기억이 변형되거나 소실될 수밖에 없다.

이처럼 기억은 저장에서부터 인출에 이르기까지 모든 과정에 걸쳐 완전하지 못한 속성이 있기 때문에 누구든 자신의 기억이 완벽하다고 자랑할 것이 못 된다. 자신의 기억이 절대적으로 옳다고 주장하는 사람들은 자신의 두뇌가 컴퓨터처럼 빈틈없이 움직인다고 착각하는 것이다. 하지만 뇌는 항상 효율을 추구하기 때문에 허술한 면이 있다는 것을 되새길 필요가 있다. 자신하는 기억도 사실은 잘못된 기억일 수 있음을 이해하고 자신의 기억에 대해서는 늘 겸손한 편이 잘난 체하는 것보다 실수를 줄이는 방법일지도 모른다.

사촌이 땅을 사면
배가 아픈 이유는 무엇일까?

신(神)조차 피해 갈 수 없는 시기와 질투

우리 속담에 '사촌이 땅을 사면 배가 아프다'는 말이 있다. 듣기에 고약할 수도 있지만 이만큼 사람의 심리를 잘 나타내는 말도 없을 것 같다. 다른 사람이 나보다 잘되면 시기와 질투를 느끼는 것이 사람의 숨김없는 기본 감정이기 때문이다. 이런 속담은 비단 우리나라에만 있는 것이 아니라 일본에도 '남의 불행은 꿀맛'이라는 식의 속담이 있다고 하니 굳이 우리나라 사람들이 유난히 옹졸해서 만들어진 말은 아닌 듯싶다.

이 속담에 담긴 기본적인 감정은 시기와 질투이다. 그것은 '다른 사람이 잘되는 것을 부러워하고 미워하는 마음'이라고 할 수 있다. 미국의 저술가 해럴드 코핀Harold Coffin은 '시샘이란 내가 가진 것이 아닌 다른 사람이 가진 것을 세는 기술'이라고 했다. 나 자신을 보는 것이 아니라 다른 사람을 보면서 내가 갖추지 못한 것을 부정적으로 바라보는 마음이라는 것이다.

그렇다면 시기와 질투는 나쁜 것일까? 개인이 처한 상황과 그것을 풀어나가는 과정에 따라 나쁠 수도 있고 좋을 수도 있겠지만 확실한 것은 누구나 가질 수 있는 인간의 기본적인 속성 중 하나라는 점이다. 인격적인 수양이 부족하고 소갈머리가 좁아서가 아니라 인간의 기본적인 속성이 시기와 질투를 하게끔 되어 있다는 것이다. 심지어는 전지전능한 신들조차도 피해 갈 수 없는 것이 시기와 질투의 감정이다.

그리스 신화에 나오는 제우스의 부인 헤라도 질투를 이기지 못해 피톤이라는 뱀에게 레토를 지구 끝까지 쫓아다니도록 했으며, 테베의 공주 세멜레를 꼬여 제우스의 본모습을 보여달라고 애원하게 만듦으로써 그 광채를 못 이기고 불에 타 죽도록 만들었다. 그뿐 아니라 칼리스토는 헤라의 질투로 인해 곰이 되었다가 제우스에 의해 큰곰별자리가 되었고 이오는 암소가 되어 온 세상을 떠돌고 말았다.

신들도 이럴진대 연약한 존재인 인간이 시기와 질투를 피할 수는 없을지도 모른다. 이에 관한 재미있는 실험 결과가 있다. 일본 방사선의학종합연구소의 다카하시 히데히코高橋英彦 박사팀은 평균 22세의 남녀 19명을 대상으로 옛 동창생들이 사회적으로 크게 성공하여 부와 명예를 얻고 부러운 생활을 하고 있는 장면을 상상하도록 했다.

이때 MRI 장비를 활용하여 두뇌의 움직임을 촬영했는데 전대상피질이 활성화되었다. 이 영역은 전두엽 바로 뒤쪽에 자리 잡고 있는 변연계의 한 부분으로 불안을 느끼는 영역이다. 또 신체적 고통을 느끼는 영역이기도 한데 전대상피질이 활성화되었다는 것은 고통을 느낀다는 것이다. 자신과 같은 환경에서 성장한 동창생들이 잘나가는 모습을 상상함으로써 상대적으로 자신이 초라하게 느껴지고 이것이 열등감이나 불안으로 이어져 시기와 질투를 불러온다는 것을 알 수 있다. 더불어 가슴이 아픈 것과 같이 육체적인 고통마저 수반하게 되는 것이다.

　더욱 재미있는 것은 그다음 실험에서 나타난다. 연구진은 동일한 피험자들에게 그 부러운 동창생이 불의의 사고나 사업 실패, 배우자의 외도 등으로 인해 불행에 빠졌다는 자극적인 상상을 하도록 하고 동일한 방법으로 그때의 뇌의 움직임을 측정하였다. 그러자 불안을 느끼는 전대상피질의 활동은 멈춘 반면 '중격측좌핵'이 활동하기 시작했다. 중격측좌핵 역시 변연계에 속해 있는 영역으로 쾌감을 발생시키는 보상회로이다. 이 결과의 의미는 경쟁관계에 있는 사람이 잘못되는 모습을 보면 우리의 두뇌는 쾌감을 느낀다는 것을 나타낸다. 두드러진 점은 동창생이 잘되는 모습을 보고 전대상피질이 크게 활동한 사람일수록 중격측좌핵의 활동이 더욱 컸다는 것이다. 이는 경쟁 상대에 대한 시기심이나 질투심이 강한 사람일수록 그 사람이 잘못되었을 때 쾌감을 크게 느낀다는 것을 나타낸다.

남의 불행을 기뻐하는 이러한 감정을 샤덴프로이데Schadenfreude라고 한다. 사람들은 겉으로는 동료의 성공을 축하해주고 진심으로 기뻐하는 것 같지만 속으로는 질투와 시기심에 시달리는 경우가 많다. 반대로 동료의 실패를 동정하고 위로하는 것처럼 보여도 속으로는 그의 불행을 기뻐하는 감정을 느끼는 것이 근원적인 감정인 것이다.

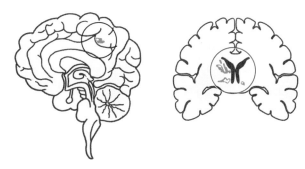

[검은색으로 표시된 부위가 질투심을 느낄 때 활성화되는 영역.
빨간색 부위는 다른 사람의 불행을 볼 때 활성화되는 영역.
출처: http://www.dailymail.co.uk]

비교에서 오는 열등감

시기나 질투의 감정은 두뇌의 변연계limbic system에서 다루어진다. 스스로 자신의 감정을 인식하거나 조절할 수 없는 포유동물들이 느끼는 것과 동일한 종류의 감정을 다루는 곳이 변연계인데 시기와 질투라는 감정 역시 이곳에서 생겨난다. 다른 포유류 동물들과 달리 인간은 전두엽이 발달하여 이성적이고 합리적인 사고를 할 수 있지만 내면세계에서 떠오르는 원초적인 감정인 시기나 질투심마저 억누를 수는 없다는 것을 알 수 있다.

시기나 질투의 감정은 나와 비슷한 환경에서 성장하였거나 현재 비슷한 환경에 있는 사람들, 혹은 여러 가지 측면에서 나보다 못하다고 여겨지는 사람들이 상대적으로 나보다 잘되거나 잘된다고 느끼는 경우 발현된다. '키 큰 양귀비 신드롬toll poppy syndrome'이라는 것이 있다. 오스트레일리아의 정신과 의사인 노먼 페더Norman Feather는 질투의 대상이 되는 사람들을 '키 큰 양귀비'라고 불렀는데 '키 큰 양귀비 신드롬'이란 또래에 비해 재능이나 성취가 뛰어난 사람들을 깎아내리거나 비난하는 것을 뜻한다. 자신과 비슷한 처지에 있는 사람들이 잘될수록 더 많이 질투하고 그 사람이 잘못될 경우 더 큰 기쁨을 느낀다는 것이다.

이러한 감정을 보다 근본적으로 파고 들어가 보면 그 속에는 그 사람이 가진 것을 내가 가지지 못한 열등감이 자리 잡고 있다. 고등학교 때에는 나보다 공부를 못했던 친구가 어느 날 고급 승용차를 타고 거들먹거리며 동기 모임에 나타나거나, 같은 대학을 나온 친구가 나보다 빨리 진급을 하고 나보다 연봉이 많거나, 나보다 나이도 어리고 '후진' 대학을 나온 사람이 나보다 잘나가는 경우에 질투가 폭발하고 만다.

서울대 정신과 상담전문의인 정도언 박사의 말에 따르면 남을 깔보는 것은 내 열등감이 상대방에게 투사되어 옮겨진 것이라고 한다. 마음속에 열등감이 생기면 나를 열등감으로 몰아넣은 상대방을 시기하고 질투할 수밖에 없다. 내가 가지지 못한 것을 다른 사람은 가지고 있는데 나는 가질 수 없으니 그 사람이 가지고 있는 것을 깎아내림으로써 그의 성공을 단순히 운이 좋았거나 편법적인 방법으로 이루어진 것이라고 폄하하고 싶은 심리에서 비롯되는 것이다. 나의 수준을 높이는 것보다는 다른 사람의 수준을 끌어내려서 나와 동일한 정도로 만드는 것이 더욱 쉽다 보니 그러한 감정을 느낀다고 할 수 있다.

이렇듯 사람들의 외면을 한 꺼풀 열고 들어가면 내면세계에서 누군가의 성공을 질투하거나 누군가의 실패를 기뻐하는 감정 중추가 자리하고 있음을 알게 된다. 이러한 감정은 기본적으로 비교에서 나온다. 즉 자기 자신을 다른 사람과 비교함으로써 내가 가지고 있지 못한 것을 가지고 있는 사람에게 열등감과 함께 시기와 질투를 느낀다. 반면에 내가 가지고 있는 것을 가지지 못한 사람에게는 우월함과 기쁨을 느끼게 되는 것이다.

'비교'는 한자로 比較인데 '서로 대조하여 견주다'라는 뜻이다. 여기서 비比는 날카로운 칼을 뜻하는 비수(匕)가 나란히 두 개 있는 모양이다. 즉 날카로운 두 개의 칼끝이 하나는 상대방을 향해, 다른 하나는 나 자신을 향해 겨누고 있는 형상을 나타낸다. 날카로운 칼이 나 자신과 다른 누군가를 동시에 겨루고 있다면 둘 다 상처를 입을 수밖에 없다. 결국 비교는 나를 상처 입히고 불행하게 만드는 동시에 다른 사람들도 다치게 만든다.

시기나 질투의 원인이 되는 열등감, 그리고 그 열등감을 불러일으키는 비교는 삶을 불행하게 하는 원인이 된다. 우리는 항상 비교 때문에 불행해진다. 사람들은 늘 자신보다 위에 있는 사람들을 바라보며 산다. 그들과 비교하여 자신이 가지지 못한 것을 부러워하며 살아감으로써 스스로를 불행하게 만드는 것이다.

건강한 질투와 '그까짓 거' 정신

비교가 항상 나쁜 것만은 아니다. 나보다 뛰어난 사람과의 비교를 통해 건강한 질투를 만들어내고 그것을 바탕으로 나를 업그레이드해 더 나은 삶을 위해 노력한다면 긍정적으로 나아갈 수 있기 때문이다. 틸부르흐 대학의 닐스 판 데 펜Niels van de Ven 교수는 한 무리의 대학생들을 두 그룹으로 나눈 후 첫 번째 그룹에는 '행동을 바꾸는 것은 쉽다'고 생각하도록 수많은 장애를 극복하고 유명한 과학자가 된 남자의 이야기를 읽도록 하였다. 두 번째 그룹에는 '행동을 바꾸는 것은 어렵다'라고 생각하게끔 엘리트 코스를 충실하게 밟아 유명한 과학자가 된 남자의 이야기를 들려주었다. 그리고 두 그룹 모두에게 학술 대회에서 좋은 성적을 거둔 학생에 관한 신문 기사를 읽게 만들었다.

이후 학생들에게 자신이 느끼는 감정을 세 가지 범주, 즉 이 남자처럼 되고 싶다는 건강한 질투와 그가 거둔 성과를 인정한다는 선망, 그리고 그가 실패했으면 좋겠다는 건강하지 못한 질투의 감정 중 하나로 선택하여 평가하도록 했다. 더불어 다음 학기에는 몇 시간이나 더 공부를 할 계획인지도 물었다.

학생들이 제출한 자료를 분석해본 결과 '행동을 바꾸는 것은 쉽다'라고 생각한 참가자들은 학술 대회에서 우수한 성적을 거둔 학생에게 건강한 질투를 느끼는 감정이 더 컸다. 또한 이들은 선망을 느낀 학생들보다 다음 학기에 더 많은 시간을 공부하겠다는 계획을 제출했다. 행동을 바꾸는 것은 쉬운 일이므로 학업 성적이나 인생의 성공을 자기 스스로 통제할 수 있으며 이로 인해 공부에 대한 의욕이 커진 것이다. 결국 건강한 질투가 더 많은 노력을 불러올 것이라고 예상할 수 있다.

반면 '행동을 바꾸는 것은 어렵다'라고 생각한 참가자들은 부럽다고 느끼는 선망의 감정을 가질 가능성이 더 높았다. 이들은 행동은 바뀌지 않기 때문에 열심히 노력해도 성적을 올리기 어렵다고 여기고 그래서 성공한 사람에 대해서는 선망을 느끼지만 굳이 달라지지 않는 결과를 위해 더 열심히 공부할 생각은 없었던 것이다.

이 연구팀의 또 다른 연구에서는 건강한 질투가 자신을 향상시키고 남에게 뒤지지 않으려 애쓰는 정신력을 만드는 반면 건강하지 못한 질투는 자신감을 떨어뜨리는 것으로 드러났다. 건강한 질투는 나보다 더 나은 사람들과 비교함으로써 자신을 부단히 끌어올리려고 노력하는 반면 건강하지 못한 질투는 내가 아닌 상대방을 끌어내림으로써 상대적인 안정감을 얻으려고 노력한다.

이러한 연구 결과에서 보듯이 '타인과의 비교'를 건강한 방향으로 활용하고 그것을 내 발전의 디딤돌로 삼으면 더할 나위 없이 좋겠지만 대부분의 비교는 부정적인 방향으로 흐를 수밖에 없다. 그래서 비교를 통해 나를 건강하게 업그레이드할 자신이 없다면 아예 처음부터 비교를 하지 않는 것이 더 나을 수도 있다.

부러움이나 시기, 질투, 열등감은 삶을 불행하게 만든다. 뇌는 동시에 여러 가지 일을 처리하기 어렵기 때문에 이러한 감정에 몰입하면 자신이 하고 있는 일에 주의를 기울이는 능력이나 기본적인 일들을 처리할 수 있는 능력이 떨어진다. 그렇게 되면 그 피해는 고스란히 자신에게 돌아올 수밖에 없다. 괜히 다른 사람을 시기하고 질투하느라 자신의 능력마저 손해를 보게 되는 것이다.

시기나 질투의 마음이 가져오는 결과는 마음의 평화를 깨뜨리는 것뿐이고 자신에게 주어진 행복은 뒷전으로 제쳐둔 채 남의 행복만 부러워할 뿐이다. 그러니 비교하는 마음을 버려야 비교에서 오는 시기와 질투로부터 자유로워지고 행복해질 수 있다. '그까짓 거 남들보다 조금 못하면 어떻단 말인가, 어차피 언젠가는 빈손으로 세상을 떠날 존재들인데'라는 대범한 마음가짐을 갖는 것이 좋겠다.

나이 들수록
보수적으로 바뀌는 이유는?

줄어드는 뇌세포

윈스턴 처칠이 이런 말을 했다. "25세 때 자유주의자가 아니면 심장이 없는 것이고 35세 때 보수주의자가 아니면 머리가 없는 것이다." 이를 빗대어 철학자인 칼 포퍼Karl Popper는 "젊어서 마르크스주의자가 아니면 심장이 없는 것이고 나이 들어서도 마르크스주의자이면 머리가 없는 것이다"라고 하였다. 이를 변형하여 "젊어서 진보주의자가 아니면 심장이 없는 것이고 나이 들어서도 진보주의자면 철이 없는 것이다"라고 말하는 사람들도 있다. 어쨌거나 결론은 나이가 들수록 보수적인 성향이 강해진다는 것이다.

실제로 사람들은 나이가 들수록 보수주의적인 성향을 나타낸다. 젊어서 진보주의 편에 섰던 사람들도 나이가 들고 50줄을 넘어서면 보수주의로 색깔을 바꾸는 경우가 많다. 이를 두고 변절이라고 하는 사람들도 많지만 그렇게 변해가는 것이 인간의 속성인 모양이다.

인간은 나이가 들수록 행복감을 느끼고 삶에 대한 만족도가 높아진다. 개인에 따라 다르겠지만 통계적으로 보면 20대에서 50대 초반까지는 행복감이 지속적으로 하락하지만 50대가 지나면서부터는 행복감이 다시 상승하는 추세로 돌아선다. 22년 동안 2,000여 명을 대상으로 진행하고 2005년에 종결된 연구에서 퍼듀 대학의 심리학자인 대니얼 므로첵Daniel Mroczek 박사는 건강, 혼인 상태, 수입을 통제한 상태에서 삶의 만족도가 65세에 절정에 이른다고 밝혔다.

나이가 들수록 사람들이 보수적인 성향으로 바뀌는 이유는 바로 이러한 행복감과 무관하지 않을 것으로 여겨진다. 자신의 현재 삶이 만족스럽고 행복하다고 느끼는 상태에서 굳이 무언가를 바꾸고 싶은 마음이 생기지 않기 때문이다. 그렇다면 사람들은 왜 나이가 들면서 행복감을 느끼는 걸까? 어떤 변화가 그런 감정의 변화를 가져오는 것일까? 이러한 궁금증에 대답하기 위해서는 뇌의 변화를 자세히 살펴볼 필요가 있다.

인간의 뇌는 다른 신체 부위와 마찬가지로 나이가 들면서 노화 현상이 나타난다. 뇌의 신경세포는 20대 초반에 최고조에 달한 후 매일 10만~20만 개씩 감소한다고 한다. 이는 1,000억 개나 되는 뇌세포 수에 비해 아주 미미한 숫자에 불과하지만 나이가 들어 누적적으로 뇌세포가 사멸되면 젊은 사람들에 비해 그 기능이 떨어질 수밖에 없다. 일부 학자들에 따르면 매 10년마다 전체 뇌세포의 2%가 사멸

한다고 하는데 건강한 노인은 정점에 비해 뇌의 무게가 6~11% 정도 줄어드는 것으로 알려져 있다.

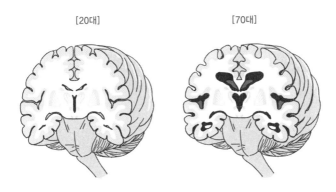

[20대]　　　　　[70대]

[70대 노인의 경우 뇌세포의 사멸로 인해 빈 공간이 눈에 띈다]

　뇌세포의 사멸과 함께 수상돌기도 줄어든다. 수상돌기는 다른 뇌세포와 시냅스를 형성하여 신경세포 간의 결합을 촉진하는 역할을 한다. 나이가 들어 수상돌기의 숫자가 줄어들면 당연히 신경세포 간의 연결이 줄어들고 고립된 뉴런이 생겨남으로써 세포 사멸이 촉진된다. 또한 몸의 유연성이 떨어지는 것처럼 신경세포막이 굳어져 신경전달물질의 합성과 방출이 감소되는데 이는 기억력의 저하를 가져온다.

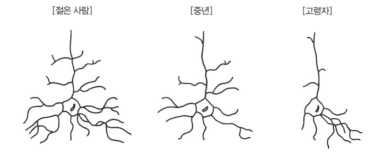

[젊은 사람]　　　　　[중년]　　　　　[고령자]

[나이에 따른 신경세포의 변화 모습]

　나이 든 사람들에게서 나타나는 또 하나의 특징은 변화에 취약하다는 것이다. 직장에서도 나이 든 사람들의 경우 새로운 시스템이나 새로운 업무 방식 등 기존에 하던 것과 다른 변화를 몹시 싫어한다. 이것이 조직에서 소외되는 원인이 되기도 한다.

　그런데 이는 어찌 보면 당연한 것일 수도 있다. 뇌는 에너지를 최소로 사용하고자 하는 경향 때문에 이미 익숙해진 길로만 다니려고 한다. 새로운 변화에 따르려면 이미 익숙해진 환경에서 벗어나 새로운 환경으로 주의를 옮겨가야 한다. 뇌의 앞쪽에 자리 잡고 있는 전두엽은 익숙한 것에 머무르려고 하는 충동을 억제하지만 나이가 들면 전두엽의 기능도 떨어지기 시작한다. 노화는 전두엽으로부터 시작되기 때문이다. 따라서 나이가 들면 변화를 수용하는 능력이 떨어질 수밖에 없다.

　전두엽의 기능이 떨어지는 것은 집중력의 변화에도 영향을 미친다. 보통 나이 든 사람들은 집중력에 어려움을 겪는다. 뇌 촬영 장비를 이용하여 집중력 실험을 하면 나이 든 사람들은 쉽사리 주의가 흩어지는 것을 관찰할 수 있다. 토론토 대학의 뇌과학자인 셰릴 그레이디Cheryl Grady에 따르면 청소년들의 경우 방금 전에 접한 단어나 사진, 고난도 일화 기억 등을 떠올리라고 했을 때 배외측 전전두엽이 크게 활성화되면서 집중하는 모습을 보였다. 하지만 나이 든 사람들은 전전두엽 대신 그 안쪽 부분인 전대상피질 영역을 사용하는 일이 많았다. 전대상피질 영역은 쉽게 말해서 '멍 때릴 때' 활성화되는 부위 중 하나이다. 이 말은 나이 든 사람들의 경우 주의력이 분산되어 집중에 어려움을 겪는다는 뜻이다.

나이가 들수록 깊어지는 통찰력

이렇듯 나이가 들어감에 따라 뇌의 물리적 퇴화에서부터 신체 모든 부분의 기능이 저하되면서 불편을 느낀다. 그럼에도 불구하고 나이가 들어갈수록 삶에 대한 만족감과 인생에 대한 행복감이 증가하는 이유는 무엇일까? 그 해답 역시 뇌에 있다. 나이가 들어갈수록 뇌를 사용하는 방식이 이전과 달라지기 때문이다. 우선 나이가 들면 그동안 쌓은 경험과 지식으로 인해 문제 해결이나 예측력, 위기 관리 능력 등 종합적인 판단력이 향상된다. 나이 많은 사람들은 통찰력을 발휘하는 것처럼 직관적인 판단이 필요한 경우 더 큰 힘을 발휘할 수 있다.

펜실베이니아 주립대학의 심리학자인 셰리 윌리스Sherry Willis는 남편 워너 샤이Warner Schaie와 함께 어휘, 언어 기억, 계산 능력, 공간 정향, 지각 속도, 귀납적 추리 등 6개 항목에 대한 처리 능력을 측정하는 종단연구를 수행하였다. 두 사람은 1956년부터 40년이 넘는 시간 동안 20세에서 90세 사이에 다양한 직업군을 가진 6,000여 명의 사람들을 대상으로 매 7년마다 참가자들의 정신적 기량을 측정하였다. 그 결과 놀랍게도 계산 능력과 지각 속도를 제외한 네 가지 항목 분야에서 가장 우수한 성적을 거둔 나이는 평균적으로 40세에서 65세 사이의 사람들이었다.

이처럼 인지적인 측면의 능력은 나이가 들면서 오히려 젊은 사람들에 비해 높아지는데 혼Horn과 카텔Cattell의 연구에서도 유사한 결과를 확인할 수 있다. 그들은 나이가 들면서 결정성 지능이 향상된다고 주장했는데 이는 선천적으로 결정되는 것이 아니라 사회, 문화적인 영향을 받으며 교육이나 양육 환경 등에 의해 달라질 수 있는 것이다. 어휘에 대한 이해력, 일반적인 지식, 상식, 논리적 추리 능력, 산술 능력 등이 이에 포함된다. 이러한 지능은 생리적인 영향을 받지 않아 나이가 들어도 꾸준히 유지되거나 경험의 축적으로 인해 증가된다고 한다.

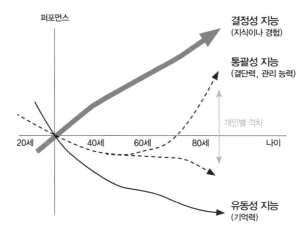

[세 가지 지능의 퍼포먼스(Horn and Cattell, 1967)]

일상의 평범함 속에서 느끼는 행복감

다른 면에서는 나이가 들어가면서 뇌의 좌우 반구를 적절히 통합해 활용하는 경향이 높아지는 양측 편재화 현상이 나타난다. 보통 젊었을 때는 좌뇌와 우뇌 중 어느 한쪽을 더 많이 활용하는 경향이 있다. 하지만 나이가 들어가면서 뇌의 양반구를 조화롭게 활용하는 능력이 향상된다. 다양한 연령대의 사람들에게 부모parents와 피아노 piano와 같이 쌍으로 이루어진 단어를 여러 개 보여준 다음 그것들을 암기할 때와 떠올릴 때의 뇌 반응을 촬영하였다. 그 결과 젊은 사람들은 기억을 할 때는 왼쪽 전두엽, 기억을 회상할 때는 오른쪽 전두엽 등 뇌의 한쪽 반구만을 주로 사용하였다.

반면에 나이 든 사람들은 기억을 하기 위해 왼쪽 전두엽을 덜 사용했을 뿐 아니라 기억을 인출하는 과정에서도 오른쪽과 왼쪽 전두엽을 모두 활용하였다. 이는 나이 든 사람들이 복잡한 과제를 해결하기 위해 그 과제의 해결에 가장 도움이 되는 영역들을 조화롭게 활용한다는 것을 나타낸다.

이렇게 나이를 먹어가면서 뇌의 양반구를 더욱 조화롭게 활용할 수 있게 되고 필요한 것들을 끊임없이 재조직하고 최적화하며 기능적인 가소성을 지속한다. 여기에 살아오면서 쌓은 경험과 지식, 통찰, 더 나아가 직관의 힘이 더해지고 더욱 큰 패턴을 보고 더 큰 틀에서 문제를 바라봄으로써 해결할 수 있는 창의력이 높아진다. 그래서 젊었을 때는 풀기 어려웠던 문제들을 해결할 수 있는 역량이 높아지는 것이다.

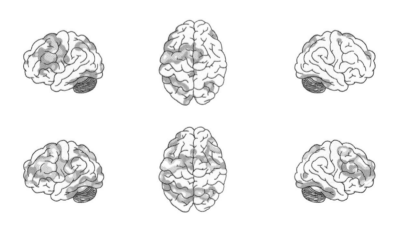

[젊은 사람(위)과 나이 든 사람(아래)의 두뇌 활용 모습. 출처: http://medicineatmichigan.org]

이러한 기능적인 측면에서의 변화와 함께 감정적인 측면의 변화도 포착된다. 나이가 들면 이전보다 장밋빛 인생관을 채택하는 경향이 높아진다. 인간의 뇌는 나이가 들어갈수록 더 낙관적인 경향을 보이는데 이는 긍정적인 감정이 늘어난다기보다 부정적인 감정이 감소하기 때문이라고 생각할 수 있다. 나이가 들어감에 따라 편도체는 부정적인 반응에 덜 민감하도록 주의와 기억에 초점을 맞춘다. 또한 감정 통제가 이루어지는 안와전두엽의 활동이 강해진다. 젊은 사람에 비해 도파민 생성이 줄어들기 때문에 감정적으로 반응하거나 보상에 예민하기보다는 의식적으로 감정을 억제하고 자기 조절력이 높아진다. 예전에 비해 덜 감정적이고 덜 충동적으로 행동하다 보니 젊었을 때 좌충우돌하던 사람들도 나이가 들어감에 따라 다소곳해진다.

스탠퍼드 대학의 심리학자인 로라 카스텐슨Laura Carstensen은 이를 '긍정성 효과positive effect'라고 하는데 나이를 먹으면서 긍정적인 것에 점점 더 초점을 맞춘다는 것이다. 나이 든 사람들이 부정적인 정보를 무시하지는 않지만 긍정적인 것과 부정적인 것 중 하나를 선택할 수 있는 여지가 주어진다면 나쁜 것보다는 좋은 것에 집중하는 쪽을 선택하는 것이다. 이러한 경향을 보면 투표에서 부정적인 측면이 강조됨에도 불구하고 특정 후보를 지지하는 이유를 이해할 수 있을 것이다.

디트머스 대학의 교수 에밋 바타차지Amit Bhattacharjee와 와튼 스쿨 교수 캐시 모길너Cassie Mogilner가 수행한 연구는 나이가 들수록 평범한 인생에서 행복감을 느낀다는 것을 잘 나타내준다. 이들은 3년에 걸쳐 18세부터 87세의 성인 221명을 대상으로 연구를 진행했는데 해외여행이나 결혼 등 특별한 경험에 대해서는 젊은 사람들과 나이 든 사람들이 행복감을 느끼는 수준이 비슷했다. 하지만 좋은 영화를 보거나 배우자와 커피를 마시는 등 일상에서의 소소한 즐거움에 대해서는 나이 든 사람들이 느끼는 행복감이 젊은 사람들에 비해 훨씬 크게 나타났다. 젊은 사람들은 자신의 인생 여정에서 무언가 큰 족적을 남기는 것으로 보상을 느끼는 반면 나이가 들수록 일상의 평범함 속에서 행복감을 느끼게 된다는 것이다.

나이가 들면 눈이 침침해지고 기억력은 떨어지며 귀도 어두워지고 냄새나 맛에도 둔감해진다. 하나씩 늘어나는 흰머리를 보며 한숨이 날 때도 있다. 하지만 나이가 든다는 것은 또 다른 면에서 그만큼 인생을 즐겁게 살 수 있는 기회가 찾아온다는 뜻이다. 그러니 나이 들어가는 것을 한탄할 것이 아니라 나이 들어감을 즐길 필요가 있을 듯싶다. 나이는 숫자에 불과하니까 말이다.

노스페이스가
학생들의 교복이 되었던 이유

'맛집'은 정말 '맛있는 집'일까?

술을 좋아하는 남자치고 값비싼 양주에 혹하지 않을 사람은 없을 것이다. 술을 좋아하지 않는다고 해도 백화점에서 100만 원을 웃돌며 고가에 팔리고 있는 발렌타인 30년산이라고 하면 한 번쯤 맛을 보고 싶은 생각이 들지도 모른다. 얼마 전, 은퇴한 지도교수의 번개 제안으로 졸업생들과 함께 간단한 술자리를 가졌다. 1차로 저녁을 먹은 후 지도교수의 사무실로 자리를 옮겨 세상 돌아가는 얘기를 나누던 중 지도교수께서 한 가지 재미있는 게임을 제안하셨다. 21년산 발렌타인과 30년산 발렌타인의 맛을 구별해보라는 것이었다. 참석자들은 모두 일곱 명이었는데 지도교수는 아무도 모르게 두 개의 잔에 한쪽에는 21년산 발렌타인을, 다른 한쪽에는 30년산 발렌타인을 따라 맛을 가려보라며 내밀었다.

나름대로 술에 대해서는 잘 안다고 생각하는 사람들이었기에 모두들 자신 있게 나섰다. 워낙 가격 차이가 나다 보니 그 정도는 쉽게 구별할 수 있을 것이라 생각했다. 나는 양주는 모두가 거기서 거기라고 생각하는 저렴한 입맛을 지녔기에 자신이 없었지만 어쨌거나 도전에 나섰다. 양쪽 잔에 든 술을 조심스럽게 음미해본 결과 한쪽은 약간 거칠고 독한 맛이 나는 반면, 다른 한쪽은 혀를 부드럽게 감싸는 듯한 맛에 향까지 풍부했다. 나는 주저 없이 풍부하고 부드러운 맛이 나는 쪽을 30년산이라고 선택했다. 하지만 알고 보니 21년산이었다. 참가자 일곱 명 중 21년산과 30년산의 맛을 정확히 구분해낸 사람은 불과 세 명에 불과했다.

확률을 공부한 사람들의 정답률이 50%도 안 되었으니 창피한 일 아니냐며 지도교수는 껄껄 웃었지만 그날 참석했던 제자들은 다소 민망함을 감출 수 없었다. 30년산 발렌타인이라고 하면 일반 사람들로서는 쉽게 접할 수 없을 정도로 꽤 고급스럽고 비싼 술이기에 어렵지 않게 그 맛을 구분할 것이라 예상했건만 반수 이상이 틀리는 모습을 보면서 고급술을 찾는 남자들의 심리가 다 허황된 것이라는 생각이 들었다.

와인을 마시면 '내측 안와전두피질'이 활성화된다. 눈썹 뒤편으로 자리 잡은 대뇌피질 부위인데 이 부위는 지적 쾌락을 담당하고 있다. 즉 맛있는 와인을 마시면 지적인 만족감을 느끼고 그로부터 쾌감을 느끼는 것이다. 이를 이용하여 캘리포니아 공과대학의 안토

니오 랑겔Antonio Rangel 교수팀은 와인을 맛볼 때의 뇌의 반응을 MRI 장치를 이용하여 관찰하였다. 피실험자들에게 다섯 종류 와인의 맛을 비교해달라고 요청하면서 사전에 그 와인들의 가격을 알려주었다. 하지만 실제로 준비한 와인은 세 종류뿐이었고 그것들을 임의로 조합하여 피실험자들에게 건네주었다. 가격도 생각나는 대로 엉터리로 알려주었다.

재미있는 것은 사람들의 반응이었다. 연구팀이 사전에 비싼 것이라고 알려준 와인을 마실 때일수록 내측 안와전두엽이 강하게 활성화된 것이다. 실제 가격이나 맛과는 상관없이 사전에 '비싼' 것이라고 알려준 와인을 마실수록 더 큰 만족감을 느꼈다니 결국 와인의 맛과 만족감은 서로 연관이 없었던 셈이다.

이 일련의 이야기들로 볼 때 사람들은 대체로 맛을 잘 구분하지 못한다고 결론지어도 무방할 듯싶다. 나는 직장을 다니면서 자칭 미식가라고 하는 사람들을 따라 맛집을 수도 없이 다녀봤지만 그중에서 정말 맛있다고 느꼈던 집은 거의 없었다. 몇십 분씩 줄을 서서 기다려야만 맛을 볼 수 있는 집도 환상적인 맛이라며 즐거움을 느끼기보다는 오히려 '이런 집을 왜 멀리서 찾아오지?'라는 의문이 들 때가 더 많았다.

입맛이라는 것이 사람에 따라 다르고 주관적이기에 모든 사람에게 맛집이라고 할 수는 없을 것이다. 어떤 사람에게는 맛있는 집이 어떤 사람에게는 형편없게 느껴질 수도 있고, 형편없어 보이는 집이

의외로 맛집인 경우도 있다. 단언컨대 이 세상에 존재하는 맛집들 중 대다수는 그 명성만큼 훌륭한 맛을 내지 못한다고 생각한다. 물론 개중에는 절대음감처럼 절대미각을 가진 사람들도 있겠지만 평범한 대다수의 사람들은 음식 맛의 차이를 거의 구분하지 못할 것이라 자신한다. 오히려 조미료 맛에 의해 입맛이 좌우될 수는 있을지라도 말이다. 그러니 사람들이 맛집이라며 찾는 음식점들 중 상당수는 거품이 끼어 있다는 생각이 든다.

사람들은 왜 비싼 상품에 눈이 머는 걸까?

그럼에도 불구하고 왜 사람들은 맛집을 찾아다니는 걸까? 왜 미슐랭Michelin 가이드에서 별을 받았다고 하면 더 맛있게 느껴지는 걸까? 위선일까? 사람들의 마음속에 잘난 척하고 싶은 과시욕이나 허영심이 가득 차 있기 때문일까? 이 글을 읽는 독자들 중에 '나는 다르다'고 생각하는 사람이 있다면 그건 오산이라고 말해주고 싶다. 이는 허영심이 많거나 특별한 사람들에게서만 나타나는 현상이 아니다. 누구에게 실험을 하더라도 와인 맛의 작은 차이도 구별해낼 수 있는 소믈리에처럼 까다로운 미각을 가진 사람이 아니라면 비싼 것이라며 건네준 음식을 먹을 때 더욱 기분이 좋아짐을 느낄 것이다.

기본적으로 인간의 속성은 브랜드나 아우라, 카리스마 등 보이지 않는 힘에 끌리도록 되어 있다. 비싼 술이나 비싼 음식이라고 하면 고급일 것이라는 인식을 갖게 되고 그 실제 맛의 좋고 나쁨을 떠나 자신이 맛본 음식을 맛있게 여길 수밖에 없는 속성을 타고난 것이다. 코카콜라와 펩시콜라를 놓고 눈을 가린 채 마시는 블라인드 테스트에서는 펩시콜라가 맛있다고 한 사람들의 비율이 압도적으로 높았지만 브랜드를 알려주고 마시게 한 경우에는 코카콜라가 더 맛있다고 한 사람의 비율이 높았다는 사실도 이러한 심리를 말해준다.

이러한 현상이 나타나는 이유는 인간의 속성이 위선적이라기보다는 인간의 판단 과정에 감정이 개입되기 때문이다. 사실 우리가 일상에서 무언가 물건을 살 때를 기억해보라. 좋은 옷, 맛있는 음식, 멋진 신발, 돋보이는 액세서리 등 무언가 구매할 때 그것을 논리적으로 분석하고 따져서 구매하는 사람은 거의 없다. 대부분은 '그것이 마음에 들기 때문에' 혹은 '그것이 멋져 보이기 때문에' 혹은 '그것이 맛있어 보이기 때문에' 구매한다. 때로는 아무 이유 없이 '그것에 끌려서' 사기도 한다. 그것이 감정이다. 감정은 이성보다 오래된 인간의 본능이다. 동물적인 기질이 남아 있는 인간이 이성보다 본능에 더 끌리는 것은 어쩌면 당연한지도 모른다.

그런데 의사결정 과정에 감정이 개입되는 것이 비싼 음식이나 비싼 와인을 먹을 때 만족감이 높아지는 것과 무슨 상관이 있을까? 그건 브랜드라고 하는 가치에 의미를 부여하는 속성 때문이다. 매슬로의 욕구 계층설에 따르면 인간은 기본적인 의식주와 안전의 욕구를 넘어서면 사회적으로 집단에 소속되고 싶은 욕구를 느끼게 된다. 집단에 소속된 인간은 포근함과 안도감을 느끼지만 따돌림을 당하면 모멸감과 한기를 느낀다. 많은 사람들이 유행을 좇거나 브랜드에 집착하는 이유도 바로 이 때문이다.

사람들은 자신이 바람직하다고 생각하는 집단 속에 소속되고 싶어 하며 입고 있는 옷과 갖고 다니는 물건으로 자신이 어떤 집단에 소속된 사람인지 보여주고 싶어 한다. 또는 그러한 것들을 통해 자신이 소속되고자 하는 집단에 속하고 싶은 열망을 나타낸다. 특히나 자신이 소유하고 있는 상품 자체가 지위와 배타성을 가늠할 수 있게 해주는 경우에는 더욱 그렇다.

여성들이 몇 달씩 월급을 아껴 명품 백을 사는 것을 두고 남성들은 한심하다는 듯이 손가락질을 하지만 남성들은 맛도 제대로 구분하지 못하는 값비싼 양주를 마시는 데 적지 않은 돈을 써버린다. 서로 다를 바 없다. 그런데 이런 명품 브랜드는 소유하고 있는 것만으로도 실제 행복감을 느끼도록 만든다. 명품 백이나 명품 옷에서 브랜드를 제거한 후 일반인들에게 보여주면 사람들은 그것이 가짜라고 믿고 별 반응을 보이지 않는다. 하지만 '루이비통'이나 '프라다' 같은 명품을 정교하게 본뜬 모조품을 보여주면 마치 진품을 본 것처럼 정신적·육체적으로 흥분상태가 된다. 물론 그것이 가짜라는 것을 아는 순간 다시 흥분이 가라앉지만 말이다.

그것은 값비싼 음식을 먹고, 값비싼 술을 마시고, 값비싼 명품을 가짐으로써 자신이 그것들을 누리는 다른 사람들과 같은 집단에 속

할 수 있다는 심리적인 위안을 받는 것이라고 할 수 있다. 그러니 어쩌면 명품이나 비싼 음식 등은 그 자체의 질이나 맛을 떠나 심리적인 만족감과 위안감을 얻기 위해 지불하는 정신적 대가라고 생각할 수 있다.

또래 집단에 소속되고 싶은 욕구

지금은 한풀 유행이 꺾였지만 한때 '노스페이스'라는 브랜드의 점퍼가 대한민국을 휩쓴 적이 있었다. 불과 몇 년 전 일이니 잘 기억하리라 생각한다. 한 벌에 몇십만 원에서 비싸게는 백만 원이 넘는 옷에 이르기까지 대한민국의 학생들치고 '노스페이스'를 입지 않은 아이들이 없다시피 할 정도였다. 그래서 학교 교실에 가면 모든 아이들이 '노스페이스' 점퍼를 입고 있는 진풍경이 벌어지기도 했다. 오죽했으면 교복이라는 말이 생길 정도였다. 아이들 중에는 '노스페이스' 점퍼를 입기 위해 부모를 조르거나 못된 짓을 통해 돈을 마련하는 경우도 있어 사회적으로 문제가 심각해지기도 했다. 다행히 내 아이들은 그런 것에 초월해 지냈지만 만일 내 아이들이 그 점퍼를 사달라고 졸랐다면 참으로 난감했을지도 모른다.

십 대 청소년들이 이렇게 특정 브랜드에 열광하는 것도 같은 심리라고 할 수 있다. 십 대 청소년들의 경우 감정을 다루는 변연계는 이미 발달이 완료된 반면 명품 옷을 입고 싶다는 충동을 이성적으로 통제하고 제어할 수 있는 전두엽은 아직 발달되지 않은 상태이다. 전두엽은 20대 중반이나 되어야 발달이 완성되기 때문이다. 그래서 십대 청소년들은 사회규범이나 사회가 필요로 하는 가치, 열망과 자신들의 감정 사이에서 좌충우돌하면서 그것들을 학습하고 익혀나가는 단계에 있다. 이 때문에 자기 자신의 주장을 내세우는 것도 부족하고 세상물정에 대한 경험도 부족하며 또래 집단의 압력에도 쉽게 흔들린다. 또한 주변의 유혹에 넘어가기도 쉽다.

이렇게 예민하고 상처받기 쉬운 시기에 주위에서 또래 집단의 아이들이 특정한 브랜드의 옷을 입고 그 세력이 다수가 되어 유행이 만들어지면, 그것을 따라 하지 않는 아이들은 그 집단에서 낙오된다고 느끼게 된다. 특히나 텔레비전 광고가 이를 부추기면 그 감정은 더욱 심해진다. 사춘기가 되면 도파민의 분비가 증가되어 아이들은 사소한 일에도 쉽게 감정적이 되고 보상에 더욱 예민해지는데 아이들은 이런 상황을 더욱 민감하게 받아들인다. 그래서 다른 아이들이 입고 있는 옷이나 신발 등을 구매하지 않으면 그들로부터 따돌림 당하는 느낌을 갖기 쉽다. '노스페이스'가 대한민국 중고등학생들의 교복이 된 이유도 바로 이 때문이다.

실제로 '노스페이스' 열풍이 불 때 학교에서는 그러한 현상이 겉으로 드러나기도 했다. '노스페이스'를 입는 아이들의 그룹과 그렇지 못한 아이들로 그룹이 나뉘었다. '노스페이스'를 입는 아이들 사이에서도 그들 나름대로 가격에 따라 계급이 나뉘기도 했다. 텔레비전에서 값싼 국내산 오리털 점퍼와 '노스페이스'의 성능을 비교하며 굳이 '노스페이스'를 입을 필요가 없다는 내용을 뉴스로 내보내기도 했지만 이는 완전히 방향을 잘못 잡은 것에 불과하다. 아이들이 구매한 것은 '노스페이스'를 입어서 얻을 수 있는 신체적 따뜻함이 아니라 또래 집단에 소속되었다는 심리적인 온기였기 때문이다.

그렇다면 고급 레스토랑에서 값비싼 와인을 마시고 명품 옷을 입고 몇 달 치 월급을 모아야만 살 수 있는 비싼 명품 백을 들고 다니는 것이 집단에 대한 소속감과 그로부터 받을 수 있는 심리적 만족감만을 위한 것일까? 자신이 가진 사회적 지위나 위상에 대한 과시욕 같은 것은 없을까? 물론 그렇지 않다. 사람들은 그러한 것을 통해 집단에 대한 소속감을 느끼고 사회적 안정감을 느낀다. 더불어 다른 사람에게 보이는 자신의 이미지를 통해서 쾌감을 느끼려는 성향도 있다.

돈으로 사고 싶은 행복감

독일 뮌헨 대학의 크리스틴 본Christine Born 박사와 동료들이 한 실험에 따르면 아주 유명한 브랜드는 두뇌를 활성화시킨다고 한다. 크리스틴 교수팀은 평균 28세의 남녀 20명을 모집한 후 자동차 회사와 보험 회사의 로고들을 3초씩 보여주었다. 이들 로고 중에는 폭스바겐과 같이 아주 잘 알려진 것도 있었고 인지도가 낮은 것들도 포함되어 있었다. 이들은 자신이 본 로고에 대해 얼마나 잘 알고 있는지 인지도를 평가해달라는 설문도 병행하였다. 그리고 이 과정에서 뇌가 어떻게 반응하는지 fMRI 장비를 이용하여 측정하였다.

그 결과에 따르면 인지도가 높은 고급 브랜드를 볼 때 뇌가 아주 활발하게 움직였다. 특히 긍정적인 정서와 자기 정체성, 보상 등의 처리와 관련된 영역이 활발하게 움직이는 것을 발견했다. 또한 인지도가 높은 고급 브랜드는 인지도가 낮은 브랜드에 비해 뇌에서의 정보처리 노력이 훨씬 덜 들었다. 반면 인지도가 낮은 브랜드를 볼 때는 부정적 감정 반응과 연관된 부위 및 기억과 관련된 뇌 부위가 활성화되었다. 이 말은 인지도가 높은 고급 브랜드를 소유하고 있는 사람들을 바람직하게 바라본다는 말이기도 하고 그러한 사람들이 더욱 주목을 끌고 더욱 많은 기회를 가질 수 있음을 나타내는 것이기도 하다.

틸부르흐 대학의 롭 넬리슨Rob Nelissen과 메라인 마이어스Marijn Meijers 교수가 수행한 일련의 실험을 통해서 이를 확인할 수 있다. 조교들에게 고급 브랜드가 새겨진 스웨터를 입고 쇼핑몰에 나가 사람들에게 설문 조사를 하게 만든 결과 52%가 설문에 응답했다고 한다. 반면 브랜드가 없는 스웨터를 입은 경우에는 응답률이 고작 13%에 불과했다. 더 재미있는 것은 조교가 입은 명품 옷이 누군가에게 공짜로 얻은 것이라고 밝히자 설문 응답률이 다시 낮아졌다는 것이다. 고급 브랜드를 입은 상대방에게는 호감을 느끼고 긍정적인 감정을 느끼지만 그렇지 않은 경우에는 경계하는 반응이 앞선다는 것이다. 이는 크리스틴 본 교수가 행한 브랜드 인지도 실험과 일맥상통한다고 할 수 있다.

다른 실험에서는 유명 디자이너의 옷을 입었을 때 직장 추천서를 훨씬 더 많이 받았고 자선모금 행사에서 더 많은 기부금을 모금할 수 있었다고 한다. 또한 상금이 걸린 게임에서도 주변 사람들로부터 더 많은 도움을 얻을 수 있었다고 한다. 크리스틴 교수의 실험이나 롭 교수의 실험을 통해 얻을 수 있는 시사점은 사람들은 비싼 음식과 명품을 소유함으로써 자신에 대한 긍정적 이미지를 남기기를 원한다는 것이다. 자신에 대한 긍정적인 이미지는 다시 사회적으로 원하는 집단에 소속될 수 있는 기회를 늘릴 수 있는 가능성을 높여 준다.

사람들이 맛을 정확히 구분하지 못하면서도 맛집을 찾고 비싼 음식을 먹으러 다니는 것, 값비싼 양주에 침을 흘리는 것, 비싼 명품 옷과 가방에 눈이 머는 것 등은 어떻게 보면 위선적인 행위라고 할 수 있지만 그러한 위선적인 행위를 통해 인간은 심리적인 만족감과 위안을 느낀다. 그들이 찾는 것은 진정으로 맛있는 음식이나 멋진 가방이 아니다. 그들은 그것을 통해 일상에서의 행복감을 사는 것인지도 모른다. 그걸 잘난 척한다고 아니꼬운 눈길로 바라볼 필요가 없다. 그러니 그러한 심리를 부러워할 것도, 나쁘다고 꾸짖을 것도 없이 그저 있는 그대로 받아들이는 것이 마음 편한 일인지도 모른다.

사람들은 왜 복권을 사는 걸까?

행복감을 느낄 수 있는 수단

날씨 좋은 오후. 집에서 화단을 정리하고 있는데 토실토실 살찐 돼지들이 줄을 지어 집 안으로 들어온다. 어디에서 온 돼지들일까 궁금해서 들여다보니 모두 얼굴에 웃음을 짓고 있다. 그중 가장 크고 잘생긴 한 놈을 골라 품 안 가득 끌어안았는데 포만감을 느끼는 순간 허무하게도 잠이 깨고 말았다. 살면서 한 번쯤은 이런 꿈을 꾸어 보았을 텐데 이런 꿈을 꾼다면 제일 먼저 무엇을 하겠는가? 아마도 대다수는 틀림없이 복권을 살 것이다. 꿈에 복권 당첨을 예견해주는 기능이 있는지는 모르겠지만 실제로 좋은 꿈을 꾸고 나서 복권에 당첨됐다는 사람들이 있는 걸 보면 아주 틀린 말은 아닌 모양이다.

많은 사람이 복권을 산다. 특히 로또가 발행되고 몇 차례 천문학적인 당첨금을 받은 사람들이 나타나면서 더욱 많은 사람들이 일확천금과 인생 역전을 노리며 복권을 산다. 로또 발행 초기에 비해서는 그 열풍이 많이 가라앉기는 했지만 여전히 복권을 사는 사람들이 많다. 복권에 당첨될 확률이 몇백만 분의 일로 벼락에 연속적으로 맞을 확률보다 낮다고 하지만 그래도 당첨되는 사람들이 있는 걸 보면 정말 운이 좋은 사람이 있긴 있는 모양이다. 나는 워낙 행운과는 거리가 멀어 복권을 사지 않지만 가끔은 복권에 당첨됐으면 좋겠다는 희망을 가져보기도 한다. 우선은 복권을 사야 희망이 생길 텐데 복권도 사지 않으면서 꿈만 꾸고 있다.

사람들은 왜 복권을 사는 것일까? 가장 많은 이유는 아마도 행복해지고 싶은 생각 때문일 것이다. 복권에 당첨되어 일시에 큰돈이 들어오면 힘들게 고생하지 않아도 먹고사는 데 아무런 지장이 없고, 남은 인생을 돈 걱정 없이 살 수 있으니 얼마나 마음이 편할 것인가? 돈이 없어서 할 수 없었던 것들을 마음껏 해볼 수 있으니 인생을 풍요롭게 살 수 있고 누군가에게 굽실거리며 스트레스 받지 않고 당당하고 여유 있게 즐기며 살 수 있으니 행복해질 수 있다고 생각할 것이다. 당장 갚아야 할 빚이 많아서, 갖고 싶고 하고 싶은 게 많아서, 고생하는 게 싫어서 등 여러 가지로 복권을 사는 이유를 댈 수 있겠지만 궁극적으로는 지금보다 더 나은 삶을 통해 행복을 얻고자 하는 마음이 가장 클 것이다. 아, 특이하게도 복권에 당첨되면 아내와 이혼하겠다는 사람도 있었다!

그런데 정말 복권에 당첨되면 행복해질까? 자세한 조사 내용을 기억할 수는 없지만 복권에 당첨된 사람들을 추적한 결과 대부분은 해피엔딩happy ending보다 새드엔딩sad ending으로 끝난 것으로 알고 있다. 돈에 대한 인간의 욕심은 무서울 정도여서 갑작스럽게 생긴 돈으로 인해 가족 간에 불화가 생기고 가정이 파탄 나 가족이 뿔뿔이 흩어진 경우도 많다. 주위 사람들과의 인간관계가 틀어져 버리거나 복권 당첨금을 순식간에 다 날리고 노숙자로 전전하는 사람들의 사례도 볼 수 있다. 그런데도 왜 복권이 행복을 가져다줄 것이라 믿는 걸까?

실제로 복권은 당첨금을 통해 사람들을 즐겁게 해주는 동기부여 요소가 된다. 스탠퍼드 대학의 신경과학자였던 브라이언 넛슨Brian Knutson은 사람들에게 컴퓨터 화면을 통해 원, 삼각형, 사각형 등의 도형을 보여주고 그것을 누르도록 하는 실험을 하였다. 원은 잠재적인 보상, 사각형은 잠재적인 손실, 그리고 삼각형은 돈이 없음을 나타내는데 도형 안에는 수평선을 이용하여 따거나 잃은 돈의 양을 표시하였다. 그 모양들은 4분의 1초만 나타났다가 사라지는데 피험자들은 일정한 시간 내에 버튼을 눌러 돈을 받거나 손실을 피하도록 했다. 이 실험을 하는 동안 뇌에서 어떤 변화가 일어나는지 fMRI 장비를 이용하여 측정한 결과, 보상중추에 해당하는 선조체의 가장 아랫부분인 중격측좌핵nucleus accumbens이 강하게 활성화되었다. 돈을 획득하면 선조체 부위가 활성화되면서 도파민이 분비되도록 만들어 쾌감을 느끼게 하는 것이다. 복권에 당첨되면 뇌의 보상회로가 작동을 하고 그로부터 즐거움을 얻는 것은 틀림없는 사실이다.

비단 복권에 당첨되었을 때뿐 아니라 복권에 당첨되기 이전에도 즐거움을 느낄 수 있다. 어떤 사람은 일요일에 로또를 사서 일주일 동안 그것에 당첨되는 상상을 하며 행복감을 느낀다고 말하기도 한다. 이는 실제로 복권에 당첨되길 바란다기보다 무언가 희망을 품고 산다는 것에 의미를 두는 것이라고 여겨진다. 선조체는 즐거운 사건에도 활성화되지만 미래의 기쁨이 예상되는 사건에도 반응하는데 이것이 복권에 당첨될 것이라 상상하는 것만으로도 즐거움을 느끼는 이유이다. 텍사스 대학의 심리학과 교수인 대니얼 리바인Daniel Levine 역시 복권에 당첨되는 상상이 뇌의 보상중추를 활성화시킨다고 말한다.

스릴 넘치는 긴장을 즐기는 심리

복권 구매가 이성적이지 못한 판단에 의해 이루어진다는 주장도 있다. 과학잡지인 〈노틸러스Nautilus〉에 기고된 애덤 피오레Adam Piore 의 글에 의하면 인간의 두뇌는 복권의 복잡한 승산을 계산할 수 없는데 풀지 못할 복잡한 문제에 맞닥뜨리면 인간의 뇌는 대략적이고 빠른 의사결정을 내리게 된다고 한다. 예를 들어 1부터 10까지의 숫자를 곱하라고 하면 대부분은 30,000 내외로 대답할 것이다. 그러나 실제로 그 값은 무려 362만이 넘는다. 주먹 가득 구슬을 쥐어 탁자 위에 올려놓고 몇 개나 되는지 세어보라고 해도 정확한 숫자를 맞히지 못하고 그보다 적게 말하는 경향이 있다.

이처럼 인간의 두뇌는 숫자에 취약하고 복잡한 계산을 피하고 싶어 하는 특성을 가지고 있는데 이로 인해 카네기 멜론 대학의 조지 로웬스타인George Loewenstein 교수가 말하듯 미신이나 육감에 의한 의사결정이 이루어지기도 한다. 확률과 기댓값을 따져 복권을 샀을 때 획득할 수 있는 당첨금이 그리 크지 않다는 것을 이성적으로 판단하는 대신 자신은 남들과 다르게 예외가 될 수도 있으며 '이번에는 느낌이 좋다'는 식의 막연한 생각이 복권을 사도록 부추기게 만든다는 것이다.

이러한 사람들의 성향에 마케팅이라는 요소가 더해지면 복권에 당첨될 것이라는 환상을 갖게 되고 그로 인해 복권을 구매하는 데 돈을 쓰게 되는 것이다. 이때 뇌는 실제로 복권에 당첨되었을 때 활성화되는 부위, 즉 보상중추 영역이 활성화되는 것으로 나타났다. 복권에 당첨될 것이라는 기대만으로도 쾌감을 느끼는 것이다.

위험 부담으로부터 오는 긴장을 통해 만족을 얻으려는 심리도 작용한다. 미국 듀크 대학의 마이클 플랫Michael Platt 교수팀은 원숭이들로 하여금 A와 B라는 선택지 중 하나를 고르게 한 후 주스를 보상으로 주는 실험을 하였다. A를 고를 때는 예를 들면 150원어치의 주스를 얻지만 B를 선택하면 50%의 확률로 200원 혹은 100원어치의 주스를 얻을 수 있게 하였다. 기댓값을 계산해보면 A와 B가 150원으로 다를 바 없다. 하지만 원숭이들은 B를 선택하는 경향을 보였다. 간혹

100원어치의 주스를 받을 때도 있지만 운이 좋으면 200원어치의 주스를 받을 때도 있기 때문에 그것이 원숭이들로 하여금 B를 선택하도록 한 것이다. 실험을 약간 변경하여 B를 선택하였을 때의 보상을 200원 또는 100원에서 250원 또는 50원으로 바꾸면 B를 선택하는 경향이 더욱 뚜렷해진다.

이는 확률과도 관련되어 있다. 위험 부담을 감수한다는 것은 복권에 당첨될 수 있는 가능성과 복권에 당첨되지 못할 가능성이 있다는 것을 동시에 고려하는 것이다. 이러한 측면이 있기에 자신도 언젠가는 복권에 당첨될 수 있는 확률이 있다고 자신에게 유리하게 해석해 복권을 사는 것이다. 영국 케임브리지 대학의 볼프람 슐츠Wolfram Schultz 박사는 쥐들에게 매일 하루도 빠짐없이 먹이를 주는 것에서 한 번도 먹이를 주지 않는 것까지 확률을 100%에서 0%까지 변화시켜가며 쥐에게 미로 훈련을 시켰다. 그 결과 확률이 50%일 때 도파민이 가장 활발하게 분비되었다. 이는 불확실성이 가장 큰 상태를 말하는데 이때 가장 쾌감을 느낀다는 의미이다. 복권은 될 수도 있고 안 될 수도 있는 확률 게임이지만 종종 원금만큼 당첨이 되기도 하고 때로는 그보다 큰 금액이 당첨되기도 한다. 이러한 재미에 맛을 들이면 다음에는 꼭 당첨되겠지 하는 심리에 빠져 복권을 계속 사게 되는 것이다.

이러한 실험들은 보상을 위해서는 일정 수준의 위험을 감당할 수 있음을 나타낸다. 복권은 한 가지 사건에 두 가지 강력한 동기 유발제인 위험과 돈이라는 보상이 과장되어 섞여 있는 것이다. 복권에 들어가는 비용은 1,000원에서 2,000원 사이에 불과하다. 사람들은 높은 금액의 위험은 회피하려고 하지만 적은 금액의 위험은 사소하게 여기고 괜찮다고 생각한다. 위험(투자하는 돈을 날릴 가능성)에 비해 보상(1등에 당첨되었을 때 받을 수 있는 돈)이 비교할 수 없이 크기 때문에 그 정도의 위험은 감수할 수 있다고 생각하는 것이다. 만일 복권이 20,000원 정도 한다면 여전히 보상은 크지만 위험의 크기도 이전에 비해 커지므로 복권을 사려는 사람들은 지금보다 줄어들 것이다. 이렇게 혹시나 하는 마음과 함께 스릴 넘치는 긴장을 즐기는 사람의 심리를 이용한 고도의 상업 활동이 복권인 것이다.

불로소득보다 값진 노동의 대가

이제 다시 처음의 화두로 돌아가 보자. 복권을 사서 일확천금을 얻게 되었을 때 사람들은 정말로 행복감을 느낄까? 1978년에 사회심리학자인 필립 브릭먼Philip Brickman은 복권에 당첨되는 것이 사람들을 행복하게 하는지 알아보기 위한 실험을 하였다. 일리노이 주에 거주하는 5만 달러에서 100만 달러 사이의 복권 당첨자 22명을 추적하여 전반적인 행복감과 일상에서 얻는 행복감을 평가하는 설문을 요청하였다. 그 결과 복권에 당첨된 사람들이 그렇지 못한 사람들에 비해 더 행복하지는 않다는 결론을 얻었다. 오히려 일상에서의 행복감은 복권에 당첨되지 않은 사람들에 비해 다소 적은 것으로 나타 났다.

　브릭먼은 이번에는 사고로 장애가 된 사람들을 찾아 그들에게 동 일한 조사를 하였다. 그러자 사고 희생자들은 자신들의 미래 행복 이 일반 사람들과 별반 차이가 없을 것이라 느끼고 있고 일상의 행 복감도 어떤 집단과 비교해도 차이가 나지 않았다. 이를 통해서 브 릭먼은 어떤 것을 성취하면 그에 따르는 만족감을 느끼지만 그 만족 은 오래가지 못하고 새로운 무관심과 새로운 단계의 노력으로 대체 된다고 말한다. 이는 즐거움을 같은 수준으로 유지하기 위해서는 더 높은 수준의 보상을 추구하는 쾌락의 반복, 즉 쾌락의 쳇바퀴에 빠질 수밖에 없음을 나타낸다. 한 번 복권에 빠져든 사람들이 계속 복권을 찾는 이유도 이로써 설명될 수 있을 것이다.

　돈은 즐겁고 새로운 것을 추구하는 뇌의 욕망을 만족시켜줄 수 있 는 가장 효과적인 수단 중 하나이다. 비록 돈을 사용하지 않더라도 돈이 있다는 사실만으로도 돈 없이는 가질 수 없는 여러 물건들을 소유하거나 기회를 획득할 가능성을 표현하는 것이기 때문이다. 그 러한 가능성만으로도 돈은 충분히 매력 있는 물질이라는 것이다.

　돈이 많으면 사람들은 조금 더 행복해질 수 있지만 돈이 많다고 해서 늘 행복한 것은 아니다. 수입이 행복에 미치는 영향은 약 1~5% 정도에 불과하다고 한다. 학자들의 연구 결과에 따르면 돈에 대한 중요성을 강조하는 문화일수록 행복감을 느끼는 수준이 낮은 경향이 있다고 한다. 그래도 먹고살 만하다고 여기는 우리나라 사람들의 행복감은 OECD 국가들 중에서 꼴찌를 오르락내리락하는 반면 네팔이나 부탄과 같이 가난한 나라의 행복지수가 전 세계의 쟁쟁한 국가들을 제치고 상위에 오르는 것을 보면 타당성 있는 결론이라고 할 수 있을 것 같다. 그러니 복권에 당첨되어 순식간에 큰 부자가 되면 삶이 장밋빛으로 행복하게 바뀔 것이라는 환상은 버리는 것이 좋을 듯싶다.

글을 마무리하기 전에 한 가지 더 짚고 넘어가자. 복권을 사는 사람들은 거의 대부분 복권에 당첨되면 남은 인생을 빈둥거리며 편하게 살겠다는 생각을 하고 있을 것이다. 정말 그럴까? 복권에 당첨되어 빈둥거리며 남은 인생을 편안하게 살면 더 행복하다는 느낌이 들까? 에모리 대학의 대학원생이었던 캐리 징크Cary Zink는 피험자들을 모집한 후 컴퓨터 화면을 통해 삼각형과 사각형, 원 등의 도형을 보여주었다. 피험자들은 삼각형이 나타날 때마다 키보드 버튼을 눌러야 했는데 가끔씩 1달러짜리 지폐가 화면에 나타났다. 이는 피험자들이 실험에 참여한 대가로 지급되는 돈이었다. 실험은 두 가지로 진행되었는데 한 실험에서는 1달러짜리 지폐가 화면에 나타났다가 자동으로 사라져 통장으로 옮겨지게 만들었고 다른 한 실험에서는 피험자들이 그 지폐를 끌어다가 자신의 통장으로 옮기게 만들었다. 그리고 두 실험에서 피험자들의 반응을 fMRI 장치로 측정한 결과 가만히 앉아 돈을 받는 것보다 자신이 직접 돈을 끌어다 통장으로 옮겨놓는 활동을 할 때 선조체가 더욱 활성화되었다.

이는 사람들이 공짜로 돈을 얻었을 때보다 스스로 노력해서 돈을 벌었을 때 더 큰 기쁨과 만족감을 느낀다는 것을 나타낸다. 쥐들을 대상으로 한 실험에서 쥐들조차도 공짜로 먹이를 얻는 것보다 무언가 일을 하고 난 후 보상을 받는 것을 더 선호했다. 뇌는 나태해지기보다는 일을 통해 몸과 마음을 바쁘게 유지하는 것을 더 선호한다. 이 결과에 따르면 복권에 당첨되어 일확천금을 획득하고 빈둥거리며 놀면 삶에 대한 만족감이 떨어질 수밖에 없음을 나타낸다. 복권에 당첨된 사람들이 행복하지 않다고 느끼는 이유도 이와 무관하지 않을 것이다.

그 근본적인 동기가 어찌 되었든 복권을 사는 사람들은 다른 사람들에 비해 물질적인 가치를 더 중시하는 경향이 있다고 볼 수 있다. 하지만 물질의 획득으로부터 얻을 수 있는 행복은 그리 크지 않고 그 수명도 길지 않다. 돈보다 그 외적인 요소로부터 얻는 행복감이 더 크기 때문이다. 그러니 복권에 당첨되지 않았다고 실망할 필요도 없을 듯싶다. 비록 힘이 들긴 해도 열심히 노력해서 성과를 얻으면 복권에 당첨된 것보다 더 큰 행복감을 느낄 수 있을 테니 말이다.

왜 나쁜 생각은 하면 할수록 눈덩이처럼 커지는 걸까?

꼬리에 꼬리를 물고 이어지는 부정적인 생각

내 주위에는 직장에서 상사에게 사소한 잔소리를 들었다고 그것 때문에 밤새 잠 못 이루며 고민하는 사람이 있다. 상사가 잔소리를 하면 그것을 잊지 못하고 계속 머릿속에서 생각한다. 생각에 생각이 꼬리를 물며 이어지다 보면 사소한 걱정이 점점 더 큰 걱정으로 번지고 나중에는 걱정이 심해져 쉽게 잠들지 못한다. 처음에는 '상사가 왜 나를 야단친 거지?'라는 생각에서 출발하지만 조금 시간이 지나면 '상사가 나를 미워하는 건가?'라는 생각이 든다. 그러다가 생각이 깊어질수록 그동안 나를 대했던 상사의 태도가 나를 미워하는 것과 맞아떨어지는 것 같다. 인사를 했는데 모른 척 지나치는 것, 어쩐지 못마땅한 눈길로 바라보는 것, 내가 해야 할 일도 아닌데 굳이 나에게 일을 시킨 것 등 모든 일이 다 나를 미워해서 하는 행동인 것처럼 여겨진다. 나중에는 그것이 확신으로 굳어지고 상사에게 찍혔다는 걱정이 앞서며 '상사가 날 자를 거야'라는 불안감으로 번진다. 이어서 '회사에서 잘리면 생계는 어떻게 하지?'와 같은 불안과 초조가 엄습한다. 결국 뜬눈으로 밤을 새우고 만다.

살다 보면 이와 유사한 일들이 꽤 많지 않은가? 어느 날, 친했던 친구가 전혀 의식하지 못하고 무심코 한 행동을 혼자 곱씹다가 온갖 상상을 덧붙여 친구의 마음이 변했다고 생각하여 쌀쌀맞게 대한 적은 없는가? 기계를 바꾸거나 실수로 카톡 방에서 나간 친구가 감정이 상한 건 아닌가 고민하다가 오히려 그 친구가 잘못한 일을 들추며 괘씸한 감정을 가져본 경험은 없는가? 애인이 던진 사소한 한마디에 혹시라도 날 싫어해서 그런 것이라 생각하고 헤어질 걱정 때문에 잠 못 이룬 적은 없는가? 여윳돈으로 투자한 주식이 단지 하루 떨어졌을 뿐인데 휴지 조각이 되면 어쩌나 걱정되어 괜히 주변 사람들에게 짜증 낸 적은 없는가? 아마도 이러한 걱정을 한 번도 안 해본 사람은 없을 것이다.

우리는 늘 걱정을 달고 산다. 우리가 하는 걱정의 40%는 결코 일어나지 않을 일이며, 30%는 이미 지나간 것이고, 12%는 자신과 상관없고 10%는 사실이 아니며 4%는 우리가 바꿀 수 없는 일이다. 오직 4%만이 정말 걱정할 일이다. 그럼에도 불구하고 우리는 크고 작은 걱정들로부터 자유롭지 못하다. 일어나지도 않은 미래의 일에 대해 걱정하고 그로 인해 스트레스를 받는 경우가 상당히 잦다. 걱정 때문에 잠을 설치고 걱정 때문에 우울한 감정에 빠지기도 한다.

부정적인 생각은 꼬리에 꼬리를 물고 이어지며 점점 더 커지는 경향이 있다. 처음에는 어린 꼬마였던 걱정이 생각하면 할수록 더 커져 거인만 해지고 시간이 지날수록 주변 친구들까지 불러 모아 나중에는 머릿속이 발 디딜 틈도 없이 걱정으로 들어차게 된다. 잔잔한 너울이 집채만 한 파도가 되곤 한다. 긍정적인 생각은 그런 경우가 별로 없지만 부정적인 생각은 유독 생각할수록 증폭되는 경향이 있는데 이른바 부정적인 생각의 '눈 덩이 효과snowball effect'이다.

걱정, 두려움, 의심과 같은 생각들을 하면서 잠자리에 들면 처음에는 조그맣던 생각들이 서로 상관없는 일들끼리 끌어당기거나 엮이기도 하고 잊고 있었던 안 좋은 일들을 다시 되새기게 만들기도 하며 밤새 눈 덩이처럼 불어나 감당할 수 없을 만한 크기로 변한다. 이러한 부정적인 생각은 지나간 일에 대한 후회로 이어지고 그것이 강해지면 자책감으로도 연결된다. '내가 왜 그런 짓을 했을까?' 혹은 '그때 그런 짓을 하지 말았어야 하는데'와 같은 생각이 이어지며 자신을 점점 더 힘들게 만든다. 그래서 잠을 이룰 수 없게 되고 신경은 더욱 날카로워지며 심한 경우 우울증으로까지 발전될 수 있다.

왜 그럴까? 대체로 긍정적인 생각은 단편적으로 끝나고 마는데 왜 부정적인 생각은 끊이지 않고 물고 물리며 계속 이어지는 것일까? 뢰비우스의 띠처럼 탈출구 없이 무한히 반복되는 이러한 부정적인 사고의 순환 고리에서 빠져나올 수 있는 방법은 없을까? 그런데 이러한 부정적인 사고도 알고 보면 두뇌의 작동 원리와 관련되어 있다. 두뇌의 작동 방식이 사고를 증폭시키도록 설계되어 있기 때문이다.

감정의 소용돌이를 일으키는 비밀

미국의 신경학자인 제임스 파페즈James Papez는 감정의 경험이 대뇌피질 영역과 더불어 대상피질에서 유발되는 신경활동에 의해 결정된다는 이론을 제시하였다. 뇌의 가장 바깥 부분에 위치한 대뇌피질은 주로 이성적이고 합리적인 판단에 관여하고 변연계는 감정적인 정서를 처리하는 데 관여한다. 이 두 개의 영역은 서로 연결되어 있는데 이 두 영역을 연결해주는 도로를 파페즈 회로Papez Circuit라고 한다. 이 파페즈 회로로 인해 감정이 정서에 영향을 미치고 대뇌피질에서 일어나는 이성적인 판단 활동에 영향을 미치게 되는데 이것이 부정적인 사고의 증폭 작용과 관련되어 있다.

이것을 간략하게 도식화하면 다음 그림과 같다. 정서적인 경험이나 감정이 시상에 도착하면 시상은 그 정보를 대뇌피질과 시상하부로 전달한다. 시상하부로 전달된 정보는 전시상핵을 거쳐 대상피질로 전해지고 그것은 다시 대뇌피질에서 보내는 정보와 결합되어 해마로 전달되며 뇌궁을 통해 시상하부로 전해진다. 이 회로에서 각 부위의 역할을 보면 대상피질은 감정의 경험을 담당하고 시상하부는

감정의 표현을 담당하고 있으며 대뇌피질은 그 감정에 채색을 하는
일을 담당하고 있다. 즉 어떠한 감정을 경험하게 되면 그것을 대상피
질을 통해 받아들이게 되고 그것을 시상하부를 통해 표현하며, 그것
이 좋은 것이다, 혹은 나쁜 것이다, 끔찍한 것이다 하는 것을 결정짓
는 일을 대뇌피질에서 하게 된다.

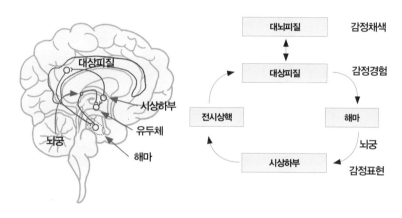

[파페즈 회로. 출처:《신경과학: 뇌의 탐구》(제3판)]

파페즈 회로는 그림에서 보는 것처럼 폐쇄적인 연속 흐름을 가지
고 있다. 폐쇄적이라는 것은 뫼비우스의 띠처럼 한 번 발을 들여놓
으면 빠져나오기 힘들다는 것을 나타낸다. 그래서 한 번 부정적인
감정을 가지게 되면 그 흐름에서 벗어나기가 쉽지 않다. 문제는 시
상하부와 대뇌피질을 오가는 이 순환회로를 반복하면서 점점 더 감
정이 두텁게 덧칠된다는 것이다. 우리가 경험한 사건들은 해마에서

정보의 분류와 의미 부여 작업을 거쳐 변연계에 자리한 편도체에서 감정을 입힌 후 대뇌피질에 저장된다. 파페즈 회로에서 감정의 흐름이 반복되는 동안 대뇌피질을 거치면서 과거에 쌓였던 부정적인 기억들이 되살아나 꼬리를 물고 딸려올 수 있다. 이 기억들은 다시 시상하부를 거치면서 감정의 증폭 과정을 겪게 되고 다시 대뇌피질에서 관련 없던 과거의 부정적인 기억을 끌어오는 악순환이 반복되는 것이다. 그래서 부정적인 생각을 하면 할수록 다른 생각으로 번지고 감정은 더욱 악화되는 것이다. 그림을 그릴 때 물감을 자꾸 덧칠하면 할수록 그림을 망치는 것과 같다.

화를 내는 경우도 마찬가지이다. 차가 막히는 도로에서 한 대의 승용차가 진입차선을 통해 끼어들기를 시도한다. 깜박이를 켜고 진입을 시도하지만 옆 차가 공간을 내어주지 않는다. 진입을 시도하던 차는 몇 번의 반복적인 시도 끝에 그 차의 앞쪽으로 끼어들기에 성공한다. 그런데 조금 가다 말고 앞차가 멈춰 서더니 운전자가 험한 얼굴을 하며 내린다. 차에서 내린 운전자는 다짜고짜 화를 내며 뒤차를 발로 차기 시작한다. 겁에 질린 뒤차의 운전자는 문을 꼭 걸어 잠근 채 어쩔 줄을 몰라 한다. 한동안 발길질을 하며 분을 풀던 앞차의 운전자는 분이 풀렸는지 차로 돌아가 다시 운전을 한다. 하지만 몇 미터 가지 못해 다시 차를 세우더니 이번에는 야구 방망이 같은 것을 들고 내린다. 차에서 내리자마자 방망이를 휘둘러 뒤차의 앞 유리창을 힘껏 내리친다. 유리창은 금이 가고 운전자는 극심한 공포에 휩

싸인다.

영화의 한 장면 같지만 이는 실제 도로에서 일어난 일로 블랙박스에 촬영된 영상이 뉴스를 통해 공개된 것이다. 이는 흔히 말하는 분노조절장애에 가깝지만 이렇게 병적인 경우가 아니더라도 우리는 화를 내면 낼수록 점점 더 화가 커지는 경우를 어렵지 않게 경험한다. 처음에는 작고 사소한 일로부터 말다툼을 시작하지만 생각하면 할수록 괘씸해서 참을 수 없고 점점 더 제어가 안 되는 경우가 종종 있는데, 이처럼 생각할수록 점점 더 화가 커지는 이유도 파페즈 회로의 부정적인 순환과 관련되어 있다. 생각이 반복되면서 점점 더 감정에 색칠이 더해지고 그것이 쌓여 분노로 폭발되는 것이다.

감정의 소용돌이에서 빠져나오는 방법

생각할수록 부정적인 감정이 쌓이고 화가 커지는 것은 뇌의 기본적인 행동일 수 있다. 하지만 그러한 행동은 결국 자신에게 해가 될 뿐이다. 이러한 부정적인 사고나 화가 나는 감정이 더욱 나쁜 방향으로 흐르기 전에 그것으로부터 빠져나오는 것이 중요하다. 가만히 놔두면 이러한 생각들이 끝없이 이어지고 정신을 황폐화시킬 수 있기 때문에 무엇보다 중요한 것은 부정적인 생각이 들거나 화가 났을 때 그것으로부터 빠르게 빠져나와야만 한다.

그렇다면 그러한 부정의 무한순환으로부터 빠져나오려면 어떻게 해야 할까? 가장 좋은 방법은 다른 생각을 하는 것이다. 무언가 화가 나거나 부정적인 생각이 들었을 때 그 생각을 붙잡고 있지 말고 서둘러 다른 생각으로 전환하는 것이다. 이는 전두엽의 인지 기능을 최대한으로 활용하는 것인데 가장 먼저 나 스스로 어떠한 상태에 있는지를 알아차려야 한다. '내가 쓸데없는 생각을 하고 있구나', '내가 누군가를 미워하고 있구나' 하는 사실을 인지하는 것이 우선이다.

화가 나는 경우도 마찬가지이다. 사람들은 화가 났을 때 순간적으로 그것을 제어하지 못하고 폭발시켜버리는 경향이 있는데 그 순간은 길어야 몇 초 혹은 2~3분 내외에 불과하다. 그 순간이 지나버리고 나면 자신이 화를 낸 것에 후회하는 마음이 들게 마련이다. 그래서 화가 나는 순간에 자신이 화가 났다는 사실을 인지하는 것만으로도 화를 억제하는 데 큰 도움이 될 수 있다.

이렇게 부정적인 생각이 들거나 화가 났을 때 그것을 인지할 수 있는 능력을 '메타인지meta cognition'라고 한다. '인지하는 것을 인지'하는 '초월적 인지' 능력을 메타인지라고 하는데 자신의 감정을 잘 다스리고 이성적으로 행동하는 사람들일수록 이러한 메타인지 능력이 발달되어 있는 사람이다. 그래서 이 메타인지야말로 사람을 사람답게, 그리고 사람을 다른 동물들과 구분하는 가장 뛰어난 특성 중 하나이다. 메타인지가 발달한 사람들의 뇌를 MRI 기기를 이용하여 촬영해보면 내측 전전두엽이 발달해 있음을 알 수 있다.

자신이 쓸데없는 생각을 하고 있거나 화가 났을 때 자신의 상태를 알게 되면 순간적으로 그것을 멈추고 주의를 다른 곳으로 돌릴 수 있다. 내 머리 안에서 떠오르는 생각들은 모두 쓸모없는 것들이며 나를 해롭게 하는 것들이라고 생각하고 즉시 그 생각들로부터 벗어나려고 해야 한다. 의도적으로 그 생각을 잊고 다른 생각을 떠올리려고 노력하면 정말로 조금 전까지만 해도 나를 괴롭혔던 부정적인 생각과 분노가 스르르 눈 녹듯이 사라지는 경험을 할 수 있다. 부정적인 감정, 분노의 감정에 빠져들면 쉽게 헤어나기 힘들지만 한 번 빠져나오게 되면 그러한 감정들은 눈 녹듯 사라질 수 있다.

간혹 화가 나거나 마음이 상했을 때 그것을 잊기 위해서 술을 마시는 경우가 있다. 간혹이라기보다 사실 많은 사람들이 그러한 방법을 택한다. 하지만 떠올리기 싫은 기억을 떠올리면서 술을 마시면 그 기억은 더욱 강화된다. 쥐를 대상으로 한 실험 가운데 전기충격을 받은 상자처럼 떠올리기 싫은 기억을 떠올리게 한 후 알코올을 투여하면 다음 날 기억이 더욱 선명해진다는 실험 결과도 있다. 사람도 좋지 않은 사건을 겪은 후에 그 기억을 떨쳐버리기 위해 술을 마시면 오히려 잊고 싶은 기억이 더욱 선명해질 수도 있다. 게다가 술은 감정 상태를 더욱 격앙되게 만듦으로써 자칫 더욱 안 좋은 결과를 불러올 수도 있다.

인간은 메타인지라고 하는, 다른 동물들과 뚜렷하게 구분되는 능력을 가지고 있다. 그래서 인간을 이성적인 존재라고 할 수 있는데 이는 전두엽을 얼마나 잘 활용하느냐에 달려 있다. 전두엽은 내 안에서 일어나는 부정적 사고나 격앙된 감정을 이성적으로 제어할 수 있는 능력을 갖추고 있다. 물론 쉽지는 않다. 많은 노력이 필요하다. 하지만 무언가 부정적이고 화가 나는 생각이 머릿속에 떠올랐을 때 그것을 자각하고 주의를 다른 곳으로 돌리려는 노력만으로도 훨씬 더 좋은 결과를 얻을 수 있는 것만은 사실이다.

자신의 전두엽을 믿어보라. 그리고 감정의 지배를 받는 순간 전두엽의 힘을 빌려보라. 그러면 삶이 좀 더 여유롭고 낙천적으로 변할지도 모른다.

내가 뇌의 주인인가?
뇌가 나의 주인인가?

정말 자유의지가 있는 걸까?

대학 입시에 실패하고 재수를 할 때의 일이다. 한 번 입시에 실패했으니 독하게 공부를 해야 할 텐데 친한 친구 중 하나가 아침에 잠에서 깨지 못해 학원을 빼먹는다는 얘기가 들려왔다. 다른 친구들이 이구동성으로 정신 차리고 열심히 공부하라고 독려했지만 그 친구는 아침에 도저히 일어날 수가 없다고 했다. 자신도 일찍 일어나 학원에 가고 싶지만 제어가 안 된다는 것이다.

친구의 하소연을 들은 다른 친구들 몇몇이 돌아가며 아침에 전화를 하기로 했다. 친구들이 전화를 해서 깨워주면 그래도 잠자리에서 못 일어나는 일은 없지 않겠느냐는 것이었다. 다음 날부터 친구들은 돌아가며 아침 일찍 전화를 해서 일어나라고 재촉했다. 효과가 있었는지 얼마 지나지 않아 친구는 스스로 잠자리에서 일어날 수 있게 되었다. 그 후 어떻게 되었는지는 시간이 너무 많이 흘러 기억할 수 없지만 친구는 다행히 대학을 들어갔고 이후로도 문제없이 사회생활을 해나갔다.

일반적으로 사람들은 자신이 무언가 행동하는 것을 자신의 자유로운 의지에 따르는 것이라고 생각한다. 그래서 마땅히 해야 할 것들을 하지 못하는 사람들을 의지가 부족한 사람이라고 여기고 '의지박약'이라고 비난하기도 한다. 예를 들어 담배를 끊지 못한다거나, 잠자리에서 한 번에 일어나지 못하고 전쟁을 치르듯 하거나, 먹고 싶은 것을 참지 못하는 것을 모두 의지가 부족한 탓이라고 여긴다. 의지가 부족한 사람은 큰일을 할 수 없다는 관념도 있다. 그만큼 의지는 자신의 행동을 좌우할 수 있는 가장 강력한 수단으로 인식되고 있다.

의지라는 것은 무엇일까? 만물의 영장이라고 하는 인간에게는 스스로의 사고와 행동을 자유롭게 조절하고 관장할 수 있는 자유로운 의지가 있다고 하지만 과연 그것은 맞는 이야기일까? 그리고 인간은 그 자유의지대로 행동하는 것일까? 자유의지란 본인의 사고와 행동을 자신이 자유롭게 선택하는 것이지만 집단을 이루어 살아가는 인간의 특성적인 관점에서 볼 때는 그 정의가 다소 달라질 수 있다. 무의식으로 대변되는 자신의 내면에 숨겨진 욕망과 갈등대로 자신의 사고와 행동을 방치하지 않고 다양한 사람들과 관계를 이루며 살아가는 사회의 일원으로서, 그리고 합리적이고 이성적인 판단을 할 수 있는 의식적인 주체로서 자신의 사고와 행동을 사회적인 규범과 규율에 맞추어 동기화시키는 것이라고 할 수 있다. 그러한 측면에서는 철학이나 정신분석학에서 말하는 자아와도 일맥상통한다고 볼 수 있다.

철학에서 자아는 끝없는 사색의 실마리를 제공하는 아주 중요한 화두가 아닐 수 없다. 고대 철학으로부터 현대 철학에 이르기까지 철학은 늘 이 주제를 가지고 고민했다. 물론 철학에서도 모든 사건은 이미 예정되어 있기에 자유의지는 불가하다는 결정론과 우주질서가 랜덤random하게 형성되어 있기 때문에 역시 자유의지는 불가하다는 비결정론, 그리고 자유의지론과 양립가능론 등을 통해 자유의지가 가능하다는 상반된 의견들이 존재해왔다. 정신분석학에서도 자아는 인간을 인간답게 만드는 가장 강력한 힘이라고 생각하여 인간의 마음을 이드와 자아, 초자아로 구분하는 구조 이론을 만들어냈다. 만일 철학과 정신분석학에서 자아의 개념이 빠지게 된다면 그 근본 바탕이 송두리째 흔들리는 엄청난 결과를 가져올 것이다.

그런데 신경과학이 발달하면서 최근 들어 철학자들과 정신분석학자들, 그리고 신경과학자들 사이에 논쟁이 뜨겁다. 문제의 핵심은 과연 인간이 자아라고 불리는 자유의지를 가지고 있느냐 하는 것이다. 신경과학자들은 인간의 자유의지라는 것은 허상이라고 주장하며 자유의지란 없다고 말한다. 브레멘 출신의 뇌과학자 게르하르트 로트Gerhard Roth는 의식적인 자아를 정부 대변인이라고 명명하기도 했는데 의사결정 과정에 참여하지 못해 그 이유와 배경에 대해 잘 알지도 못하면서 정부에서 내린 결정을 설명하고 정당화해야 하는 역할이 뇌와 비슷하다는 것이다. 더 나아가 신경철학자 토마스 메칭거Thomas Metzinger는 '자아'는 착각에 불과하고 뇌가 만들어낸 허구라며 자아 자체를 의문시한다. 반면에 철학자들이나 정신분석학자들은 자유의지가 분명 존재한다고 주장한다. 과연 어느 쪽의 말이 맞는 걸까?

의지는 무의식적 사고가 만들어낸 허상

자유의지의 논란에 불을 지핀 것은 1980년대의 생리학자 벤저민 리벳Benjamin Libet이었다. 그는 핀으로 손을 찌르면 그것을 뇌가 인지하는 데 시간이 얼마나 걸리는지 밝혀내고자 했다. 뇌는 통각이 없기 때문에 뇌수술은 마취를 하지 않은 각성 상태에서 하는 경우가 많은데 그는 뇌수술을 받는 환자들을 대상으로 이 실험을 진행했다. 그가 핀으로 환자의 손을 찌르자 그 신호가 뇌에 도착하는 시간은 불과 20밀리초밖에 걸리지 않았다. 그런데 환자가 뭔가를 느꼈다고 대답할 때까지는 거의 500밀리초가 걸렸다. 이는 뇌가 외부의 감각에 대해 무의식적으로 정보를 처리할 수는 있지만 그것을 인지하는 데는 더 긴 시간이 필요하다는 것을 의미한다. 0.5초라고 하면 동시라고 생각하겠지만 뇌에서의 0.5초는 상당히 긴 시간이다. 이는 의식과 행동이 나타나는 시점이 다를 수 있다는 것을 시사한다.

이후 런던 유니버시티 칼리지의 생리학자인 패트릭 해거드Patrick Haggard가 벤저민 리벳의 실험을 재현하기 위해 한 가지 실험을 했다. 피험자들의 두개골에 뇌파측정장치EEG를 부착하고 언제든 누르고 싶을 때 버튼을 누르라는 지시를 했다. 컴퓨터 모니터 화면에는 시계가 있었고 피험자들은 언제든 원하는 시간에 버튼을 누르기만 하면 됐다. 이 실험에서 일반적인 예상은 이러할 것이다. 뇌에서 버튼을 누르고 싶다는 욕구가 발현되면 그것을 운동피질에 전달하여 운동피질이 근육을 움직이도록 명령을 내리고 그 명령에 따라 손가락이 움직여 버튼을 누르게 된다. 즉 의식적인 욕구가 먼저 생기고 그후에 운동이 따른다는 것이다.

그런데 놀랍게도 실험에서 나타난 결과는 그와 정반대였다. 운동피질이 활성화되고 난 후 거의 1초가 다 지나서야 비로소 의식에서 버튼을 누르라고 명령을 내린 것이다. 다시 말해 운동 명령이 먼저 내려진 후 의식이 그것을 깨달은 것인데 의식적인 결정이 앞서는 것이 아니라 그에 앞서 이미 뇌가 행동을 준비하고 있었던 셈이다.

이때 나타난 뇌파를 분석해보면 다음 그림과 같다. 의식적으로 버튼을 누르기에 앞서 이미 운동피질에서 움직임을 내리기 위한 자극들이 축적되어 있는 것이다. 이것이 역치를 넘어선 다음에야 손가락을 움직여 버튼을 누르는 것을 알 수 있다.

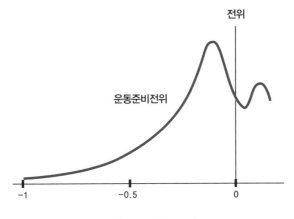

전위

운동준비전위

-1   -0.5   0

[출처: http://io9.com]

최근의 다른 실험에서도 이와 동일한 결과를 얻을 수 있다. 이번에는 뇌파측정장치인 EEG 대신 기능성 자기공명영상장치인 fMRI를 이용하여 리벳의 실험을 재현한 것이다. 존-딜런 하인즈John-Dylan Haynes 박사의 연구팀은 피험자가 fMRI 장비 안에 누워 있는 동안 스크린에 임의로 알파벳을 띄운 후 왼손 혹은 오른손 검지를 이용하여 원하는 시기에 버튼을 누르도록 했다. 다만 버튼을 누를 때 떠오른 알파벳을 기억하도록 했다. 이 실험 결과에서도 결론은 동일했다. 피험자가 버튼을 누르기 1초 전에 이미 운동피질이 움직이기 시작했으며 심지어는 10초 전에 운동피질이 활성화되는 경우도 있었다고 한다.

이 실험 결과가 의미하는 바는 무엇일까? 인간들은 자신의 삶이 완전히 자기의 고유 의지에 의해 움직인다고 생각한다. 자신이 하는 모든 생각과 행동이 자신의 의지에 의해 생겨난 것이라고 여긴다. 아침에 원하는 시간에 일어나 세수를 하고, 밥을 먹고, 버스나 지하철 중 편리한 것을 이용하여 회사나 학교에 가고, 저녁에는 친구들을 만나 수다를 떨고 먹고 싶은 음식을 먹으며, 피곤하면 자고 싶은 시간에 잠자리에 든다. 모든 행위를 자신이 조종 장치를 손에 쥔 채 스스로 컨트롤하고 있다고 생각한다. 그래서 우리는 스스로를 이성적이고 의식적으로 행동하는 인간으로 규정한다. 철학이나 정신분석학에서 말하는 자아의 존재도 이러한 바탕 위에서 형성된 것이다.

그런데 패트릭 해거드나 존-딜런의 실험은 그동안 한 번도 의심해본 적이 없는 확고한 사실로 받아들여 왔던 전통적인 자아 또는 자유의지의 개념에 커다란 의문을 제기한다. 내가 의식하기 전에 나의 뇌가 먼저 나를 움직였기 때문이다. 잠에서 깨고 학교나 회사에 가고, 친구들을 만나고, 무언가 새로운 것을 배우려고 하는 것들이 모두 나의 의지인 줄 알았는데 알고 보니 그것들은 모두 나의 뇌가 시켜서 하는 일이고 나는 뇌에 의해 조종당하고 있다고 말하는 것이나 다를 바 없기 때문이다.

이것은 우리의 일상적인 행위들이 자유의지가 아니라 잠재의식에 의해 이루어진다는 것을 의미한다. 진짜 지배 세력은 자아나 자유의지가 아니라 저 수면 아래 깊숙이 감추어진 잠재의식인데도 인간은 의식적인 자아가 사고와 행동을 지배한다는 생각을 가지고 있는 것이다. 그러기에 신경과학자들은 이것이 허상에 불과하다고 주장한다. 결국 우리가 의지라고 부르는 것은 사실 자유의지가 아니라 무의식적 사고가 만들어낸 과정이라는 것이다.

잠재된 의식이 바꾸는 미래

그런데 이게 왜 문제가 되는 걸까? 내가 자유의지를 가지고 버튼을 눌렀든 뇌가 시켜서 눌렀든 그게 무슨 상관이냐고 되물을 수도 있다. 그러나 자유의지가 없다는 것은 다분히 많은 문제를 불러일으킬 수 있다. 예를 들어 내가 게으르고 공부를 하기 싫은 것은 내 의지와는 상관없이 나의 뇌가 나를 그렇게 조종하기 때문이며 내가 열심히 살지 못하고 편한 것만 추구하는 것도 나의 의지는 그렇지 않은데 나의 뇌가 나를 그렇게 조종하기 때문이라고 둘러댈 수 있다. 담배를 못 끊는 것도 나의 의지와는 상관없는 셈이 된다. 자신의 선택을 뇌의 선택으로 돌려버림으로써 결과에 대한 책임으로부터 벗어날 수 있는 것이다.

실제로 현실에서는 범죄와 관련된 문제들이 발생할 수 있다. 최근에는 범죄에도 뇌과학의 연구 결과를 도입하는 신경범죄학이 대두되고 있는데 만일 살인과 같이 심각한 사회적 범죄를 저지른 사람이 그 살인은 자신의 의지와는 무관하다고 주장한다면 어떻게 할 것인가? 자신은 사람을 죽일 의도가 없었는데 뇌가 사람을 죽이라고 명령을 내려서 그것에 따랐을 뿐이라고 한다면 그 살인범은 무죄일까 유죄일까? 실제로 이것은 현실 사회에서 자유의지를 둘러싸고 벌어지고 있는 딜레마 중 하나이기도 하다.

아무튼 자유의지를 둘러싼 논쟁은 지금도 끊이지 않고 계속되고 있다. 중요한 것은 시간이 지날수록 신경과학의 발달로 인해 과거에는 당연하다고 여겨졌던 개념들이 새로운 패러다임으로 전환되고 있다는 것이다. 뇌에 관한 연구가 그리 활발하지 못했던 1990년대 중반까지만 해도 인간의 뇌는 이성의 본거지이며 대뇌피질이 감정을 완전히 장악하고 조율할 수 있다고 여겨져 왔다. 그래서 인간은 의식적이고 자율적인 상태에서 이성적인 사고와 판단을 할 수 있다고 여겼다.

그러나 1990년대 후반에 들어서면서 안토니오 다마지오Antonio Damasio와 조지프 르두Joseph Ledoux 등 신경학자들을 중심으로 인간의 의사결정 과정에서 감정이 미치는 중요성에 대한 연구가 활발하게 이루어지기 시작했다. 이들은 인간의 의사결정 과정에서 감정이 중요한 역할을 하며 이성적인 부분보다는 감정적인 부분이 더 많은 영향을 미친다고 주장했다. 실험용 쥐의 뇌에서 편도를 제거하자 겁 없이 독사 앞을 서성대거나 독사를 물기도 했는데 감정이 제거되면 제대로 된 판단을 하지 못한다는 것이다.

최근에는 이러한 이론이 더욱 적극적인 지지를 받고 있다. 샘 해리스Sam Harris를 비롯한 거의 대부분의 신경학자들은 뇌 안에서 감정이 주도권을 쥐고 있다고 생각한다. 감정을 통해 비로소 인식된

관계가 의미를 획득할 수 있다는 것이다. 감정이 결정에 미치는 영향은 70~80%나 되지만 이는 거의 무의식적으로 이루어진다. 고작 20~30%의 의사결정만이 의식적인 과정을 거치지만 이것도 앞서 살펴본 것처럼 자유의지에 따른 것은 거의 없다는 이론이 설득력을 얻고 있다.

자유의지가 있느냐 없느냐 하는 문제는 여전히 뜨거운 감자이고 앞으로도 계속 이어질 것이다. 그래서 이 문제를 더 깊게 파고들어가는 것은 쉽지 않은 일이다. 다만 좀 더 시간을 두고 그 결과가 어떻게 달라지는지 지켜볼 필요가 있다.

그런데 자유의지가 실제로 존재하느냐 그렇지 않으냐를 떠나서 만일 인간의 사고와 행동이 잠재된 의식을 통해 발현되는 것이라면 그 잠재된 의식을 바꿈으로써 미래의 어느 순간에 나도 모르게 내리는 뇌의 판단이 보다 바람직한 방향으로 나를 이끌도록 만들 수도 있지 않을까? 어차피 그 뇌의 주인공도 바로 자기 자신이니까 말이다. 그래서 좋은 습관, 바른 습관을 축적하고 그것이 자연스럽게 무의식 속에 쌓이도록 하면 필요한 순간에 힘을 발휘할 수 있지 않을까? 뇌가 더욱 바람직하고 좋은 방향으로 자기 자신을 이끌어가도록 말이다.

2장

타인을 이해한다는,
거대한 착각

영화에서 진한 키스씬을 보면 흥분되는 이유는?

원숭이 뇌에 연결된 기계장치의 신호가 울린 이유

지금으로부터 무려 25년 전쯤인 것 같다. 대학원에 재학 중인 선후배들과 함께 지도교수의 이사를 도와주고 종로에서 영화를 보게 되었다. 우리가 본 영화는 박상민 씨가 주연을 맡은 '장군의 아들'이었다. 그 영화는 선풍적인 인기를 끌며 시리즈로 제작되기도 했는데 영화를 보는 내내 싸움 장면에서 마치 나 자신이 주인공 김두한이 된 듯한 느낌이 들었다. 김두한이 일본 폭력조직을 맞아 싸우는 장면에서는 짜릿한 쾌감이 온몸을 스치고 지나는 전율을 느끼기도 했다. 신기한 것은 영화가 끝나고 거리로 나서는데 마치 나 자신이 영화 속의 김두한이라도 된 양 당장 누구와도 싸움을 하면 멋진 돌려차기로 한 방에 끝내버릴 수 있을 것 같은 착각을 느꼈다는 것이다. 싸움이라고는 한 번도 해본 적도 없고 싸움을 해도 이길 자신도 없었는데 말이다. 그때 만약 누군가와 사소한 시비라도 붙었다면 끔찍한 일이 벌어졌을지도 모를 일이다.

이런 경험을 비단 나만 해본 것은 아닐 것이다. 영화나 드라마를 보면서 슬픈 이야기에 눈물 콧물 쏟으며 울거나, '도가니'와 같은 영화를 보면서 치 떨리는 분노를 느낀 경험이 다들 한두 번쯤은 있을 것이기 때문이다. 적들에게 겹겹이 포위된 건물을 무사히 빠져나오던 '레옹'이 마지막 고비를 넘기지 못하고 끝내 목숨을 잃는 장면을 보면서 안타까움에 가슴 친 사람도 있을 것이고 농도 짙은 키스신이나 베드신을 보면서 야릇한 감정을 느끼거나 폭풍 같은 '먹방'을 보면서 자신도 모르게 입에 침이 고이고 허기를 느껴 기어코 늦은 밤에 라면을 끓여 먹은 경험도 있을 것이다. 아주 친한 친구가 실연을 당해 괴로워하는 모습을 보면서 자신이 실연당한 것처럼 가슴이 아팠던 날들은 또 어떠한가?

정상적인 사람이라면 누구나 이러한 경험이 있을 수밖에 없다. 어떤 특정한 상황에서 나와 관련이 있는 상대방이 느끼는 감정이 그대로 나에게 이입되어 그 사람이 느끼는 기쁨이나 슬픔, 욕망, 정서 등이 나의 내면에서 재구성되며 그들이 느끼는 감정을 고스란히 이해할 수 있게 되고, 그로 인해 눈물이 나거나, 분노를 느끼거나, 마치 내가 '장군의 아들'이 된 것 같은 감정을 느끼게 된다. 이를 한마디로 표현하면 '공감empathy'이라고 할 수 있다. 이는 단순히 상대방의 마음을 헤아릴 수 있으되 그 감정을 느낄 수 없는 '연민'과는 다르다. 공

감은 '연민'과 같은 이해의 감정을 넘어서 상대방과 완전히 감정적
으로 동화되는 것이라고 할 수 있다.

　이러한 현상은 오직 인간에게서만 나타나는 독특한 특징인데 이
로 인해 인간이 사회적인 관계를 형성하고 살 수 있는 것이라고
말해도 무방할 것이다. 그렇다면 이러한 현상은 왜 나타나는 걸까?
왜 영화나 드라마를 보면서 내가 영화 속의 주인공이 된 것 같은 착
각을 느끼고 주위 사람들의 희로애락에 덩달아 기쁘고 슬퍼질까? 특
히나 그 사람이 나와 가까운 사람이라면 남의 일 같지 않게 느껴지
는 이유는 무엇일까? 그 비밀은 두뇌 속에 있는 거울 뉴런mirror neuron
에 있다.

　심리학 혹은 신경과학에서 지아코모 리졸라티Giacomo Rizzolatti라는
이탈리아 출신의 학자는 아주 유명한 사람 중 하나이다. 그는 오래
전에 원숭이를 대상으로 실험을 하는 과정에서 우연히 거울 뉴런을
발견하게 되었다. 리졸라티 연구팀은 원숭이의 두개골을 살짝 절개
한 후 운동피질에 전극을 꽂고 특정 행동을 할 때 나타나는 두뇌 활
동의 변화를 측정하고 있었다. 그러던 어느 날, 실험에 참여하고 있
던 연구자 중 한 명인 비토리오 갈레세Vittorio Gallese가 탁자에 놓인 땅
콩을 먹기 위해 손을 뻗는 순간 이것을 바라보던 원숭이의 뇌에 연
결된 장치에서 삑삑거리는 신호음이 들려왔다. 이는 원숭이가 먹이
를 먹기 위해 팔을 뻗었을 때 활성화되는 뇌의 운동영역이 활성화되
었다는 것을 나타내는데 당시 원숭이는 아무런 움직임 없이 가만히

앉아 연구자의 움직임을 바라보고 있을 뿐이었다.

비토리오는 그 반응에 의아한 생각이 들었다. 분명 원숭이는 아무 것도 하지 않고 그저 가만히 앉아만 있었는데도 불구하고 무언가 먹이를 손에 쥐었을 때 나타나는 뇌 반응이 나타났으니 말이다. 이를 통해 원숭이는 상대방이 먹을 것을 쥐는 모습을 보는 것만으로도 자신이 먹이를 쥘 때와 똑같은 반응이 뇌 안에서 일어난다는 것을 알게 되었고 사람들도 이와 같은 반응을 일으킨다는 사실을 알았다. 그리고 추가적인 연구를 통해 이러한 반응을 일으키게 만든 두뇌의 부위를 밝혀냈고 그곳에 거울 뉴런이라는 이름을 붙였다.

(거울 뉴런의 일화는 뇌과학 혹은 신경과학을 다루는 책에서는 예외 없이 다루어지고 있지만 우습게도 그 일화에 나오는 음식은 바나나부터 땅콩, 사과, 포도, 아이스크림까지 실로 다양하다. 에피소드의 내용은 동일하지만 당시에 등장한 음식은 인용하는 사람에 따라 제각각인데 도대체 그 이유가 무엇인지 궁금해하다가 우연히 한 책을 통해 그 이유를 알게 되었다. 바로 실험자들 자신이 그 상황을 정확히 기억하고 있지 못하기 때문이었다. 맙소사!)

인간에게만 있는 재능 '마음 읽기'

이렇게 우연히 발견된 거울 뉴런은 인간의 사회적 특성을 이해하는 데 아주 큰 실마리를 제공한다. 즉 거울 뉴런이 있기 때문에 인간들은 다른 사람의 감정을 이해하고 그들의 상황에 공감할 수 있게 되는 것이다. 아기를 보고 웃으면 아기가 따라 웃는 것처럼 단순히 행동을 모방할 뿐만 아니라 그 감정을 모방하는 데도 거울 뉴런이 작용한다. 그로 인해 상대방이 기뻐하는 모습을 보면 나에게도 즐거운 마음이 들고 상대방이 고통스러워하면 나도 고통스러운 감정을 느낄 수 있는 것이다. 특히나 상대방이 나와 아주 가깝거나 친근감을 느낄 수 있는 사람이라면 거울 뉴런은 더욱 활발하게 반응한다. 이러한 특징 때문에 세계적인 신경과학자 중 한 명인 라마찬드란Vilayanur Ramachandran 박사는 거울 뉴런을 'DNA 이후의 가장 위대한 발명'이며 '문명화의 기반'이라고 언급할 정도였다.

거울 뉴런이 발견된 이후 그것이 있음으로 해서 나타날 수 있는 공감 능력에 대한 실험이 여러 학자들에 의해 진행되었다. 2004년에 진행된 한 실험에서는 남녀 연인들에게 상대방의 고통을 공감하는 정도를 측정하는 연구가 이루어졌다. 한 쌍의 연인들을 모집한 후 여성은 MRI 기계에 들어가고 남성은 그 옆에 앉게 했다. 그리고 각자의 손가락에 전기충격장치를 부착한 후 남성과 여성에게 번갈아 가며 전기충격을 가했다.

먼저 남자에게 전기충격을 가하자 남자들은 괴로운 모습을 보였다. 여성들은 거울에 비친 컴퓨터 화면을 통해 그 장면을 볼 수 있었는데 애인이 전기충격을 받고 괴로워하는 모습을 본 여성들은 전대상피질과 뇌섬엽이 활성화되었다. 이번에는 여성들에게 전기충격을 가했는데 역시 전대상피질과 뇌섬엽 영역이 반응을 나타냈다. 남성과 여성에게 번갈아 전기충격을 가했지만 그 결과는 매번 똑같았다.

이 실험 결과에 따르면 사랑하는 사람이 고통을 받는 것을 볼 때와 자기 자신이 고통을 받을 때 활성화되는 뇌의 영역이 똑같다는 것을 알 수 있다. 전자는 사랑하는 사람이 고통스러워하는 모습을 바라보고 느끼는 것이므로 심리적인 통증이고 후자는 자신에게 직접 가해지는 물리적인 통증이다. 그런데 심리적인 통증을 느낄 때 활성화되는 부위와 물리적인 통증으로 인해 활성화되는 부위가 같다는 것은 심리적인 통증에 의해서도 물리적인 통증을 느낄 수 있다는 것을 나타낸다. 마음에 아주 큰 상처를 입었을 때 심적으로뿐만 아니라 실제로 가슴에 통증을 느끼는 것도 바로 이러한 이유 때문이다.

고통 이외의 다른 감정에 대해서도 거울 뉴런은 같은 반응을 나타낼까? 이를 알아내기 위해 다른 실험이 진행되었다. 역겨운 냄새나 향기로운 향수가 담긴 컵을 여러 개 준비한 후 배우들을 고용하여 그 냄새를 맡게 하고 그때의 표정을 3초 정도의 짧은 동영상으로 제작하였다. 이후 피험자들을 모집하여 배우들의 모습을 동영상으로 보여주거나 직접 그 컵의 냄새를 맡게 했다. 그러자 역겨운 냄새를 직접 맡을 때 피험자들의 뇌 반응과 역겨운 냄새를 맡은 배우의 표정을 동영상으로 볼 때의 뇌 반응이 거의 동일했는데 공통적으로 뇌섬엽이 활성화되었다. 연인 실험에서 고통을 느낄 때 활성화되었던 뇌 부위와 동일한 부위이다.

전대상피질은 전두엽 바로 아래쪽에 있는 구피질 영역으로 두뇌의 비서실장 역할을 하는 곳이다. 뇌섬엽은 도피질이라고 하는 미각중추가 자리한 곳이다. 역겨운 음식을 먹거나 역겨운 행동을 보면 이 영역이 반응을 나타낸다. 특이한 것은 뇌섬엽에서는 자신뿐 아니라 다른 사람이 역겨워하는 장면을 보는 것만으로도 같은 감정을 느낀다는 것이다. 이러한 두뇌의 영역들이 상대방의 행동을 보면서 마치 거울을 보는 것처럼 자신의 감정에 반응을 나타내도록 거울 뉴런을 구성하는 것이다.

거울 뉴런은 모든 포유류 심지어는 일부 조류에게서도 나타난다고 하지만 그 활용 방식은 인간을 다른 동물들과 확연히 구분될 수 있도록 만들어준다. 거울 뉴런이 있음으로 해서 인간은 다른 사람의 마음을 읽을 수 있는 '마음 이론theory of mind'을 갖게 되었다. 다른 사람의 마음을 읽는 것은 그 사람의 마음속에서 무슨 일이 일어나고 있는지를 아는 것으로 원만한 사회생활을 하기 위해서는 이러한 능력이 반드시 필요하다.

다른 사람의 마음을 읽어낼 수 있는 능력은 인간에게만 있는 재능인데 이러한 재능은 어렸을 때부터 생성된다. 이를 판별하기 위해 고안된 실험이 샐리-앤 검사Sally-Anne test라는 것이다. 아이들에게 샐리와 앤이라는 인형이 등장하는 인형극을 보여준다. 샐리에게는 바구니가 있고 앤에게는 상자가 있다. 샐리가 자기 바구니에 구슬을 넣은 다음 자리를 떠난다. 그 사이에 앤이 샐리의 바구니에서 구슬을 꺼내 자기 상자에 담는다. 그런 다음 아이들에게 샐리가 돌아오면 어디에서 구슬을 찾겠느냐고 물어본다. 4세가 안 된 아이들은 이 질문에 앤의 상자에서 구슬을 찾을 것이라고 대답한다. 반면에 4세가 넘어선 아이들은 샐리의 바구니에서 구슬을 찾을 것이라 대답한다. 이 테스트는 상대방의 마음을 읽을 수 있는지 여부를 측정하는 것인데 4세가 넘어서면 이미 상대의 마음을 읽을 수 있음을 보여준다. 즉 샐리는 구슬을 자신의 바구니에 넣고 나갔고 그 사이에 앤이 구슬을 자신의 상자에 숨겨놓은 것을 모르기 때문에 구슬이 여전히 바구니에 있다고 믿는다는 것을 아이들이 인식한다는 것이다.

좋은 인간관계를 유지할 수 있는 비밀

거울 뉴런이 있기 때문에 나타나는 인간만의 또 다른 특징은 상대의 마음을 읽는 것을 넘어 앞서 설명한 대로 그 마음에 공감하는 능력이다. 거울 뉴런은 타인의 감정을 이해하고 그것을 자신의 내면세계에서 재구성함으로써 상대방의 감정에 공감할 수 있게끔 만들어주는 역할을 한다. 그래서 인간을 호모 엠파티쿠스Homo Empathicus 즉 공감하는 인간이라고 일컫기도 한다. 공감이야말로 인간을 다른 동물들과 구별되게 만들어주는 가장 커다란 특징 중 하나인 것이다.

인간은 다른 동물들에 비해 나약하기 그지없는 존재이다. 사자나 호랑이에 비해 덩치도 작고 빠르지도 못하며 날카로운 이빨이나 발톱도 없다. 추위로부터 자신을 지켜줄 모피조차 없다. 시력이나 청력도 동물들에 비하면 형편없다. 그런데도 인간이 다른 동물들과의 경쟁에서 살아남고 생태계의 최상위를 차지할 수 있었던 것은 인간이 진화의 수단으로 '사회화'를 선택했기 때문이다. 즉 여러 사람들이 서로 무리를 이루고 그 안에서 다양한 관계를 맺어감으로써 자신에게 부족한 것을 그 안에서 해결하는 방법으로 자신의 단점과 결점을 메워온 것이다. 다른 사람의 감정에 공감하고 서로를 동일화하는 과정을 통해 인간은 서로를 믿고 그 바탕 위에 발전을 이루어온 것이다. 그러니 공감이야말로 인간이 세상을 지배하고 인간답게 살 수 있도록 만들어준, 신이 내린 축복이 아닐 수 없다.

그런데 간혹 사람들 중에는 공감 능력이 결여되어 있는 이들도 있다. 공감 능력이 결여되면 다른 사람들이 도저히 이해할 수 없는 행동을 하게 되는데 피도 눈물도 없이 잔인한 짓을 저지르는 사이코패스들이 그런 예라고 할 수 있을 것이다. 재미있는 것은 스티브 잡스나 잭 웰치와 같이 일부 뛰어난 명성을 얻은 리더들 중에도 직원 해고를 밥 먹듯이 하며 피도 눈물도 없이 행동하는 사람들이 있다는 것이다. 이들도 사이코패스처럼 다른 사람의 감정을 읽고 이해하는 능력이 결여된 것일까? 그렇지 않다. 오히려 그들은 타인의 감정을 누구보다 정확히 읽어낼 수 있지만 자신이 추구하는 목적상 그 감각을 완벽하게 위장하고 무감각하게 행동하는 것이라고 할 수 있다. 그래서 이들을 '성공한 사이코패스'라고 부르기도 한다. 기업인들뿐 아니라 가끔 정치인들이나 종교 지도자들이 이해할 수 없는 잔인한 행동을 눈 하나 깜빡하지 않고 저지르는 이유도 이 때문이라고 할 수 있다.

아무튼 공감 능력은 사람들로 하여금 원만한 사회생활을 할 수 있게 만들어주는 가장 큰 장점 중 하나이다. 사람이 다른 사람의 감정을 읽고 이해할 수 있는 기능이 결여되면 그 사람은 정상적인 사회생활을 할 수 없게 된다. 자폐아들이 정상적인 사회생활이 어려운 이유도 공감할 수 있는 능력이 결핍되어 있기 때문이다.

자폐증과 비슷한 발달장애 중 아스퍼거 증후군Asperger's syndrome이 있다. 이 병을 앓는 사람들은 다른 사람과 의사소통을 하는 중에 공감하는 얼굴 표정을 짓지 않거나 동의하는 몸짓을 나타내지 않는다. 대화의 상대방이 나의 말에 반응을 보이지 않는다면 대화가 원만하게 이루어질 수 있을까? 아스퍼거 증후군을 가진 사람들이 다른 사람과 있거나 대화를 나누는 것을 싫어하는 것이 아니다. 그들도 그러한 행위를 좋아하긴 하지만 생각과 감정 사이에 단절이 이루어지기 때문에 인지적 공감cognitive empathy과 감정적 공감emotional empathy 사이에 단절이 생긴다. 실제로 이들의 뇌를 촬영해보면 보통 사람에 비해 공감 상황에서 뇌의 활성화 정도가 반에 지나지 않는다.

동물들은 상대의 감정을 읽고 그것을 자신의 내부에서 재구성할 수 있는 능력이 결여되어 있다. 반려견들에게 야단을 치면 주인이 화가 났다는 것을 눈치채기는 하지만 무엇 때문에 화가 났고 그래서 어떻게 행동을 수정해야 한다는 식의 반응은 나타내지 못한다. 그러나 사람은 가슴 아픈 상황을 이해할 수 있고 기쁜 상황을 공유할 수 있다. '슬픔은 나누면 반이 되고 기쁨은 나누면 배가 된다'는 말이 있다. 굳이 억지로 인간관계를 만들어가려고 애쓰지 않아도 공감 능력을 잘 활용하는 것만으로도 좋은 인간관계를 이어나갈 수 있다. 상사나 부하직원, 직장 동료들과의 관계도 물론이다.

남자들은 왜 여자의 마음을 모르는 걸까?

화성 남자, 금성 여자

행복한 가정을 만들기 위해서는 무엇보다 가정을 이루는 두 기둥인 남편과 아내의 사이가 좋아야만 한다. 연인 사이도 마찬가지이다. 두 사람 간의 사이가 좋아야만 화목하고 행복한 가정을 이룰 수 있다. 하지만 살다 보면 서로 간에 갈등이 쌓이기도 하고 감정의 골이 깊어져 헤어지는 경우도 많다. 어떤 경우든 소통은 중요한 화두이다. 특히나 남녀 간의 사이에서 소통은 더욱 중요한데 뇌과학적인 측면에서 보면 남녀 간 의사소통에 어려움을 겪는 것은 당연해 보인다.

인터넷에 떠도는 유머 중 아래와 같은 도식이 있다. 여자가 무언가에 대해 화가 났다. 남자는 화가 난 여자를 달래기 위해 미안하다고 하지만 여자는 무엇이 미안하냐고 묻는다. 사실 남자들은 대

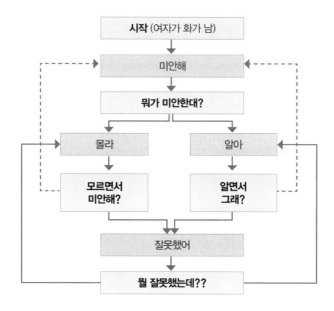

남자들이 절대 빠져나오기 힘든 무한루프

시작 (여자가 화가 남)

미안해

뭐가 미안한대?

몰라 | 알아

모르면서 미안해? | **알면서 그래?**

잘못했어

뭘 잘못했는데??

부분 여자가 화를 내는 이유를 잘 모른다. 그래서 모른다고 솔직하게 얘기하면 바로 돌아오는 말이 "모르면서 미안해?"라는 말이다. 행여나 괜히 아는 척 말을 꺼냈다가는 "알면서 그래?"라는 핀잔이 돌아온다. 어느 쪽을 택하든 빠져나갈 구멍이 없다. 그래서 무조건 잘못했다고 말하지만 이번에 돌아오는 건 "뭘 잘못했는데?"라는 또 다른 질문이다. 자연스럽게 대화의 원점으로 돌아가고 만다. 그래서 이 도식의 제목은 '남자들이 도저히 빠져나오기 힘든 무한루프loop'이다.

출처를 알 수 없어 밝힐 수는 없지만 이 도식처럼 여자와 남자의 차이를 축약적으로 보여주는 그림도 없을 것이다. 실제로 이런 대화가 남녀 간에는 비일비재하게 일어나기 때문이다. 남자들은 여자들이 "자기 왜 그래?"나 "나 뭐 달라진 거 없어?"라거나 혹은 "자기는 왜 그렇게 내 맘을 몰라?"라고 말을 꺼내면 심장이 쿵 내려앉는 듯한 느낌이 든다. 자칫 잘못하다가는 서로가 감정 상하는 말다툼으로 번질 우려가 있기 때문이다. 남자들이 제일 무서워하는 말 중 하나가 "자기 나랑 얘기 좀 해"라는 여자의 말이다.

왜 그럴까? 무엇 때문에 여자와 남자는 말이 잘 통하지 않는 것일까? 왜 남자들은 여자의 마음을 이해하지 못하는 것일까? 이것도 뇌와 관련되어 있는 것일까? 대답은 '그렇다'이다. 모든 것이 남자의 뇌와 여자의 뇌가 다르기 때문이다. 사람의 뇌는 남녀 구분 없이 다 똑같을 것이라고 생각하지만 그건 오해이다. 남자와 여자는 외모가 서로 다르듯이 뇌도 서로 다르다. 그리고 이렇게 다른 뇌로 인해 서로 간의 의사소통에 한계가 올 수 있다. 그렇다면 남녀의 뇌가 어떻게 다른지 한번 살펴보자.

여자의 뇌와 남자의 뇌는 물리적인 구조부터 다르다. 우선 남자의 뇌는 여자의 뇌에 비해 10% 정도 크다. 그렇다고 남자가 여자보다 머리가 좋다는 뜻은 아니다. 남자는 여자에 비해 두정엽과 우반구가 발달되어 있다. 이로 인해 감각기관의 정보처리나 공간 인지 능력, 3차원 공간에 대한 이해 능력, 그리고 운동 능력 등이 뛰어나다. 지도를 잘 보거나 길을 잘 찾는 것, 운동을 잘하는 것 등이 이와 관련되어 있다. 두정엽은 또한 수학이나 과학, 지리 등 입체적이고 논리적이며 체계적인 사고를 담당하는데 이로 인해 남자들은 지시적이거나 과제 중심적인 사고에 능하다. 자동차나 컴퓨터, 전자제품 등 기계 다루는 것을 좋아하고 수학이나 컴퓨터 활용 능력 등이 여자에 비해 상대적으로 뛰어나다.

어린아이 500명을 대상으로 조사한 결과에 의하면 수학 능력의 경우 8세 남자아이들의 능력이 12세 여자아이들의 능력과 유사하다고 한다. 또한 편도와 시상하부에 있는 지배중추와 공격중추의 크기도 여자보다 거의 두 배 정도 크다. 그래서 지배욕이 크고 규율이나 통제에 엄격하며 사회적 활동에 활발하게 앞서는 경향이 있다.

여자는 남자에 비해 전두엽이 상대적으로 크다. 이로 인해 의사결정과 문제 해결력, 추론 능력 등에서 남자들보다 뛰어난 능력을 발휘한다. '마누라 말을 잘 들으면 자다가도 떡이 생긴다'는 말이 괜히 생긴 게 아니다. 또한 여자는 해마가 남자보다 커서 단기 기억을 잘하고 집중력이 높으며 좌뇌와 우뇌를 연결하는 뇌량이 남자들보다 두꺼워 좌우 뇌를 효율적으로 쓸 수 있는 역량이 높다. 측두엽과 언어중추에는 남자보다 11%나 더 많은 신경세포를 가지고 있어 청각적 정보처리가 뛰어나고 언어 활용 능력이 발달되어 있다. 앞서 소개한 500명의 어린이를 대상으로 조사한 결과 여자아이들은 남자아이들에 비해 언어 능력에 있어 여섯 살 정도 앞서 있다고 한다.

펜실베이니아 대학의 신경과학자인 루벤 거Ruben Gur 등에 의하면 여자는 보살핌과 사교적인 태도를 담당하는 변연계 속 뇌 부위의 크기도 남자보다 두 배 정도 커서 공격적인 태도를 조절하거나 화를 조절하는 능력이 뛰어나다. 또한 감정이입 등 공감 능력이 뛰어나서 표정이나 억양 변화에 민감하고 감정 조절에 유리하도록 설계되어 있어 대립과 갈등보다는 협의와 포용을 중시하고 인간관계를 소중하게 여기도록 만든다. 여자들이 남자들에 비해 사람들의 얼굴을 잘 기억하는 것도 이 때문이다.

남녀의 뇌 차이는 정보를 받아들이고 해석하는 방법에 있어 차이를 가져올 수 있는데 예를 들어 낯선 길에서 목적지를 찾고자 할 때 남자들은 공간 지각 능력을 담당하는 두정엽이 발달되어 있어 왼쪽이나 오른쪽, 동쪽이나 서쪽 등 방향을 통해 길을 찾는 것이 쉬운 반면 여자들은 교회나 커피숍 등 주변의 지형을 이용하여 길을 찾는 것이 훨씬 용이하다. 여자들이 지도를 잘 못 읽는 이유도 뇌가 남자들과 다르게 작동하기 때문이다.

이러한 두뇌 구조의 물리적인 차이는 사고방식의 차이를 가져올 수 있는데 남자들은 지배와 규율, 통제와 질서를 중요시하는 반면에 여자들은 균형과 협조, 개방성을 중요하게 여긴다. 런던 대학의 타냐 싱어Tanya Singer 박사는 성인 남녀들을 대상으로 카드 게임에서 부정행위를 한 사람에게 어느 정도의 벌을 주고 싶은지를 조사하는 연구를 수행했는데 흥미롭게도 남자와 여자의 반응이 달랐다. 동일한 부정행위에 대해 남자는 강한 벌칙을 제시한 반면, 여자는 오히려 벌칙을 받는 사람을 동정하는 경향이 있었다. 서로의 사고방식이 달랐던 것이다. 선거 시즌에 유심히 살펴보면 남자들은 부정이 있는 후보자를 엄하게 보지만 여자들은 그럼에도 불구하고 너그럽게 바라보는 경향이 있음을 알 수 있을 것이다.

남녀의 두뇌 작동 방식

두뇌의 작동 방식도 남녀가 다른데 이는 남녀에게 달리 나타나는 성性호르몬과 그로 인한 두뇌의 물리적 구조 변화 때문이라고 할 수 있다. 남자의 경우 우측 전두엽이 좌측 전두엽에 비해 크고 두껍다. 남성에게 많은 테스토스테론이 왼쪽 뇌에 영향을 미쳐 신경세포의 결합을 감소시킴으로써 왼쪽 뇌가 작아지고 상대적으로 오른쪽 뇌가 커진 것이다. 이 영향으로 남자는 한쪽 뇌를 전문적으로 사용하는 경향이 높으며 사고가 단순하고 한 번에 하나씩 차례대로 생각하는 단계적 사고step thinking를 한다. 세상에 질서나 체계를 부여하려고 하는 것도 복잡한 것을 다루는 것이 어렵기 때문에 모든 것을 단순화하려고 하는 시도라고 할 수 있다.

반면에 여자의 경우 테스토스테론의 영향을 받지 않으므로 양쪽의 전두엽 크기가 동일하다. 그리고 앞서 언급한 것처럼 좌우 뇌를 잇는 뇌량이 남자에 비해 상대적으로 발달되어 있다. 그래서 좌우 뇌를 동시에 활용하는 능력이 발달하여 그물망처럼 여러 가지 일을 엮어서 복잡한 사고를 할 수 있게 된다. 이를 그물망 사고web thinking라고 부른다. 텔레비전을 볼 때 말을 걸면 남자들은 알아듣지 못하지만 여자들은 텔레비전을 보면서 친구와 전화통화를 하고, 다림질을 하고, 빨래를 삶는 등 여러 가지 일을 동시에 할 수 있는 것도 이 때문이다.

이러한 두뇌 작동 방식의 차이는 실험을 통해서도 확인할 수 있다. 성인 남녀 여덟 명을 대상으로 세 개의 단어를 나란히 제시하고 중간에 있는 단어와 의미가 가까운 단어를 찾는 의미 분류 실험을 하는 동안 뇌의 반응을 기능성 자기공명영상장치fMRI로 촬영해본 결과 남자들은 주로 좌뇌의 전두엽과 측두엽만 활성화된 반면 여자는 좌우 뇌가 골고루 활성화되었다.

또 다른 실험에서도 이러한 사실이 분명하게 입증되었다. 필라델피아 의과대학의 라지니 베르마Ragini Verma 교수팀이 8세에서 22세 사이의 남녀 949명을 대상으로 뇌의 연결망 구조를 보여주는 뇌 영상을 분석해본 결과 다음 그림에서 보는 것처럼 남자들의 뇌에서는 같은 쪽 반구 내에서의 신경 연결이 활발하게 일어난 반면 여자들의 뇌에서는 좌우 뇌 간의 신경 연결이 활발하게 이루어진 것으로 나타났다. 그러나 뇌의 뒤편에 위치한 소뇌에서는 이러한 역할이 남녀 간에 뒤바뀐 것으로 나타났다. 소뇌는 운동을 정밀하고 순차적으로 제어하는 역할을 하는데 남자들의 경우 좌우 뇌 간에 활발한 신경 연결이 일어난 반면 여자들은 그렇지 않았다.

남녀의 전두엽 크기 차이는 좌우 뇌의 활성화 외에 그 기능에도

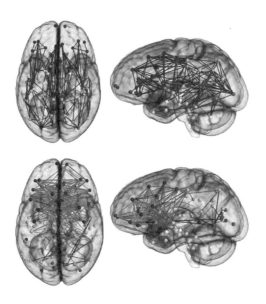

[남자의 뇌(위)와 여자의 뇌(아래)에서의 신경연결망 활동을 보여주는 필라델피아 연구팀의 조사 결과
출처: National Academy of Sciences/PA]

차이가 있을 수 있음을 시사하는데 우측 뇌는 새로운 것을 받아들이고 학습하는 역할을 담당하고 좌측 뇌는 이미 익숙한 것을 반복적으로 수행하는 역할을 주로 한다. 이로 인해 남자는 새로운 과제에 도전하거나 새로운 정보를 잘 받아들이는 반면 여자들은 새로운 것보다는 이미 익숙한 것을 잘하는 경향이 있다.

조금 더 깊이 들어가 보자. 미국 어바인 캘리포니아 대학의 리처드 하이어Richard Haier 박사가 《뉴로이미지Neuro Image》에 발표한 논문에 따르면 남자의 경우에는 신경세포로 이루어진 회색질이 여자보다 6.5배나 많은 반면 여자들은 축색으로 이루어진 백색질이 남자보다

9.5배나 많다고 한다. 회색질은 뉴런이라고 알려진 신경세포이며 정보처리의 중추이다. 백색질은 신경세포의 신호를 전달하는 축색을 나타내며 정보처리 중추와의 연결을 담당한다. 남자에게 회색질이 많다는 것은 정보를 받아들이는 것에 능하고 수학과 같이 지엽적인 정보처리를 요구하는 과제에 능하다는 것을 나타낸다. 반면 여자에게 백색질이 많다는 것은 정보를 받아들이는 속도가 빠르고 언어 능력과 같이 정보를 통합하는 과제에 능하다는 것을 뜻한다.

남자와 여자는 인지 방식에 있어서도 차이를 나타낸다. 뉴욕 대학의 신경과학 교수인 엘코논 골드버그Elkhonon Goldberg에 따르면 남자들은 주로 상황 의존성이 강한 반면 여자들은 상황 독립성이 강하다고 한다. 즉 남자들은 기존의 경험을 바탕으로 상황에 맞게 인식하고 의사결정을 내리는 반면, 여자들은 상황과 상관없이 독립된 의사결정을 내리는 경우가 많다는 것이다. 여자들이 종종 주제와 무관한 이야기를 꺼내는 것처럼 보이는 이유도 알고 보면 주어진 상황과 독립적인 사고를 하기 때문이라고 할 수 있다.

호르몬의 차이가 만들어낸 '다름'

지금까지 살펴본 것처럼 남자와 여자는 두뇌의 물리적인 구조가 다르고 작동 방식이 다르며 따라서 사고하고 행동하는 방식도 다르다. 인간의 두뇌는 다 똑같을 것이라고 생각할 수 있지만 남자와 여자는 엄연히 다른 뇌를 가지고 있다고 할 수 있다. 이렇듯 남자와 여자의 차이를 만들어내는 데는 신경전달물질이라는 배후가 숨겨져 있다.

임신 6주에서 8주 사이에 태아의 생식기관은 분화되지 않은 상태에서 밀러관과 볼프관이라는 두 개의 구조를 가지고 있다. 이후에 Y염색체를 가진 개체는 테스토스테론이 분비되면서 볼프관이 남자 생식기관으로 발달하고, Y염색체가 없고 테스토스테론이 과잉 분비되지 않으면 밀러관이 여자의 생식기관으로 발달한다. 이렇게 남자와 여자가 나뉘면 그 후 시상하부에서 호르몬을 분비하여 남자는 정소에서 테스토스테론을 분비하고 여자는 난소에서 에스트라디올(소포호르몬)로 대표되는 에스트로겐을 분비한다. 이 호르몬이 여자와 남자의 사고와 행동을 다르게 만드는 데 결정적인 역할을 한다.

테스토스테론은 무언가를 실행하도록 재촉하고 낙관적인 사고를 하도록 만들어준다. 그래서 남자들은 모험적인 행동을 좋아하는 반면 별로 중요하다고 여기지 않는 측면은 과감하게 제쳐버리고 본질에만 집중하려고 한다. 길을 걸어가면서도 주위에 있는 것을 보지 못하고 지나치거나, 헤어스타일이나 화장 등 여자 친구에게 일어난 사소한 변화를 눈치채지 못한다거나, 필요한 물건이 있을 경우 백화점 입구에서 해당 매장까지 한눈팔지 않고 걸어가 필요한 물건만 사서 돌아 나온다.

가끔 주방에서 음식을 만들 때면 아내가 숨겨놓은 그릇을 찾지 못해 헤매다가 짜증이 나는 경우가 있다. 그럴 때 아내를 찾으면 바로 눈앞에서 원하는 물건을 찾아주며 한마디 하곤 한다. "남자들은 왜 코앞에 있는 걸 못 봐?" 내가 생각해도 기가 막히지만 이것 역시 테스토스테론의 영향이다. 남자들은 세부적인 것에 흥미를 못 느끼므로 장을 볼 때도 진열대를 대충 훑어보고 찾는 물건이 없다고 생각한다. 하지만 여자들은 남자들보다 훨씬 더 꼼꼼하고 세밀하게 관찰하고 자주 눈길을 멈춘다.

여자의 경우 테스토스테론 대신 '관용 호르몬'이라고 불리는 에스트로겐의 지배를 받게 된다. 이는 피하지방을 생성하여 신체를 부드럽고 유연하게 만들어줄 뿐만 아니라 감정과 행동의 측면에서도 너그러움과 부드러움을 만들어준다. 또한 개방적이고 긍정적인 감정을 유발하기도 한다. 여자는 또한 옥시토신oxytocin이라는 호르몬이 남자에 비해 훨씬 풍부한데 이는 사회적인 접착제 또는 밀착 호르몬이라고도 불릴 정도로 신뢰와 정서적 유대감 등을 느끼도록 만들어준다. 물론 남자들에게도 옥시토신이 분비되지만 여자에 비해 그 양이 상대적으로 적다. 사람을 조용하고 부드럽게 만들어주는 프로락틴이라는 호르몬도 여성에게 더 많이 분비된다.

이러한 호르몬의 차이는 기호의 차이를 만들어낸다. 남자들은 자동차나 각종 기계, 전자제품 등 전문지식을 과시할 수 있는 기술 계통의 물건을 좋아하는 반면 여자들은 환상적인 자극을 이끌어낼 수 있는 소설이나 예술 작품, 친밀함과 아늑함을 느낄 수 있는 것들을 좋아한다. 남자아이들이 자동차나 전쟁놀이에 관심을 나타내는 반면 여자아이들은 인형이나 소꿉놀이에 관심을 갖는 것도 이러한 차이이다.

종종 남자들을 패닉에 빠뜨리는 여자들의 언어도 호르몬의 영향으로 인한 것이다. 여자들이 쓰는 단어와 남자들이 쓰는 단어는 서로 다르다. 여자들은 남자들보다 훨씬 더 많은 어휘를 사용하며 남자들보다 더 세분화되어 있다. 또한 관계 형성을 위해 언어를 사용하고 부드럽거나 온화한 말을 선호한다. 반면 거칠거나 상스러운 욕, 지배적이거나 경멸적인 단어 등은 싫어한다.

남자와 여자는 쇼핑을 할 때도 다르다. 노트북이나 LED TV 등 값비싼 물건을 구매할 때 남자들은 제품 자체에 70%의 비중을 두고 판매원에게 나머지 30%의 비중을 둔다. 반면에 여자들은 정확히 그 반대이다. 판매원과의 감정적 교류를 더욱 중요하게 생각한다. 여자들은 판매원이 친절하거나 설명을 잘해주면 그 제품이 더 좋은 것이라고 판단한다. 그런데 예술 작품을 구매할 때는 마치 반대의 경향을 보인다. 남자들은 예술 작품 그 자체보다는 작가가 얼마나 그 방면에 전문가인지에 더 관심을 두는 반면, 여자들은 작가보다는 작품 그 자체에 더욱 큰 비중을 둔다. 서로 앞뒤가 안 맞는 것 같지만 알고 보면 남자들은 전문적인 지식이나 기술적인 측면을 중시하는 반면 여자들은 감성적인 측면을 고려한다는 것을 나타낸다. 남자들이 와인을 즐겨 마시는 이유 중에는 자신의 전문적인 지식을 과시하고 싶어 하는 욕구도 숨어 있다.

누구나 다 느끼겠지만 여자들은 시각, 청각, 후각, 미각, 촉각 등 전 감각 영역이 남자들보다 10~20% 더 민감하며 남자들은 여자들이 인식하는 것을 전혀 인지하지 못하고 넘어가는 경우가 많다. 감각 처리 방식도 다른데, 같은 냄새라 할지라도 남자의 뇌와 여자의 뇌는 서로 다른 영역을 이용하여 정보를 처리한다. 게다가 여자의 뇌는 남자의 뇌보다 냄새에 훨씬 더 강하게 반응한다. 여자의 직감이 무서운 이유도 이해가 될 것이다.

지금까지 살펴본 것처럼 여자와 남자는 서로 다른 존재이다. 생물학적으로 보면 인간이라는 동일한 종에 속하지만 뇌과학의 측면에서 따져보면 두뇌 구조가 다르고 작동 방식이 다르며 사고하는 방식도 전혀 다르다. 물론 남자의 뇌를 가진 여자도 17%나 되고 그 반대의 경우도 같은 비율로 존재한다고 하지만 대다수의 경우 남자의 뇌와 여자의 뇌는 다르다고 보아야 한다.

여자들은 남자들이 말귀를 잘 못 알아듣는다고 답답해하고 남자들은 여자들이 사소한 것에 집착하는 것을 이해할 수 없다고 답답해한다. 남자들은 여자가 운전을 잘 못하거나 지도를 못 보는 것을 한심해하지만 여자들은 남자들의 충동적이고 즉흥적인 행위를 한심해한다. 하지만 이러한 행동들은 서로의 뇌가 다르기 때문에 어쩔 수 없이 벌어질 수밖에 없는 근본적인 문제이다. 서로가 한심하고 답답하다고 해봐야 돌아오는 것은 감정적 앙금밖에 없다. 그러니 서로 자기가 옳다고 자기주장만 내세우기보다는 서로가 다름을 인정하고 그 다름을 이해하려고 노력할 필요가 있다. 다름을 인정하면 감정의 물꼬가 트이고 서로 간의 갈등도 눈 녹듯 사라질 수 있다.

'중2'는 왜 가장 무서운 존재가 되었을까?

사춘기 아이들이 좌충우돌하는 이유

어느 집이든 사춘기 아이들이 있다면 하루라도 조용할 날이 없을 것이다. 아침에 잠자리에서 일어나는 것부터 시작해서 하루 종일 스마트폰을 끼고 지내거나, 사람이 사는 집인지 모를 정도로 방을 어질러놓거나, 게임이나 아이돌에 눈이 멀어 책은 들여다보지도 않는 것 등등 사사건건 부모와 자식 간에 충돌이 일어나고 고성이 오간다. 심지어 한겨울에 얇은 코트만 입고 칼바람 부는 집 밖으로 나서는 것도 부모 입장에서는 못마땅하기만 하다.

부모들은 아이들이 무엇을 하든 철없는 행동처럼 보이고 마음에 들지 않아 간섭을 하려고 하지만 아이들은 그러한 부모의 간섭이 마음에 들지 않아 반항한다. 아이는 제 방의 문을 꼭꼭 걸어 잠근 채 부모의 영향으로부터 벗어나 혼자만의 시간을 갖고자 하지만 부모는 그런 모습을 참지 못해 기어코 잔소리를 하고 만다. 그러다 보면 또다시 충돌이 생기고 부모와 자식 간에 마치 원수처럼 골이 깊어져 부모는 부모 나름대로 자식들에게 괘씸한 마음이 생기고 자식은 자식대로 부모가 보기 싫어져 더욱더 피하려고 한다.

사춘기의 아이들이 하는 행동을 보면 성인인 부모의 입장에서는 모든 것이 성에 차지 않는다. 옛날 같으면 가정을 꾸릴 정도로 철이 들었을 나이인데도 '우리 아이는 도무지 철이 없는 것 같아' 속이 상한다. 성인의 입장에서 아이들을 바라보고 인생을 먼저 산 사람의 충고나 조언이랍시고 성인의 사고대로 행동하길 요구한다. 말을 듣지 않으면 철딱서니가 없다며 야단을 치거나 잔소리를 퍼붓는다. 반대로 아이들의 입장에서는 자기 스스로 모든 것을 해결하고 싶은데 믿지 못하고 일일이 간섭하는 부모가 야속하고 마음에 들지 않는다. 그래서 온몸으로 반항하고 싶은 충동을 느낀다. 오죽하면 북한이 남한을 쳐들어오지 못하는 이유 중 하나가 '중2' 때문이라는 얘기까지 나왔을까? '질풍노도'라는 표현이 기가 막히게 들어맞는 듯싶다.

그렇다면 과연 누가 옳은 것일까? 부모? 아니면 사춘기 아이들? 결론적으로 말하자면 그 누구도 그른 사람이 없고 그 누구도 옳은 사람도 없다. 다만 사춘기에는 반항하고 좌충우돌하는 것이 정상이라는 것뿐이다. 성인인 부모의 입장에서는 사춘기 아이들을 보면서 철없이 행동하는 것에 속이 상하겠지만 사춘기 아이들은 그 나름대로 감정에 충실하게 사고하고 행동하는 것이다. 다만 아이들은 자신의 뇌가 아직 완전히 성숙되어 있지 못하다는 사실을 깨닫지 못할 뿐이다.

사춘기 시절의 변화를 뇌의 측면에서 살펴보는 것이 조금 더 도움이 될 수 있을 것이다. 부록에 있는 것처럼 인간의 뇌는 뇌간과 변연계, 그리고 대뇌피질의 3개 영역으로 이루어져 있는데 이것들이 모두 한 번에 발달되는 것이 아니라 뇌간, 변연계, 대뇌피질의 순으로 순차적인 발달이 이루어진다. 정자와 난자가 만나 수정을 하면 신경판과 신경관이 만들어지고 신경관은 다시 뇌와 척수로 발달하게 된다. 이 과정에서 뇌간과 변연계, 대뇌피질의 순으로 뇌가 형성되고 발달한다.

이러한 두뇌의 발달은 연령과 깊은 관계가 있다. 뇌간은 호흡이나 심장박동 등 인체의 생명 활동과 직접적인 관계가 있기 때문에 태아 시절부터 발달된다. 변연계는 유아기부터 시작하여 사춘기가 되면 이미 발달이 완료된다. 대뇌피질은 7세 이상의 아동기에 이르면 본격적으로 발달하기 시작하는데 뇌 뒤쪽에 있는 후두엽으로부터 시작해 두정엽과 측두엽 등을 거쳐 앞쪽의 전두엽 순으로 발달이 이루어진다.

사춘기가 되면 뇌는 자체적으로 대대적인 구조조정에 들어간다. 수상돌기는 더욱 많은 정보를 받아들이기 위해 가지가 정교해지고 자주 사용하는 시냅스는 보다 더 강해진다. 반면에 쓸모없다고 생각되는 시냅스는 제거되는 가지치기가 일어난다. 이러한 신경세포의 구조조정과 함께 신경세포 간의 신호 전달이 빠르게 일어날 수 있도록 축색을 지방질로 감싸는 수초화도 급속히 진행된다. 이러한 결과 신경세포로 이루어진 회색질은 점차 얇아지지만 수초화된 백색질은 더욱 두꺼워진다.

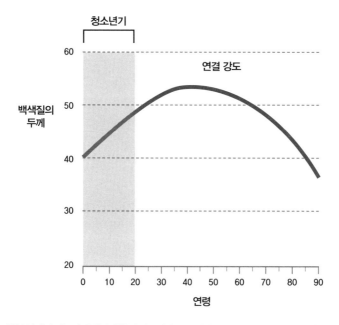

[청소년기의 뇌는 수초화가 충분히 이루어져 있지 않아 각 영역 간의 네트워크 구축이 효율적이지 못하다. 출처: Nature Neuroscience 2003]

하지만 이렇게 바쁜 공사로 인해 뇌의 기능은 별로 좋지 못하다. 뇌의 모든 부위를 조율하고 통제하는 전두엽과 다른 뇌 영역 간의 연결이 원활하지 않거나 의사소통 속도가 느리다. 도심 한복판에서 지하철 공사가 진행되면 주변 도로가 극심한 교통정체에 시달리는 것과 마찬가지라고 생각할 수 있다. 기존의 시냅스가 제거되고 새로운 시냅스 간의 결합이 강화되며 신호를 빠르게 전달하기 위한 케이블 절연 공사가 뇌 속에서 쉴 새 없이 일어나고 있는데 이러한 공사는 수년간에 걸쳐 일어난다. 이렇게 공사가 진행되는 동안에는 뇌가 완벽한 기능을 발휘하기 어려운데 특히 전두엽은 공사가 가장 늦게까지 진행되는 영역이다. 빠른 경우 20대 초반에 이르면 공사가 완료되기도 하지만 개인에 따라서는 20대 후반까지 공사가 계속되기도 한다. 20대가 되어서도 철부지 같은 행동을 한다면 그건 전두엽이 아직 여물지 않은 탓이라고 할 수 있다.

지휘자 없는 오케스트라

이렇듯 오랜 기간에 걸쳐 전두엽에서 공사가 이루어지는 것 때문에 사춘기 청소년들은 좌충우돌하며 질풍노도의 시기를 보낼 수밖에 없게 되는 것이다. 전두엽은 기업의 CEO, 오케스트라의 지휘자와 같이 두뇌의 모든 활동을 총괄하고 관리하는 역할을 담당한다. 대뇌 피질의 다른 영역 및 변연계, 뇌간 등과 긴밀하게 협조하면서 뇌가 원활하게 기능할 수 있도록 조율해준다. 이로 인해 감정을 조절할 수 있고 충동적이거나 위험한 행동을 자제할 수 있게 된다. 이성적이고 논리적인 사고와 합리적인 의사결정, 과거의 경험을 바탕으로 미래의 행동에 대한 계획을 수립하고 그 결과를 예측하는 등 고차원적인 기능을 수행한다. 또한 전두엽은 의식적인 인식conscious awareness의 중추로 의도적으로 무언가를 하려고 할 때 활발하게 활동한다. 자신이 어떤 사람인지, 어떠한 장단점이 있는지, 어떤 특징을 가지고 있는지, 자신의 현재 상황은 어떠한지 등 자기 인식self-awareness과 통찰력을 가지고 자기성찰이 이루어지는 부분이기도 하다.

전두엽이 제대로 발달하지 않거나 물리적인 손상을 받게 되면 감정 조절이나 충동 억제, 위험 회피 등이 어렵고 인격이나 정서적인 측면에서 문제가 드러난다. 철도 공사 도중 쇠막대가 뇌를 뚫고 지나가는 바람에 전두엽에 큰 손상을 입은 피니어스 게이지Phineas P. Gage는 사고 이전에는 온순하고 성실한 사람이었으나 사고 이후 거친 욕설과 충동적인 행동 등으로 인해 사회생활을 정상적으로 할 수 없었다고 한다. 또한 전두엽의 미발달은 계획을 수립하여 목적 지향적으로 행동하는 데 어려움을 겪게 만든다. 자신의 행동이 가져올 수 있는 결과를 예상하지 못한 채 주위의 유혹에 휘둘려 행동하고 각종 규범의 준수나 주위 환경과의 조화가 어려워진다. 타인의 시선은 고려하지 않고 자기중심적으로 행동하려는 이기적인 모습도 나타난다.

사춘기 아이들의 경우 뇌의 기본적인 부분은 발달되어 있는 상태이지만 지휘자라 할 수 있는 전두엽이 제대로 발달되지 않아 뇌를 전체적으로 효율적이고 조화롭게 이끌어나갈 수 있는 기능이 떨어지는 것이다. 풍족한 음식 섭취로 신체는 이미 성인과 비슷한 수준에 올라 있지만 그것을 운영할 수 있는 시스템은 아직 낙후되어 있는 셈이다. 최신 사양을 갖춘 하드웨어에 마치 386이나 486 프로세서를 탑재한 것과 마찬가지라고 할 수 있다. 그러니 제대로 된 아웃풋이 나올 리가 없다.

사춘기 청소년들의 행동에 영향을 주는 또 하나의 요소는 호르몬이다. 사춘기는 신체 발달이나 감정 변화에 영향을 주는 호르몬의 생성과 변화가 가장 큰 시기이다. 감정의 뇌 부위인 변연계에서 도파민의 수치가 증가되는데 도파민은 쾌감을 느끼도록 만드는 신경전달물질이다. 이러한 도파민의 증가로 인해서 청소년들은 더 감정적으로 예민해지고 보상이나 스트레스에 더욱 민감하게 반응할 수밖에 없다. 아이돌 그룹을 보면서 환호하고 대리만족을 느끼거나 잔소리하는 부모에게 짜증을 내는 것도 다 그러한 이유 때문이다.

사춘기의 청소년들은 뇌와 신체 등 생리적으로 일생일대의 큰 혼란을 겪는 중이다. 초등학교를 마칠 때쯤이면 뇌가 거의 다 발달하고 철이 들 것이라는 일반적인 믿음과는 달리 청소년들은 가장 힘든 구조조정의 시기를 견뎌내는 중이다. 그러니 그 시기의 아이들이 좌충우돌하는 것은 어찌 보면 당연한 일이다. 비록 어른들의 시각에서 보면 사춘기 아이들이 사고하고 행동하는 것이 미숙하고 위험하게 보일 수도 있지만 아이들의 입장에서는 자신의 감정에 충실하게, 뇌가 시키는 대로 대응하고 있는 것이니까 말이다. 만약 사춘기가 되어도 그 이전과 큰 변화가 없다면 오히려 그것이 위험한 것일 수도 있다.

이해를 바탕으로 한 적절한 수준의 타협이 필요

그렇다면 사춘기의 아이들을 어떻게 대하는 것이 좋을까? 가장 좋은 방법은 그들이 겪는 변화를 이해하고 그들을 있는 그대로 이해하려고 노력하는 것이다. 아이들이 양말을 벗어 아무렇게나 내던져두면 다시 한 번 협조를 요청하되 복잡한 수준의 인지 조절cognitive control 능력이 부족해서라고 받아들이고 넘어가야 한다. 하루 종일 스마트폰만 들여다보는 것이 못마땅하지만 한편으로는 자극이 필요해서 그러는 행동임을 이해해야 한다. 서로 만족할 수 있게 적어도 식탁에서만은 스마트폰을 들여다보지 않도록 하거나 스마트폰을 보되 하루 일정 시간은 운동을 하는 식으로 서로 약속을 정하고 지키도록 요구해야 한다. 일방적으로 못마땅하게 여기고 어른의 입장에서 어른들의 생각을 강요하면 아이들은 받아들이기가 힘들다. 뇌가 그렇게 못하기 때문이다.

어떠한 성인들도 사춘기를 겪지 않고 어른이 된 사람은 없다. 이성을 보며 가슴 설레기도 하고 떨어지는 낙엽을 보며 눈물짓기도 했으며 라디오에서 흘러나오는 외국 가수들의 팝송을 들으며 밤을 새우기도 하였다. 누구나 그러한 사춘기 과정을 거쳐 성인이 되었다. 그럼에도 불구하고 부모의 입장이 되면 자신의 과거는 까마득하게 잊어버린다. 신경과학적인 측면에서 보면 아직 미성숙한 존재임에도 불구하고 철이 없다며 그들의 생활을 어른들의 생활에 맞추기 위해 끼어든다. 자신들도 청소년기에는 부모의 간섭을 싫어했으면서 자신의 부모가 했던 행동을 자식들에게 그대로 하려고 한다. 그것이 부모의 마음이겠지만 어찌 보면 이율배반적인 행동이다.

가장 좋은 방법은 아이들이 인생의 변곡점을 지나가고 있다는 것을 이해하고 그들의 행동을 애정과 관심 어린 눈으로 지켜보되 그들의 행동에 간섭하려고 하지 않는 것이다. 아이들과 대화를 나누고 아이들과 자신의 사춘기 시절의 얘기를 나누면서 공감대를 형성함으로써 그들이 건강하게 사춘기 시절을 지낼 수 있도록 돕는 것이 필요하다. 하지만 사춘기 아이들은 아직도 자신의 감정을 스스로 통제할 수 있는 역량이 부족하다는 것도 잊어서는 안 된다. 그들이 그릇된 판단으로 잘못된 행동을 하지 않도록 주의 깊게 바라보는 시선도 필요하다. 아이들의 입장을 최대한으로 이해하고 간섭은 하지 않되 늘 아이들로부터 시선을 거두어들여서는 안 된다는 것인데 이 둘 사이의 균형을 잡는다는 것이 쉬운 일은 아니다.

성인들 사이에서도 서로 마음에 들거나 반대로 마음에 들지 않는 행동을 하는 사람들이 있듯이 성인의 입장에서 청소년기의 아이들을 바라보면 어수룩하고 답답하게 느껴지는 경우가 많을 수밖에 없다. 그러나 시간이 지나고 그들의 두뇌가 완전히 발달을 이루면 그들은 더 이상 아이 같은 행동을 하지 않을 것이다. 지금 부모가 된 사람들도 모두 그러하지 않았던가? 그러니 시간을 두고 기다려주는 여유가 필요하다. 시간은 정말 가장 좋은 약이다.

사람들은 왜
공포 영화를 보는 걸까?

무서우면서도 공포 영화를 즐기는 이유

　나는 아내와 함께 영화관에 가는 일이 별로 없다. 가끔씩 좋은 영화가 있으면 함께 가기도 하지만 서로 시간이 맞지 않는데다 무엇보다 좋아하는 영화의 장르가 다르다 보니 한 사람이 관심이 있는 분야에는 다른 사람이 관심이 없어 서로가 관심 있게 볼 수 있는 '공통의' 영화를 찾아보기 힘들기 때문이다. 아내는 주로 '반지의 제왕'이나 '아바타', '매트릭스' 등과 같은 공상과학 영화나 판타지 영화, 그리고 공포 영화를 좋아한다. 주말이면 가끔씩 혼자 깜깜한 거실에서 공포 영화를 즐기는 것이 아내의 취미이기도 하다.

　반면 나는 공포 영화는 질색을 한다. 판타지 영화는 싫어하지 않아서 기회가 되면 보기도 하지만 적극적으로 찾아보지는 않는다. 주로 잔잔한 드라마나 감동적인 이야기가 담긴 영화, 과학 영화, 로맨

틱 코미디 등을 좋아한다. 시각적인 자극보다는 시나리오를 중시하는 편이라 다른 사람들이 보기에는 다소 밋밋하고 지루해 보이는 영화를 재미있게 보는 편이다. 물론 아내와 내가 서로 좋아하는 영화만 고집하는 것은 아니다. 아내도 감동적인 이야기를 좋아하고 잔잔한 영화나 코미디를 즐겨 본다. 하지만 대체적으로 동일한 시간에 동일한 비용을 들여서 영화를 본다고 하면 아내와 나의 취향은 갈리는 편이다.

사실 나는 사람들이 공포 영화를 보는 이유를 모르겠다. 특히나 좀비가 등장하거나 귀신, 유령 등이 등장하는 영화는 무엇 때문에 보는지 전혀 이해가 되지 않는다. 불쾌하고 역겨움이 느껴지는 잔인한 살인 장면, 심장이 오그라들 것만 같은 긴장감과 초조, 불안 등 영화를 보는 동안 느껴지는 불편한 감정들이 싫어서 어쩔 수 없는 경우가 아니라면 공포 영화는 보지 않는 편이다. 그러나 놀랍게도 공포 영화는 확실한 흥행보증 수표이다. 정말 형편없이 만든 영화가 아니고서는 웬만하면 제작비는 건질 수 있다. 그만큼 많은 사람들이 공포 영화를 찾는다는 말이 된다. 공포감을 좋아하는 일부 마니아들은 일부러 폐가나 유령의 집을 찾아 소름 끼치는 체험을 하기도 한다.

공포 영화를 볼 때 신체에서는 스트레스 반응이 일어난다. 공포를 느끼면 뇌 속의 두려움을 담당하는 지령실인 편도체가 스트레스 축이 활발하게 움직이도록 명령을 내린다. 교감신경계가 활성화되면서 에피네프린(아드레날린)을 분비함으로써 혈압이 높아지고 맥박과 호흡이 빨라지고 가슴이 두근거린다. 침이 바짝바짝 마르고 땀이 나기도 한다. 말 그대로 심장이 '쫄깃'해지는 것이다. 배출된 땀은 체표면에서 증발되면서 열을 빼앗아 가기 때문에 시원함을 느끼게 된다. 무더위가 극성인 한여름에 방송마다 공포물을 납량특집으로 내보내는 이유도 이 때문이다.

그런데 여름이라면 몰라도 사시사철 때를 가리지 않고 공포 영화를 즐기는 이유는 비단 더위를 쫓기 위해서만은 아닌 것 같다. 그렇다면 사람들은 무엇 때문에 공포 영화를 보는 것일까? 프로이드는 공포는 에고ego에 의해 억눌린 이드id에서 분출되는 이미지나 생각 등 기괴함으로부터 비롯된다고 생각했고 융 역시 우리의 무의식 깊숙이 감추어져 있는 태고의 전형이 발현되는 것이라 여겼다. 프로이드나 융 모두 공포라는 것이 내면에 잠재되어 있는 무의식이 드러나는 것이라고 여긴 것 같다.

고대 철학자인 아리스토텔레스는 무서운 이야기나 연극을 좋아하는 것은 내면에 숨겨진 부정적 감정을 분출하기 위한 것, 즉 카타르시스를 느끼기 위한 것이라 생각했다. 우리의 내면에는 공격적인 성향들이 감추어져 있는데 공포 영화에서 다루는 잔인한 폭력이나 상해, 살인 등의 장면을 보며 그러한 공격적인 성향을 분출함으로써 반대로 마음의 평온을 찾을 수 있다는 것이다. 하지만 학자들에 따르면 공포 영화를 보거나 그런 요소가 담긴 게임을 하게 되면 오히려 공격적인 성향이 증가된다고 하니 이는 근거 없는 이론이라고 할 수 있겠다.

다른 측면에서, 인간의 마음속에는 항상 반대적인 성향의 정서를 동시에 보유하려고 하는 경향이 있는데 공포 영화는 두려움과 쾌감이라는 상반된 감정을 동시에 안겨줄 수 있기 때문에 사람들이 이를 좋아한다는 이론이 있다. 유명한 심리학자 중 한 사람인 솔로몬 Solomon은 '정서의 반대 과정 이론'을 통해 사람은 서로 대립하는 두 쌍의 정서를 동시에 느끼는데, 처음에 우세했던 정서는 시간이 갈수록 약해지고 반대로 열세였던 정서는 강해진다고 주장했다. 예를 들어 자이로드롭이나 롤러코스터처럼 무서운 놀이기구를 탈 때, 처음에는 두려움 때문에 놀이기구를 잘 타지 못했던 사람이 한두 번 타고 나면 재미를 느껴 두려워하면서도 동시에 쾌감을 느끼기 위해 반복적으로 놀이기구에 오르는 것이 그러한 예라 할 수 있다.

사람들은 공포 영화를 보는 동안에는 불안과 공포 등 고통을 느끼지만 그 고통이 지나고 나면 다행히 그것이 실제상황이 아니었고 자신이 안전한 현실세계로 돌아왔다는 안도감을 느낀다. 더불어 신체적으로도 교감신경이 약화되고 부교감신경이 우세하게 작용함으로써 긴장이 이완되고 혈압과 맥박이 제자리를 찾음으로써 편안함을 느끼게 된다. 이렇게 심리적 고통 후에 찾아오는 안정감을 즐기고 싶은 상반되는 감정이 공포 영화를 찾게 만드는 원인 중 하나인 것이다.

공포를 즐기는 이유는 심리적인 보상 때문

이러한 심리는 쾌감이 주는 보상과도 관련되어 있다. 사람은 쾌감을 느낄 수 있는 행동을 하게 되면 뇌에서 도파민이라는 신경전달물질이 분비된다. 도파민이 분비되어 선조체가 활성화되면 뇌는 쾌락과 보상감을 느끼게 된다. 공포 영화를 좋아하는 사람들은 자극을 추구하는 경향이 있는데 이들은 자극을 회피하려고 하는 사람들에 비해 자극을 받아들이는 방식이 다르다. 미국 내슈빌에 있는 밴더빌트Vanderbilt 대학의 심리정신학과 교수인 데이비드 잘드David Zald 박사는 자극 추구자와 자극 회피자의 두뇌는 보상 및 쾌락 물질인 도파민 처리에 있어 근본적인 차이가 있다고 주장한다.

34명의 자원자를 대상으로 새로운 것에 대한 선호도를 평가하는 설문지를 작성하게 한 후 뇌를 스캔한 결과 자극 추구자의 뇌에는 도파민의 브레이크인 자가수용체가 자극 회피자에 비해 적게 존재한다는 사실을 알아냈다. 즉 도파민으로 인한 쾌락적인 감각을 제어할 수 있는 수용체가 상대적으로 적어 도파민이 주는 즐거움을 거부하는 경향이 적다는 것이다.

그런데 공포 영화가 쾌락물질로 알려진 도파민의 분비와 무슨 관련이 있는 것일까? 공포 영화를 보는 동안에는 스트레스 호르몬인 코르티솔이 분비되는데 코르티솔은 선조체의 도파민 시스템과 상호작용함으로써 기분을 변화시킨다. 에모리 대학에서 정신의학과 행동과학을 가르치는 그레고리 번스Gregory Berns에 따르면 코르티솔이 도파민과 상호작용해 만족감이라는 감정을 만들어낸다고 한다. 코르티솔은 스트레스에 의해 만들어지고 도파민은 새로운 자극에 의해서 만들어지는데 이 두 가지를 합친 스트레스 자극을 통해 새로운 만족감을 얻을 수 있다는 것이다.

한편 보상중추를 이루는 선조체는 예측할 수 있는 것보다 그렇지 않은 보상에 더 민감하게 반응한다. 즉 기대하지 않았던 일이 일어날 때 선조체는 강하게 반응하는 것이다. 우리가 미처 기대하지 않았던 선물을 받으면 더욱 큰 기쁨을 느끼는 이유도 바로 이 때문이다. 그래서 예측할 수 없는 사건들이 일어나면 기대 심리가 더욱 자극되어 선조체가 더욱 활성화될 수 있다.

쥐들을 이용한 실험을 통해 이를 알 수 있다. 쥐들이 일정 길이의 통로를 지나가면 그 보상으로 먹이를 얻어먹을 수 있도록 훈련시킨 다음 한 그룹은 통로를 지날 때마다 매번 먹이를 주고 다른 한 그룹은 열 번에 세 번꼴로 먹이를 주었다. 충분한 학습이 이루어진 다음에는 더 이상 먹이를 제공하지 않았음에도 불구하고 쥐들은 한동안 계속 통로를 지나다녔다. 학습 기간 동안에 매번 먹이를 받은 쥐들은 먹이가 없어지자 통로를 지나다니는 행동을 빠르게 포기한 반면 30%의 확률로 먹이를 받은 쥐들은 꽤 오랜 기간 통로를 지나다니는 행동을 멈추지 않았다. 예전에도 어쩌다 한 번씩 먹이가 지급되었기 때문에 언제 먹이가 다시 나타날지 몰라 미로를 탐색하는 행동을 멈출 수 없었던 것이다.

　공포 영화는 극도의 긴장이 지나간 후에 안도의 순간이 찾아온다. 영화의 극적인 요소를 위해 그렇게 구성할 수밖에 없다. 러닝타임 내내 긴박한 긴장만 이어진다면 영화의 재미는 상당히 줄어들 수밖에 없을 것이다. 긴장이 지나간 후에 찾아오는 안도감은 쾌감과 다를 바 없다. 그래서 공포 영화에서는 긴장과 안도감이 번갈아 반복된다. 그런데 공포 영화에서 긴장은 언제 어떤 형태로 찾아올지 모른다. 이 순간에 무서운 일이 일어날 거야 하고 예측할 수 있는 공포 영화는 별로 없다. 아무 생각 없이 방심하고 있는 순간에 심장이 덜컹 내려앉도록 무서운 장면이 나타나면 극도의 공포심을 느꼈다가 그 순간이 지나면 다시 안도감이 찾아든다. 즉 공포와 안도감이 예측할 수 없이 반복되는 것이다. 따라서 예측할 수 없는 순간에 찾아온 공포와 그것이 지난 후에 느껴지는 즐거움은 예상할 수 있는 경우에 비해 훨씬 크다고 할 것이다. 이렇게 예측할 수 없는 즐거움을 기대할 수 있는 것도 공포 영화를 즐기게 만드는 요인이 될 수 있을 것이다.

지나친 공포는 오히려 스트레스가 될 수 있다

　심리적인 효과도 있을 것이다. 인디애나 대학의 심리학자인 돌프 질먼Dolf Zillmann 박사는 36쌍의 학생들에게 공포 영화를 보여준 후 인터뷰를 수행한 결과, 여성이 공포감을 느낄수록 남성은 그녀에게 매력을 느꼈으며, 남성이 공포심을 덜 느낄수록 여성은 그에게 매력을 느꼈다고 한다. 이것을 소위 '스너글⒯껴안기⒝ 이론snuggle theory'이라고 하는데 공포 영화를 보는 것은 여성에게는 보호자가 필요하다는 사실을 보여주고 남성에게는 보호자 역할을 할 수 있는 기회를 제공하는 것이라고 할 수 있다.

이를 좀 더 따지고 들어가면, 공포 영화를 보고 난 연인들이 상대방에게 매력을 느끼는 것은 공포 영화로 인해 아드레날린이 분출되어 짜릿한 흥분을 느끼는 것인데 그것이 상대방이 곁에 있기 때문이라고 여기는 '오귀인 효과misattribution effect' 때문이다. 이는 어떠한 각성된 감정이 나타났을 때 그 원인을 다른 곳에서 찾는 것이라고 할 수 있다. 굳이 사랑하는 사람들 사이에 그런 얘기를 할 필요는 없겠지만 공포 영화를 보면 상대방이 더욱 매력적으로 느껴지는 데는 그러한 요인도 있는 것이다.

사람들이 공포 영화를 즐기는 이유를 설명하려는 학자들은 지금까지 많았지만 설득력 있다고 지지를 받는 것은 없는 것 같다. 게다가 기존 이론을 뒤엎는 주장도 등장하고 있다. 앞서 말한 것처럼 대다수의 신경과학자들은 공포 반응이 편도체를 자극하는 것이라고 주장하지만 2010년에 독일 프리드리히 실러 대학의 토마스 슈트라우베Thomas Straube 교수가 진행한 연구에 의하면 공포 영화는 편도체를 전혀 자극하지 않는 것으로 나타났다고 한다. 오히려 후두엽의 시각피질, 자기 인식을 담당하는 뇌섬엽 피질, 후각을 제외한 신체의 모든 감각을 중계하는 시상, 그리고 계획 수립, 주의, 문제 해결 등과 관련된 내측전두엽 등이 활성화되는 것으로 나타났다. 이는 오히려 공포 영화를 볼 때 스트레스 반응이 나타나는 것이 아니라고 여길 수 있는데 이에 대해서는 좀 더 연구 결과를 지켜볼 필요가 있을 듯싶다.

확실한 것은 공포 영화가 정서에 미치는 영향이 크다는 것이다. 뒤에서 다시 살펴보겠지만 공포 영화는 수면 장애를 일으키는 원인이 될 수 있다. 또한 감정을 인식하고 조절하는 변연계의 기능이 완전히 발달하지 않은 어린아이들의 경우, 공포 영화나 유령의 집 등 무서운 체험을 하게 되면 감정조절이 어려워질 수 있다. 또한 공포에 대해 자체적으로 걸러서 받아들일 수 있는 정신적 대처 자원이 부족하여 자율신경계가 균형 있게 대처할 수 있는 기능이 떨어진다. 우리는 심한 충격적인 사건을 겪고 나면 그 기억을 잘 잊지 못하는데 이를 섬광 기억flashbulb memory이라고 한다. 공포 영화를 보는 동안 분비되는 호르몬들은 아교처럼 섬광 기억을 강화시켜주고 트라우마를 형성할 수 있다. 외국에서는 어린이가 공포 영화를 보고 난 후 외상 후 스트레스 장애를 겪은 사례도 있고 공포 영화를 보거나 무서운 놀이기구를 타다가 심장마비로 사망한 사람들의 사례도 있다.

그러니 공포 영화는 적당히 즐기는 게 건강에 좋을 듯싶다.

야단을 맞으면
머릿속이 하얗게 되는 이유는?

두뇌 발달을 떨어뜨리는 언어 습관

내가 사는 집은 중학교 바로 앞에 있다. 오다가다 보면 많은 아이들을 만날 수 있고 그들이 나누는 대화를 원치 않게 들을 때가 있다. 또는 길을 가는 중에라도 지나가는 청소년들이 하는 말들을 들을 기회가 많은데 그때마다 느끼지만 정말 요즘 아이들의 언어가 무서울 정도로 거칠다는 생각이 든다. 우리가 클 때는 상상할 수 없었던 육두문자가 아이들 입에서 거침없이 튀어나온다. 여학생들의 입에서도 거친 말이 여과 없이 나온다. 심지어는 어린 초등학생들조차도 욕을 입에 달고 지내는 모습을 어렵지 않게 볼 수 있다.

너무 지나치다 싶은 생각이 들어 충고를 하고 싶어도 돌아올 반응이 무서워 못 들은 척 지나쳐버리고 말지만 그때마다 어른으로서의 책임을 방기하는 것 같아 부끄러울 때가 많다. 사회가 그리 변해버렸

으니 어쩔 수 없겠지만 자식을 키우는 부모 입장에서는 참으로 안타 깝고 걱정스러운 마음이 많이 든다.

그런데 이렇게 거친 말을 써도 문제가 없는 것일까? 감정적으로 한창 예민한 시기의 아이들인데 거친 말을 쓰면 그것이 혹시나 발달 과정에 영향을 미칠 수도 있지 않을까? 우려하는 것처럼 욕설은 여 러 가지 문제를 일으킨다. 우선 간단한 사례부터 보고 넘어가자. 한 국브레인트레이너협회와 SBS '꾸러기 탐험대'는 거친 말이 미치는 영향에 대해 살펴보기 위해 실험을 해보았다. 10대 초반의 어린이 6명을 대상으로 뇌파를 측정한 후 중고등학생들의 일상적인 대화 장면을 담은 동영상을 시청하도록 하였다. 대화의 상당 부분은 욕설 과 상스러운 은어가 차지하고 있었다.

일정 시간 동안 동영상을 시청한 이후 실험에 참가한 초등학생들 의 뇌파를 다시 측정한 결과 집중력이 크게 저하된 결과를 얻었다. 6명 중 다수의 집중력이 실험 전에는 50점대 후반이었으나 욕설이 섞인 비디오를 시청하고 난 후에는 50점대 초반으로 줄어들었다. 개 인의 편차를 고려한다고 해도 집중력이 짧은 시간에 변화될 수 있는 속성이 아니라는 사실을 감안한다면 그러한 변화는 꽤 큰 것이라고 할 수 있다. 감정을 주관하는 변연계가 한참 성숙할 시기의 아이들이 욕설을 듣자 감정적인 동요를 일으킨 것이고 이것이 감정을 조절하 는 전두엽의 기능을 약화시켜 집중력이 저하된 것이라고 해석할 수 있겠다.

끊임없이 학습을 해야 하는 학생들의 입장에서 집중력의 저하는 단순하게 여길 문제가 아니다. 이는 학습의 성과와 직결될 수 있기 때문이다. 그런데 더욱 심각한 문제는 아이들의 언어 습관이 두뇌 발달에 큰 영향을 미친다는 것이다. 인간의 뇌는 20% 정도만 발달한 상태에서 태어나 아동기와 사춘기를 거쳐 단계적으로 발달되는데 두뇌 발달에 영향을 미치는 것은 유전적인 요인도 있지만 환경이 그에 못지않게 큰 비중을 차지한다. 때로는 유전적인 요인보다 환경적인 요인이 두뇌 발달에 더 큰 영향을 미칠 수도 있다. 욕설뿐만 아니라 요즘 아이들은 특정 아이를 따돌리면서 무시하거나 모욕, 모멸, 협박이 담긴 말들도 서슴지 않는다. 친구들 사이에서 서로에게 상처를 줄 수 있는 언어폭력이 '악의적인 의도가 없다'는 미명하에 서슴없이 자행되고 있는데 이러한 주위 환경이 아이들의 두뇌 발달을 가로막는 요인이 된다.

《미국 정신과학저널American Journal of Psychiatry》에 발표된 연구 결과에 따르면 18세에서 25세 사이의 젊은 성인들을 조사한 결과 중학교 때 친구들로부터 욕설 등 언어폭력을 당한 아이들은 뇌량의 발달이 미흡한 것으로 나타났다. 뇌량은 좌뇌와 우뇌를 연결하는 다리 형태의 부분으로 좌우 뇌의 균형 있는 활용과 유기적인 협조를 도와주는 역할을 한다. 이 부분이 손상을 입으면 좌뇌가 가진 지각 능력과 우뇌가 가진 감각 능력이 원활하게 오가지 못하여 사회성과 언어 발달에 지장을 가져오게 된다. 또한 두뇌가 고루 발달하지 않으며 성인이 되었을 때 분노나 우울증, 화, 적대심, 분리 장애 등을 겪을 가능성이 훨씬 높은 것으로 나타났다. 두뇌 발달이 가장 활발하게 이루어지고 감정적으로 가장 예민한 시기에 받은 상처가 성인이 되어 정신적인 장애로 나타날 가능성을 높이는 것이다.

언어폭력이 뇌에 미치는 물리적 영향

심각한 것은 비단 친구들 사이에서만 이러한 언어폭력이 자행되고 있지 않다는 것이다. 불행하게도 많은 가정에서 자녀들에게 자주 화를 내고 욕을 하거나 해서는 안 될 말을 내뱉는다. 특히나 스스로 감정 조절이 어려워지는 사춘기에 이르면 부모와 자식 간에 갈등이 고조되어 해서는 안 될 말을 하는 경우가 많아진다. 욕을 하지 않더라도 비난을 퍼붓거나 비아냥거리거나, 무시하거나, 모멸감을 주는 식으로 말을 하는 부모들도 있다. 예를 들어 '바보 같은 녀석' 혹은 '너는 얼굴이 못생겼으면 공부라도 열심히 해야 할 것 아냐', '너는 그런 식으로 하다간 지방 대학도 못 가겠다', '네가 그렇지 뭐'라는 식으로 말하는 것이다. 차마 자식들에게 욕은 할 수 없어 꾹 눌러 참지만 얄밉거나 한심한 생각이 드는 것은 어쩔 수 없어 훈육을 핑계 삼아 험담을 일삼는 것이다.

가정에서의 이러한 험담 역시 두뇌 발달에 나쁜 영향을 미친다. 대체로 부모가 험담을 퍼붓는 경우 아이들은 성장하면서 공격적인 행동을 보이거나 우울증에 빠질 가능성이 높은 것으로 나타났다. 미국 피츠버그 대학의 연구팀이 펜실베이니아 주에 사는 13세에서 14세 사이의 청소년 976명과 그들의 부모들을 2년 동안 추적 조사하였다. 그들 중 45%의 어머니와 42%의 아버지가 가혹한 언어로 아이들을 훈육하였는데 그 자녀들은 2년 이내에 우울증이나 비행 등의 문제 행동을 보인 것으로 조사되었다. 가정환경이 아이들의 미래 모습을 결정짓는 데 중요한 역할을 하는 것이다.

화가 나서 퍼붓는 거친 말은 정신적으로뿐만 아니라 물리적으로도 뇌에 손상을 입힌다. 카이스트의 정범석 교수팀은 고등학교 1학년 학생 29명을 대상으로 언어폭력을 당하는 그룹과 언어폭력을 자행하는 그룹의 뇌를 MRI를 통해 분석하였다. 그 결과 두 그룹 모두 해마의 크기가 작았고 뇌 회로의 발달이 늦었다는 사실을 밝혀냈다. 이 분야의 전문가로 통하는 하버드 대학 의과대학의 마틴 타이처 Martin Teicher 교수도 폭력적인 언어가 뇌에 미치는 영향에 대해 연구를 실시했는데 유사한 결과를 얻었다. 어린 시절 언어폭력을 당한 경험이 있는 554명의 성인을 대상으로 뇌를 조사한 결과 그들의 뇌는 일반인들에 비해 뇌량과 해마 부위가 크게 위축되어 있었다고 한다. 앞서 학창 시절에 친구들로부터 언어폭력을 당했을 때 나타난 증상과 동일하다고 볼 수 있다.

언어폭력이 스트레스 수준을 높이고 코르티솔을 과다하게 분비시켜 해마를 축소하도록 만드는 것인데 그 크기는 정상인들에 비해

6.5%나 작았다. 해마는 학습이나 기억, 감정과 관련된 부위로 이 부분에 상처를 입게 되면 기억력과 학습 능력이 떨어지는 것은 물론 쉽게 불안해지고 정상인들에 비해 우울증 발생 확률이 두 배 이상 높아질 수 있다. 또 이 영역에서 꾸준하게 새로운 신경세포를 만들어내기 때문에 상처를 입게 되면 신경 재생이 어려워져 정신적 질환에 시달릴 가능성이 높아진다. 실제로 이 실험에 참가한 자원자들 중에 많은 사람들이 우울증이나 환각 증세, 또는 다중 인격성을 나타내기도 하였다. 다른 연구 결과에 의하면 가정에서의 언어폭력이 불안정한 행동이나 잦은 화, 자아도취적인 행동, 충동조절 장애, 편집증 등의 증상을 불러올 가능성이 높다고 한다. 이러한 증상이 잦아지면 규율을 어기거나 공격적인 모습을 나타내기도 한다.

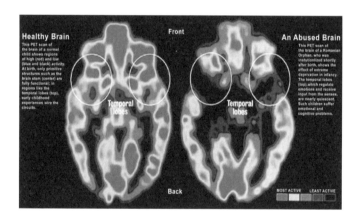

[정상적인 뇌(왼쪽)에 비해 학대당한 뇌(오른쪽)는 두뇌 활동이 전반적으로 저조함을 알 수 있다.
출처: http://chloewilson1.blogspot.kr]

마틴 타이처 교수의 다른 연구 결과에 따르면 언어폭력이 언어 기능의 발달에도 영향을 미치는 것으로 나타났다. 마틴 교수는 어린 시절 가정에서 자존심을 깎아내리는 비판적인 말이나 폄하, 욕설, 무시 등의 언어폭력을 경험한 17명과 그러한 경험이 없었던 17명의 성인을 대상으로 영상 장비를 이용하여 뇌의 상태를 관찰하였다. 그 결과 어린 시절 언어폭력을 당한 그룹은 청각의 수용과 말의 톤을 이해하는 오른쪽 상두이랑right superior temporal gyrus의 회백질이 대조군에 비해 10% 적게 나타났다. 회백질은 신경세포를 나타내는 것이므로 그만큼 신경세포가 부족한 것이라 할 수 있다. 또한 구문을 이해하는 왼쪽 상두이랑 영역도 심하게 축소되었다.

이와 별도로 수행된 또 다른 연구에서는 어린 시절 부모로부터 언어폭력을 당한 사람들의 베르니케Wernike 영역과 브로카Broca 영역이 손상된 사실을 알아냈다. 베르니케 영역은 문자를 읽거나 들어서 해석할 수 있게 하는 감각 언어 영역이고 브로카 영역은 발음을 할 수 있도록 하는 운동 언어 영역이다. 베르니케 영역이 손상을 입으면 말은 유창하게 하지만 무슨 말을 하는지 알아들을 수 없도록 의미 없는 말을 횡설수설하게 된다. 브로카 영역이 손상되면 읽고 듣는 데는 지장이 없는 반면 발음을 제대로 못하고 말로 표현하는 것이 어려워진다. 두 영역은 서로 연결되어 말을 할 때 함께 작동하도록 되어 있는데 이 영역이 손상되면 이해력과 표현력이 현저히 떨어질 수밖에 없다.

이러한 언어 영역의 손상은 비단 언어를 이해하거나 구사하는 능력을 넘어 이해와 학습 능력을 떨어뜨리며 자신의 감정을 조절하고 통제하는 능력, 다른 사람들과 관계를 맺고 유지하는 사회적인 관계 능력 등의 전반적인 기능 저하로 이어지고 정상적인 사회생활이 쉽지 않도록 만든다. 앞서 부모로부터 언어폭력을 당하며 자란 아이들이 비행 청소년이 된 경우가 많은 것도 바로 이러한 이유 때문이다.

충격적인 것은 이러한 결과가 신체적으로 학대를 당했거나 성폭력을 입은 아이들에게서 나타나는 변화와 거의 일치한다는 것이다. 아이에게 손찌검을 하지 않았다고 해도 매일 반복적으로 비아냥거림이나 무시, 폭언, 협박 등의 언어폭력을 일삼는다면 그건 신체적인 폭력과 버금가는 효과를 나타낸다는 것이다. 이를 통해 거친 말이나 욕설이 아이들에게 얼마나 큰 영향을 미치는지 알 수 있을 것이다.

'바른 말'이 '바른 아이'를 만든다

언어폭력뿐 아니라 '무시'도 뇌의 발달에 큰 영향을 미친다. 요즘 학교에서 왕따 문제가 심각하고 심지어는 직장에서도 왕따 문제가 화두로 대두되고 있지만 부모나 형제 또는 친구나 주변 사람들로부터 무시당하는 것은 정신적·육체적 고통과 함께 두뇌 발달에도 영향을 미친다. 제대로 돌봄을 받을 수 없는 고아원에서 자란 아이와 정상적인 가정에서 자란 아이의 뇌를 비교해보면 그 크기가 현격하게 차이가 남을 알 수 있다.

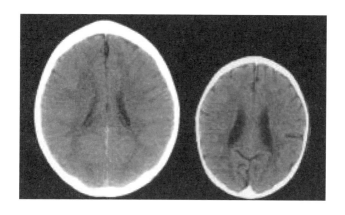

[3세 아이의 뇌 발달 비교. 정상적인 뇌(왼쪽)에 비해 심하게 무시당하며 자란 뇌(오른쪽)는 그 크기가 현저하게 작음을 알 수 있다. 출처: http://chloewilson1.blogspot.kr]

집단에서 따돌림당했을 때 몸과 마음에서는 어떠한 변화가 나타날까? 미국의 심리학자인 킵 윌리엄스Kip Williams는 집단에서 무시당했을 때 대상자가 느끼는 고통을 연구하기 위해 컴퓨터상에서 서로 공을 주고받는 게임을 개발하였다. 실제 참가자가 컴퓨터로 프로그래밍 된 다른 참가자 두 명과 함께 공을 주고받는 게임을 하도록 했는데 실험 참가자들에게는 게임을 하는 상대방이 컴퓨터가 아니라 실제 사람이라고 믿게 만들었다. 그리고 게임을 하는 동안 참가자의 뇌 상태를 첨단기기를 활용하여 관찰했다.

실험이 시작되면 처음에는 컴퓨터 속의 인물들이 참가자를 게임에 끼어준다. 하지만 일정한 시간이 지나고 나면 컴퓨터 속 인물들이 실험 참가자를 배제시킨다. 실험 참가자에게 공을 던져주지 않고 자기들끼리만 공을 주고받는데 물론 이는 사전에 의도적으로 계산된 것이었다. 그 결과, 실험 참가자들은 다른 두 명의 상대가 자신에게 공을 던져주지 않자 심한 소외감을 느끼게 되었고 그 순간 전대상피질anterior cingulate cortex의 위쪽 부분이 활성화되었다. 전대상피질은 변연계를 구성하는 영역 중 하나로 사회적으로 배제되는 경험을 할 때 특히 반응을 나타내는 부위이다.

사이버 볼 실험이 끝난 후 참가자들은 소외감을 강하게 느꼈다고 밝혔다. 그들 중 일부는 눈물을 글썽이며 자신이 잘못한 것을 찾으려는 노력을 보이기도 했다. 예를 들면 자신이 공을 너무 세게 던진 탓에 나머지 사람들실제로는 컴퓨터이지만이 자신을 배제시킨 것이 아닌가 하는 자책감을 느낀 것이다. 또 다른 일부는 지나치게 소외감을 느끼고 화를 내기도 했으며 캐치볼 상대자가 사람이 아니고 컴퓨터라는 설명을 듣고서도 분을 풀지 못했다. 이 결과로부터 미루어 짐작해보면 아이들이 또래 친구들로부터 따돌림을 당했을 때 받을 상처가 얼마나 클지 알 수 있을 것이다.

욕설, 언어폭력, 무시. 어쩌면 아무 생각 없이 행할 수 있는 것들이지만 당하는 사람의 입장에서는 씻을 수 없이 커다란 상처를 남기는 요인들이 된다. 그러니 아이들에게 화가 날 때는 나의 언어가 아이들의 미래에 얼마나 큰 영향을 미칠 수 있는지 다시 한 번 생각해보아야 한다. 솟구치는 화를 그대로 배설하면 그것이 화살이 되어 아이들에게 깊은 상처를 주지만 한 순간만 참고 화를 누그러뜨려 부드러운 말을 사용하면 상처를 주는 일은 없을 것이다.

도로시 L. 놀테Dorothy L. Nolte의 시 '아이들은 생활 속에서 배운다'의 일부를 한 번 옮겨본다. 원문이 길어 다 옮기지는 못하지만 깊이 되새기며 읽어보면 좋을 듯싶다.

비난을 받고 자라면 비난하는 것을 배우게 되고
적대감을 받고 자라면 싸움을 배우게 되며
공포감을 느끼고 자라면 불안함을 배우게 된다.
하지만
격려를 받고 자라면 자신감을 배우고
관용을 받고 자라면 인내를 배우며
칭찬을 받고 자라면 감사를 배운다.

'옥에 티'는
왜 생기는 걸까?

사소한 변화를 알아차리지 못하는 뇌

TV나 영화를 보다 보면 간혹 작은 실수들을 발견할 때가 있다. 예를 들어 연속 장면인데 여주인공이 매고 있던 스카프의 모양이 바뀐다든지, 커피를 마시던 컵의 모양이 바뀐다든지, 주인공 얼굴에 난 상처가 갑자기 사라지는 경우 등이다. 이런 실수들을 흔히 '옥에 티'라고 부른다. 이런 실수들은 꽤나 자주 있어 시청자들 중에는 일부러 이런 실수 장면들만 찾는 사람들도 있다. 그런데 재미있게도 일반 사람들은 이런 실수를 잘 알아차리지 못한다. 일부러 눈을 부릅뜨고 찾아보기 전에는 그러한 실수가 있다는 것도 잘 눈치채지 못한다. 그래서 제작자들조차도 편집 과정에서 실수가 있는 것을 알아챘어도 굳이 그것을 바로잡으려 하지 않고 그냥 내보냄으로써 '옥에 티'를 '생산'하고는 한다.

이러한 '옥에 티'는 왜 생기는 걸까? 가장 기본적으로는 촬영의 비연속성에 있을 것이다. 드라마나 영화는 장면을 나누어 촬영하다 보니 연속된 장면이라도 경우에 따라서는 촬영 날짜가 다를 수 있다. 그런데 사람이 하는 일이다 보니 가급적 과거에 촬영했던 장면과 동일한 배경이나 장면을 재현하려고 하지만 간혹 실수가 발생하여 사소한 부분들이 달라질 수 있고 그러한 실수들을 미처 바로잡지 못한 채 촬영이 이루어지다 보면 옥에 티가 발생할 수 있는 것이다. 때로는 미리 촬영해둔 내용에 오류가 있어 재촬영을 하는 경우에도 마찬가지 실수가 생길 수 있다.

재미있는 것은 사람의 두뇌는 이러한 변화를 잘 알아차리지 못한다는 것이다. 알고 보면 마술이라고 하는 것도 이러한 뇌의 맹점을 이용하는 것인데 우리도 한번 해보자. 다음의 카드 중 마음에 드는 것을 하나 선택한 후 그 카드의 무늬와 서열, 색깔 등을 잘 기억하라.

선택했는가? 그러면 이제 이 장의 맨 마지막으로 가서 자신의 카드가 있는지 확인해보라.

지금쯤 내가 당신의 마음을 읽고 당신이 고른 카드를 없앤 것에 대해 놀랄지도 모르겠다. 하지만 이 카드 마술에 숨겨진 비밀은 아주 간단하다. 다시 한 번 카드들을 잘 살펴보라. 위에서 보여준 카드와 이 장의 맨 마지막에 제시한 카드는 모두 다르다. 비슷한 카드들이 나열되어 있기는 하지만 같은 카드는 하나도 없다. 그러니 당신이 고른 카드도 없을 수밖에 없다. 대부분의 사람들은 인간의 두뇌를 완벽한 것으로 생각하겠지만 사실 사람의 두뇌는 허술함투성이이다. 그래서 이러한 사소한 속임수에도 금방 넘어갈 수밖에 없는 것이다.

이와 유사한 실험은 상당히 많다. 대니얼 사이먼스Daniel Simons와 크리스토퍼 차브리스Christopher Chabris가 쓴 『보이지 않는 고릴라』에 등장하는 사례를 인용해보자. 사비나와 안드레아는 사람들의 정보처리 과정이 얼마나 허술한지를 파악하기 위해 한 가지 실험을 했는데 먼저 두 사람이 테이블을 사이에 두고 앉아 친구 제롬을 위한 깜짝 파티에 대해 대화를 나누는 1분짜리 영상을 제작했다. 영상에서 카메라는 전체 장면을 포착하기도 하고 두 사람 사이를 왔다 갔다 하기도 했으며 한 사람의 얼굴을 클로즈업하기도 했다. 대화의 내용은 특별히 신경 쓸 만한 것이 없었다.

이렇게 영상을 제작한 후 사비나와 안드레아는 피험자들을 모집하여 한 가지 실험을 진행했다. 그들에게 집중해서 주의 깊게 영상을 보라고 주문한 후 자신들이 만든 영상을 보여주었다. 동영상이 끝나자마자 설문지를 나누어주고 처음 시작할 때와 마지막 장면 사이에 물건의 위치나 인물의 자세, 의상이 갑자기 바뀌는 등 이상한 차이를 느꼈는지 질문을 던졌다. 사실 그 영상 속에는 대화를 나누던 두 주인공의 의상이 바뀌거나 앉아 있는 자세가 바뀌거나, 테이블과 소품이 바뀌는 등의 변화가 있었다. 카메라가 한 사람을 클로즈업하는 사이 스태프들이 사물을 바꿔치기하거나 다른 대화 상대방이 의상을 갈아입는 등의 트릭을 쓴 것이다.

그러나 놀랍게도 피험자들은 그러한 변화를 전혀 눈치채지 못했다. 다시 한 번 설명을 듣고 주의 깊게 영상을 본 후에도 평균 두 개 정도의 변화만 알아냈을 뿐이다. 피험자들을 바꾸어가며 동일한 실험을 반복해도 그 결과는 크게 달라지지 않았다. 처음 장면과 마지막 장면 사이의 변화를 알아채는 사람들은 거의 없었다.

아내의 머리 스타일이 달라진 것을 모르는 이유

사람들은 의도적인 주의를 기울이지 않는 한 자신의 주위에서 일어나는 변화에 대해 알아차리기가 쉽지 않다. 예를 들어 호텔 카운터에서 체크인에 필요한 서류를 내주어 그 서류를 작성하기 위해 고개를 숙이는 동안 직원이 다른 사람으로 바뀌어도 그 변화를 알아채지 못한다. 길을 가다가 낯선 사람이 길을 물어와 가르쳐주는 동안 두 사람 사이에 커다란 물건을 옮기는 사람들이 지나가도록 하고 그 사이에 길을 묻던 사람을 바꿔치기해도 그 변화를 눈치채지 못한다. 심지어는 대화 상대가 남자에서 여자로, 여자에서 남자로 성(性)이 바

뛰어도 잘 알아채지 못한다. 이렇게 사람들이 주위의 변화를 인식하지 못하는 현상을 '변화맹變化盲, change blindness'이라고 한다.

변화맹은 이전 상황과 현재 상황 사이에 존재하는 변화의 차이를 인식하지 못하는 것을 말한다. 이는 주변의 장면을 보는 방식 때문에 발생하는데 우리가 어떤 장면을 보는 방식은 연속적이지 않다. 우리의 눈은 주변의 흥미로운 대상에 집중하여 그 정보를 뇌로 전달하고 두뇌는 그 장면에 대응하는 심상지도를 만든다. 이때 무언가 새로운 것이 끼어들어 눈 운동을 교란해도 눈치채지 못하거나 기억하지 못하게 된다.

부주의맹inattention blindness이라는 것도 있다. 이는 실제로 존재하는 사물을 보지 못하는 현상인데 주변의 대상에 과도하게 집중하여 실제 대상을 보지 못하는 것이다. 사람의 두뇌는 전경에 몰입하면 배경을 놓치고, 배경에 몰입하면 전경을 놓치게 마련이다. 이러한 특성으로 인해 실제 눈앞에 있음에도 불구하고 보지 못하는 것을 부주의맹이라고 한다. 부주의맹도 변화맹의 하나라고 할 수 있다. 이러한 변화맹으로 인해 드라마나 영화 속 인물들의 옷이 달라지고 소품이 바뀌어도 우리는 그것이 달라지지 않았을 것이라 여기기 때문에 실수를 알아차리지 못하고 넘어가게 되는 것이다.

이러한 변화맹은 두뇌가 작동하는 방식 때문에 일어난다. 앞서 기억에 관한 이야기를 다룰 때 언급했지만 다시 한 번 살펴보기로 하자. 두뇌는 기본적으로 에너지를 최소한으로 활용하는 방식으로 움직이고자 하는 성향이 있다. 두뇌에서 에너지를 너무 많이 사용하면 필요한 에너지가 감당할 수 없는 수준으로 증가하게 될 것이다. 그 에너지를 조달하기 위해 사람은 하루 종일 먹기만 해야 할 것이다. 따라서 두뇌는 가급적이면 모든 활동을 에너지를 최소로 활용하는 차원에서 마무리하려고 한다.

누군가와 대화를 나누거나, 동영상을 보는 경우 사람의 뇌는 모든 장면들을 일일이 정보로 받아들여 그것을 처리하지 않는다. 대략적인 정보들만 받아들인 후 그것들을 편리에 의해 뇌 속에서 재구성하여 처리한다. 그래야만 에너지 소모를 최소로 할 수 있기 때문이다. 가급적이면 가용 자원을 최소한으로 사용하기 위하여 두뇌는 대략적인 정보만 받아들인 후 그 빈틈을 자신이 알아서 메우는 방식으로 처리한다. 이때 주의를 집중해서 보는 영역은 시각적인 감각을 통해 받아들이지만 주의를 기울이지 않는 부분은 대략적인 정보를 바탕으로 '그럴 것이다' 하고 처리해버린다. 때문에 그 부분에서 변화가 생긴다고 해도 눈치채지 못하는 것이다.

앞선 카드 마술에서도 뇌는 모든 정보를 기억하지 않는다. 자신이 고른 카드의 서열이나 무늬, 색깔 등에 대해서는 주의를 기울이지만 주변에 있는 카드들은 대략적인 정보만 기억한다. 킹이 있었고 검은색이고 그 옆에는 빨간색 퀸이 있었다는 식으로 말이다. 그래서 카드가 모두 바뀌었음에도 불구하고 그 변화를 눈치채지 못하고 자신의 카드가 감쪽같이 사라졌다고 느끼는 것이다.

남자들은 여자 친구나 와이프가 "자기, 나 뭐 달라진 거 없어?"라는 질문을 할 때 가장 난감해지고 바짝 긴장상태가 된다. 어떻게 대답하느냐에 따라 그날 하루 혹은 그 이후 며칠 동안의 일진이 달라질 수 있기 때문이다. 대부분은 머리 모양을 바꾸었거나, 립스틱의 색깔을 바꾸었거나, 혹은 옷 입는 스타일을 바꾸는 등 사소한 변화가 있는 경우인데 알아차리기 힘든 것일 가능성이 높다. 이런 작은 변화들은 정보를 연속선상에서 처리하려는 경향이 있는 인간의 특성상 사실 알아차리기가 쉽지 않다.

그런데 의아하게도 여자들은 그러한 사소한 변화에 대해 민감하다. 그렇다면 여자들은 변화맹이 없는 것일까? 그렇지는 않다. 여자들 역시 변화맹을 가지고 있다. 여자들 또한 드라마나 영화 속의 '옥에 티'를 발견하지 못하고 넘어가는 경우가 많다. 다만 여자 친구의 달라진 모습을 알아차리는 것은 또 다른 문제일 수 있다. 즉 여자와 남자의 서로 다른 두뇌 활동 때문일 수 있다. 이미 언급한 것처럼 여자와 남자는 두뇌의 물리적인 구조도 다르고 특히 작용하는 호르몬이 다르다 보니 사물을 인식하는 것도 다를 수 있다. 이러한 차이가 여자들로 하여금 사소한 것도 놓치지 않도록 만드는지도 모른다.

자신이 틀렸을 수 있음을 인정하는 용기

변화맹의 다른 형태로 나타난 선택맹選擇盲, choice blindness이라는 현상도 있다. 사람들은 인지 능력이 혼란을 겪게 되면 자신의 선택을 합리화하는 경향이 있다. 스웨덴의 라스 홀Lars Hall 박사는 피험자 120명에게 두 여성의 사진을 보여준 후 어느 쪽이 더 매력적인지 선택해달라고 요구했다. 실험자가 두 여성의 사진을 든 상태에서 피험자가 하나의 사진을 선택하고 나면 선택되지 않은 여성의 사진을 다른 여성의 사진으로 바꾸고 다시 한 장의 사진을 고르도록 하는 과정을 모두 열다섯 차례 반복했다.

그런데 그중 세 차례는 두 장 모두 새로운 사진을 보여주었다. 하지만 놀랍게도 80% 이상이 자신이 고른 사진이 다른 얼굴로 바뀌었다는 사실을 알아채지 못했다. 더군다나 피험자들에게 본인이 고르지 않은 사진을 보여주면서 '어째서 이 여자를 선택했느냐?'고 묻자 미소가 아름답기 때문이라느니, 귀걸이가 매력적이라느니 하는 등 자신의 선택을 합리화하기 위한 행동을 하였다. 처음에 자신이 고른 사진과 전혀 다른 사진이 제시되었음에도 불구하고 그 변화를 알아차리지 못한 채 자신의 선택을 옹호하는 발언을 한 것이다.

우리는 꽤 자주 정치적인 선택을 하지만 투표에서도 이러한 선택맹의 경향은 여지없이 드러난다. 스웨덴의 총선을 앞둔 2010년, 라스 홀 교수는 162명의 유권자를 대상으로 투표 후보자를 결정했는지 물은 후 정치적 좌우 성향을 가르는 대표적인 질문들을 선별하여 답하도록 하였다. 피험자들이 설문에 답한 후 연구팀은 그 답안지의 몇 가지 결과를 몰래 바꾼 후 반대편의 선거캠프로 데려가 그쪽의 정치 성향에 더 잘 어울린다며 자신의 선택에 대해 설명하도록 하였다.

그러자 162명 중 92%가 자신의 답변이 바뀐 것을 모르고 자신의 의지와 다른 답변에 대해 자기주장을 정당화하기 시작했다. 그들 중 일부는 자신이 평소 반대했던 정책에 대해 열렬한 지지자라며 입장을 바꾸는 사람도 있었다. 실험 이후 10%는 보수에서 진보로, 혹은 진보에서 보수로 성향을 바꾸었으며 19%는 자신의 기존 성향에 대해 확신할 수 없다고 말했다. 결국 자신의 신념이라는 것도 과장된 믿음이며 자신의 행동을 지지하기 위한 행위에 지나지 않았음을 나타낸 것이라고 할 수 있다.

우리는 실제 생활에서도 종종 이와 비슷한 일을 겪는다. 예를 들어 옷을 사러 갔다가 마음에 드는 옷을 여러 벌 발견했다고 해 보자. 모든 옷이 마음에 들지만 예산의 한계가 있어 다 살 수는 없으니 그중에서 가장 마음에 드는 것만 사게 된다. 그런데 일단 선택을 내리면 그에 대해 합리적인 단서를 붙이려고 노력한다. 즉 이 옷은 무엇 때문에 다른 대안들 중에서 가장 뛰어났다거나 다른 옷들은 무슨 단점이 있어서 안 사길 잘했다는 식으로 자신의 선택이 잘못되지 않았음을 합리화하는 것이다. 이는 아마도 자신을 오랫동안 일정하게 유지하려는 '항상성恒常性 유지' 본능 때문인지도 모른다.

살펴본 것처럼 인간의 행동은 완벽하지 않은데 그 이유는 인간의 두뇌가 그렇게 작동하기 때문이다. 이렇게 인간의 두뇌가 완벽하지 않게 작동한다는 사실을 알게 되면 자신이 하는 모든 행동들이 100% 맞는다는 확신을 갖기 어려울 것이다. 그럼에도 불구하고 가끔씩 자신이 무조건 옳다며 바득바득 고집을 피우는 사람들을 볼 수 있다. 자신이 분명 똑똑하게 들었고, 똑똑하게 보았으며, 논리적으로 완벽하게 사고하기 때문에 자신의 고집대로 해야 한다는 것이다.

이 글을 읽고 있는 여러분들이 만약 그런 사람이었다면 뇌의 특성을 이해하고 자신이 틀렸을 수도 있다고 여기시라. 그것이 속 편한 인간관계를 만드는 길이다. 또한 다른 사람들에게 상처를 입히지 않는 방법이기도 하다.

3장

뇌는 타고나는 것일까?
계발하는 것일까?

발가락을 자극하면 왜
성적 흥분을 느끼는 것일까?

뇌 속에 새겨진 체감각지도

제목이 다소 민망하기는 하지만 이 책을 읽는 독자들은 모두 성인일 테니 이런 주제의 글을 다루어보는 것도 나쁘지는 않을 듯싶다. 사람들은 성적 취향이 다양한데 여러 가지 행위를 통해 성적인 자극을 느끼고자 한다. 키스를 하거나 포옹을 하거나 애무를 하는 행위들은 성적인 흥분을 얻기 위한 행동들이라고 할 수 있다. 그런데 사람에 따라서는 탐험 정신이 뛰어난 경우를 볼 수 있는데, 가끔씩 외국영화를 보면 발을 이용하여 성적인 자극을 가하는 풋잡foot job 장면을 볼 수 있다. 발로 상대방의 성감대를 자극하거나 발을 자극함으로써 성적인 감흥을 느끼는 행위 말이다. 글쎄, 우리나라에서는 성적인 금기사항이 많고 개인적으로는 그런 취향을 가져보지 않아서 모르겠지만 그런 장면이 심심치 않게 나오는 것을 보면 발가락을 만지는 것만으로도 성적인 흥분을 느낄 수 있는 모양이다. 발가락 어딘가에 성적인 감각을 느낄 수 있는 성감대라도 있는 것일까?

세계적인 신경과학자 중 한 명인 라마찬드란 박사가 쓴『두뇌실험실Phantoms in the Brain』이라는 책에는 이와 연관되어 보이는 사례들이 보고되고 있는데 다소 특이한 경험들이라고 할 수 있다. 왜냐하면 이들은 다리가 없기 때문이다. 사고로 인해 다리를 잃은 사람들이 파트너와 섹스를 하는 동안 마치 다리가 붙어 있는 듯 생생한 자극을 받았다는 사실을 털어놓은 것이다. 다리를 자극하여 성적 자극을 받는 것과는 달리 성적인 행위가 존재하지 않는 다리에 감각을 느끼게 만든 것이다.

그렇다면 발과 성기 사이에 어떤 관계라도 있는 것일까? 그 대답은 '그렇다'이다. 그것도 아주 밀접한 관련이 있다. 그래서 발가락을 자극하면 성적 흥분을 느끼게 되고 성적 자극을 받으면 존재하지 않는 발에 감각이 느껴진다는 것은 꽤 신빙성이 있는 말이 된다.

인간의 대뇌피질은 크게 전두엽과 두정엽, 측두엽, 후두엽 등으로 나뉘어져 있다. 그런데 머리 정수리 부분을 구성하고 있는 두정엽의 앞쪽에는 가느다란 헤어밴드 형태로 인간의 신체감각을 담당하는 영역이 자리하고 있다. 이를 체감각피질이라고 한다. 캐나다의 신경외과 의사였던 와일더 펜필드Wilder Penfield는 인간의 두개골을 절개한 후 체감각피질에 자극을 가하면서 신체의 어떤 영역이 감각을 느끼는지 관찰하였다. 그 결과 대뇌피질의 체감각 영역에 인체의 각 부위

에 해당하는 영역들이 분포된다는 것을 알게 되었으며 이것을 지도

처럼 그려놓았는데 이를 감각피질의 신체 지도라고 한다.

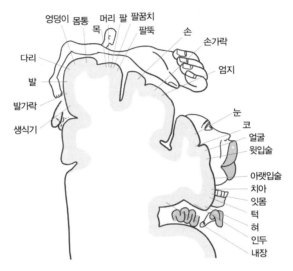

[펜필드가 밝힌 감각피질의 신체 지도. 출처: http://www.brainmedia.co.kr]

그리고 그 영역의 크기에 따라 재구성해놓은 인간의 모습을 호문

쿨루스Homunculus라고 한다.

[호문쿨루스: 체감각피질의 분포에 따라 신체를 재구성해놓은 모습.
체감각피질에서 손이 차지하는 영역이 가장 크다는 것을 알 수 있다.]

여기서 감각피질의 신체 지도를 자세히 들여다보면 발가락의 위치와 성기의 위치가 인접해 있는 것을 알 수 있다. 그래서 발가락을 자극하면 바로 옆에 있는 성기를 담당하는 감각피질이 덩달아 자극을 받을 수 있다. 그에 따라 성적인 흥분을 느끼는 것도 어찌 보면 감각이 발달한 사람들에게는 가능한 일이 아닐까 싶다.

경험과 훈련에 의해 뇌를 바꿀 수 있는 가소성

그렇다면 발을 잃은 사람들이 섹스 중에 발의 감각을 느낀 것은 무엇 때문일까? 그것은 뇌의 가소성과 관련되어 있다. 가소성이란 물리학에서 유래된 개념으로 어떤 물체에 외부적인 힘을 가했을 때 물체에 변형이 일어나지만 그 힘을 제거해도 변형된 모습이 그대로 남아 있는 것을 말한다. 뇌 가소성은 뇌를 자극하여 특정한 방향으로 훈련되면 그것이 바뀌지 않고 그대로 남아 있는 것을 뜻한다. 즉 경험과 훈련을 통해 뇌의 구조를 바꿀 수 있다는 말이 되는 것이다.

예를 들어서 현악기를 연주하는 연주자들과 일반인들의 두뇌를 비교해보자. 현악기 연주자들은 주로 왼손으로 현을 누르고 오른손으로 활을 움직여 소리를 낸다. 악기를 연주하기 위해서는 피나는 연습이 필요하므로 현악기 연주자들은 수없이 현을 눌러야 한다. 그렇다면 현악기 연주자들의 왼손 손가락에 해당하는 체감각피질은 일반인들의 체감각피질과 다르지 않을까? 실제로 그렇다. 체감각피질의 크기를 조사해보면 현악기 연주자들의 왼손가락에 해당하는 영역의 크기와 두께가 일반인들의 그것에 비해 훨씬 발달했다는 것을 알 수 있다.

청각 장애인들은 일반인들에 비해 시각이 상대적으로 발달해 있음을 알 수 있다. 이것도 역시 뇌 가소성의 원리와 연계되어 있다. 즉 청각 장애인들은 청각을 담당하는 대뇌 영역이 감각을 받아들일 수 없는 상태이므로 이 영역을 시각의 활동에 배정한다. 그 결과 일반인들에 비해 시각이 훨씬 발달하게 되는 것이다. 시각장애인들의 청각이 일반인들에 비해 훨씬 뛰어난 이유도 이와 같다.

주위에서 쉽게 찾아볼 수는 없겠지만 '환상지'라고 하는 것이 있다. 팔이 절단된 사람들이 손가락이 가렵다고 하거나 잘린 팔이 아프다고 느끼는 증상을 말한다. 팔이 없는데 어떻게 가려움을 느끼고 어떻게 아픈 것을 느낄 수 있는 것일까? 이도 역시 가소성의 원리와 일맥상통해 있다.

다시 앞의 감각피질 신체 지도로 돌아가 보자. 손과 얼굴의 위치가 상당히 가까이 있음을 알 수 있을 것이다. 체감각피질에는 신체의 각 부위에 해당하는 감각들이 분포되어 있는데 팔이나 다리를 잃게 되면 해당되는 대뇌피질 영역에는 감각이 입력되지 않는다. 그런데 이 영역을 그대로 놔두면 뇌는 할 일이 없어지므로 주변 신체 부위의 감각을 담당하고 있는 영역들이 이 영역을 대체한다. 다시 말해 팔의 감각을 담당하던 영역들이 점차 얼굴의 감각을 담당하던 영역들에 의해 채워지는 것이다.

시간이 지나면 지날수록 팔의 감각을 맡고 있던 체감각피질의 영역은 사라지고 얼굴의 감각을 맡고 있는 영역의 체감각피질이 그 영역을 대체함으로써 얼굴에 느끼는 감각은 더욱 커지게 된다. 그러다가 얼굴의 어느 한 부분을 건드리면 그 부분에서 잘려나간 팔의 감각을 느낄 수 있게 되는 것이다. 즉 팔의 감각 영역을 대체한 얼굴의 감각 영역이 팔의 감각을 대신해서 느끼는 것이다. 발 역시 마찬가지이다. 발의 감각을 맡던 체감각 영역이 기능을 상실하자 그 옆에 있는 성기 부분의 감각을 맡고 있던 체감각 영역이 이를 대신하게 되는 것이다.

이러한 뇌의 가소성으로 인해 얼굴의 특정 부분을 건드리면 손가락의 각 부위에 해당하는 느낌을 느낄 수 있는 것이다. 예를 들어 뺨을 건드리면 잘라진 엄지손가락을 만지는 느낌이 들고, 인중을 건드리면 집게손가락을 만지는 느낌이 드는 식이다. 그렇게 생각해보면 다리가 절단된 환자가 섹스 도중 다리의 감각을 느끼는 이유도 자연스럽게 이해가 될 것이다. 섹스를 하는 도중에는 성기를 건드릴 수밖에 없고 그 성기의 감각 영역이 예전의 다리 감각을 담당하던 영역을 대체했다면, 성기를 건드림으로써 다리가 살아 있는 듯한 느낌을 받는 것이다.

사용 방법에 따라 성능이 좌우되는 두뇌

이는 인간의 뇌가 참으로 신비한 존재라는 것을 깨닫게 해준다. 인간의 뇌는 활용하기에 따라 좋은 방향으로 혹은 나쁜 방향으로 얼마든지 바꿔나갈 수 있기 때문이다. 신체의 어느 한 부분이 없어졌음에도 불구하고 뇌에서 해당 영역을 담당하는 부위가 사멸되는 것이 아니라 새로운 기능이 부여된다는 것은 마음먹기에 따라 뇌를 얼마든지 유리하게 활용할 수 있다는 말과 같다. 그래서 뻔한 결론 같지만 긍정적인 사고가 중요한 것이다.

흔히들 '머리는 쓰면 쓸수록 좋아진다'고 하지만 실제로 두뇌는 자신이 어떻게 사용하느냐에 따라 그 성능이 좌우될 수 있다. 최첨단 스마트폰을 단순히 통화만 하는 전화기로 사용할 수도 있지만 최고의 멀티미디어 기기로 사용할 수도 있는 것처럼 뇌도 그렇게 바뀔 수 있다.

1995년에 시행된 한 실험에서 상상만으로도 두뇌가 물리적인 변화를 경험할 수 있다는 사실이 입증되었다. 이 실험에서 연구자들은 피험자들을 4개 그룹으로 나누어 5일 동안 피아노를 배우도록 했다. 첫 번째 그룹은 매일 2시간씩 한 손으로 치는 곡을 연습하도록 했고 두 번째 그룹은 악보나 지시 없이 마음 내키는 대로 피아노를 치도록 했다. 세 번째 그룹은 첫 번째 그룹이 피아노를 배우는 과정을 관찰하되 직접 피아노는 치지 않도록 했다. 그리고 마지막으로 네 번째 그룹은 대조군으로 아무것도 하지 않도록 했다.

그렇게 5일이 지난 후 연구자들은 피험자들의 뇌에서 일어난 변화를 살펴보았다. 그러자 놀랍게도 직접 피아노를 배운 첫 번째 그룹과 피아노 치는 것을 보기만 한 세 번째 그룹의 신경망이 거의 비슷하게 변한 것을 발견할 수 있었다. 자기 마음대로 피아노를 친 두 번째 그룹과 아무것도 하지 않은 네 번째 그룹은 뇌에 아무런 변화가 없었다. 세 번째 그룹의 경우 자신이 직접 피아노를 치지는 않았지만 정신적인 집중을 통해 피아노를 칠 때 연결되는 뇌의 신경망이 자극되도록 했고 5일이 지난 후에는 그 신경망이 굳어져 뇌의 변화를 가져온 것이다.

이렇게 상상으로 두뇌가 활성화되면 그 상상으로 인해 활성화된 영역에는 시냅스가 형성되어 서로 정보를 주고받는 길이 만들어진다. 그리고 이 상상이 자주 일어나면 시냅스가 강화되어 돌다리가 콘크리트 다리가 되는 것처럼 단단한 길이 형성된다. 영화 '올드보이'에서 최민식이 상상 속에서 적들과 맞서 싸우는 훈련을 통해 실전에서 승리한 것도 영화 속에서나 있는 턱없는 얘기만은 아닌 것이다.

다소의 과장이 있기는 하지만 많은 자기 계발 전문가들이 상상하는 대로 이루어진다고 주장하는 것도 바로 이러한 이론에 근거를 두고 있다. 상상과 현실을 구분 못 하는 뇌에게 지속적으로 좋은 생각을 심어주고 긍정적인 사고의 물을 주면 뇌는 그에 화답하여 좋은 방향으로 변화하고 그렇게 변화된 뇌는 다시 우리를 더 나은 삶으로 이끌어줄 수 있다는 것이다.

그런데 여기에서 중요한 영향을 미치는 요소가 '환경'이다. 인간은 부모로부터 물려받은 유전자에 의해 그 특성이 결정되지만 그에 못지않게 큰 영향을 미치는 것이 바로 환경이다. 특히 뇌의 관점에서 보면 그렇다. 대부분의 신경과학자들은 유전과 환경이 뇌에 미치는 영향이 50 대 50이라고 주장한다. 그만큼 환경에 따라 뇌의 발달이 달라질 수 있다는 말이다.

이미 교육학에서는 환경의 중요성을 인식하고 이를 교육에 반영하는 움직임도 활발한데 실제로 환경이 뇌 발달에 큰 영향을 미친다는 연구 결과는 무수히 많다. 다이아몬드Diamond 교수는 어린 쥐를 두 그룹으로 나누어 한 그룹은 쳇바퀴가 있고 가지고 놀 수 있는 장난감이 많으며 어미와 형제들과 함께 자랄 수 있도록 했고, 다른 한 그룹은 그 모든 것들을 제한했다. 그렇게 1주일이 지나자 풍요로운 환경에서 자란 쥐는 그렇지 못한 쥐에 비해 대뇌피질의 시냅스 수가 7~11% 가까이 많았고 2주 후에는 그 차이가 16%까지 벌어졌다. 환경의 차이가 대뇌피질의 발달에 차이를 가져온다는 것을 확인한 것이다. 적절하고 다양한 환경이 새로운 신경회로의 생성과 새로운 수상돌기를 결합하고 신경회로를 강화한 것이다.

S. 라메이S. Ramey와 C. 라메이C. Ramey는 사람들을 대상으로 일정 기간 동안 그 행적을 추적하는 종단연구를 시행하였다. 그들은 도시

의 아이들을 두 그룹으로 나눈 후 한 그룹은 많은 학습 경험과 좋은 영양을 섭취할 수 있도록 하며 친구들과 장난감을 제공했다. 반면에 다른 한 그룹은 통제 집단으로 그러한 풍요로운 환경을 제공받을 수 없었다. 3년이 지난 후 양쪽 그룹의 지능지수를 측정한 결과 풍요로운 환경에서 자란 어린이들의 IQ가 그렇지 못한 그룹의 아이들에 비해 평균 20점 높은 결과를 얻었다.

이러한 연구 결과들을 볼 때 환경이 아이들의 두뇌 발달과 지능 성장에 미치는 영향은 대단한 것으로 보인다. 부모 및 형제들과의 상호작용, 다양하고 풍부한 놀이 재료, 균형 잡힌 영양, 또래 집단과의 어울림, 신체적인 움직임 등이 아이들의 발달에 도움이 되는 좋은 환경이라는 것도 알 수 있을 것이다.

뇌는 가소성이라는 훌륭한 특성을 가지고 있다. 그로 인해 뇌는 그 주인이 어떻게 활용하느냐에 따라 성능이 크게 달라질 수 있다. 그리고 그에 영향을 미치는 가장 큰 요인 중 하나는 환경이다. 아이들이 올바르게 성장하길 원한다면 단순히 공부하라고 다그치는 것만으로는 그 목적을 달성할 수 없다. 아이들이 스스로 고민하고 자신의 앞날을 계획하고 실천해나갈 수 있도록 바람직한 환경을 마련해주는 것이 필요하다.

책을 많이 읽어야 하는 이유는 무엇일까?

성공한 사람들의 공통점

독서의 중요성에 대해서는 이미 많은 사람들이 강조하고 있다. 돈 많은 사람 중에는 책을 읽지 않는 사람도 많지만 명예를 드높이고 사회적으로 성공했다고 인정받은 사람들치고 책을 멀리한 사람은 찾아볼 수가 없다. 우리가 너무나 잘 알고 있는 미국의 토크쇼 사회자 오프라 윈프리Oprah Winfrey. 그녀는 어린 시절 가난한 가정에서 태어나 가출과 강간, 사생아 출산 등 힘겨운 10대 시절을 보냈다. 그럼에도 불구하고 하버드 대학에서 명예 박사학위를 받았고 지금은 세계에서 가장 잘나가는 유명인사가 되었다.

시사주간《타임》은 오프라 윈프리를 '20세기의 인물' 중 한 명으로 선정하였으며 1998년《포춘》선정 미국 최고의 여성사업가 50명 중 2위에 오르기도 하였다.《인콰이어러》는 그녀를 '세계 10대 여성'의

선두에 선정하기도 했고 1997년《월스트리트저널》조사에서는 미국인이 가장 존경하는 인물 3위에 뽑히기도 했다. 그녀의 현재 자산은 거의 1조에 육박한다고 한다. 말할 수 없이 고통스럽고 어려운 어린 시절을 보냈음에도 불구하고 오프라 윈프리가 이렇게 성공에 이를 수 있었던 비결 중 가장 큰 이유는 독서였다. 그녀는 자신의 성공 비결을 '첫째는 신앙, 둘째는 독서'라고 언급했는데 어린 시절부터 일주일에 한 권 정도씩은 꼭 독서를 했다고 한다.

노벨화학상을 수상한 독일의 과학자이자 철학자인 프리드리히 빌헬름 오스트발트Friedrich Wilhelm Ostwald가 성공한 사람들의 공통점을 연구한 결과 첫 번째 특성은 실패나 시련 앞에서도 좌절하지 않고 도전하고 성공을 확신하는 '긍정적 사고'였고 두 번째 특성은 보통 사람들보다 훨씬 많은 양의 책을 읽었다는 것이었다. 나폴레옹은 전쟁터에서도 책을 가지고 다닐 정도로 독서를 좋아하여 마침내 프랑스 황제의 자리에 올랐고, 모택동은 놀라울 정도의 독서 편력을 통해 장개석과의 싸움에서 승리하여 혁명을 완수할 수 있었다. 처칠 역시 전쟁터에서조차 책을 읽었다고 한다.

철학자인 르네 데카르트René Descartes는 "좋은 책을 읽는다는 것은 지난 몇 세기에 걸쳐 가장 훌륭한 사람들과 대화를 나누는 것과 같다"고 했다. 한 권의 책 속에는 글쓴이가 평생에 걸쳐 습득한 전문 분야의 지식과 노하우, 글쓴이만의 철학과 통찰력 등 모든 지식과 지혜가 담겨 있다. 즉 글쓴이의 혼이 담겨 있는 것이 책이다. 그래서 책을 읽는 것은 저자가 공들여 가꾸어놓은 숲 속을 거닐며 탐스러운 과실을 따 먹는 것과 같다. 즉 저자가 가진 모든 지식과 노하우를 가장 저렴하고 편리한 방법으로 내 것으로 만드는 가장 좋은 방법인 것이다.

두뇌의 전 영역을 고르게 활용하는 독서

그렇다면 책을 읽는 것은 어떤 점에서 좋은 걸까? 먼저 독서는 두뇌의 전 영역을 고르게 발달시켜주고 신경회로의 연결을 더욱 단단하게 만들어준다. 다음의 그림에서 보는 것처럼 게임을 할 때는 뇌의 한 부분만 활성화되지만 책을 읽을 때는 뇌의 전 영역이 고르게 활성화된다. 워싱턴 대학의 의과대학 연구팀에 의하면 어렵지 않은 책을 읽는 데도 뇌의 17개 영역이 관여한다고 한다.

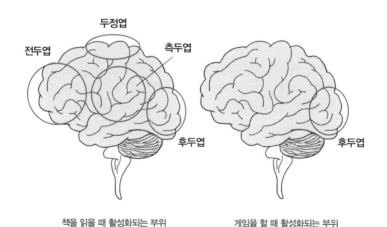

책을 읽을 때 활성화되는 부위   게임을 할 때 활성화되는 부위

우선 글을 읽는 행위는 시각 정보를 담당하는 후두엽을 활성화한다. 브라질 학자들이 글을 읽을 줄 아는 사람들과 글을 읽을 줄 모르는 사람들을 대상으로 한 뇌 영상 촬영을 통해 글을 읽을 줄 모르는 사람에 비해 글을 읽을 줄 아는 사람은 후두엽의 이 영역이 보다 정교하게 활동한다는 사실을 밝혀냈다. 독서는 인쇄된 글자를 눈을 통해 읽어 들이는 시각적인 활동이므로 시각피질이 위치한 후두엽의 활동이 활발해질 수밖에 없다. 후두엽이 발달하면 시각적 자극이 강해져서 상상력과 창의력이 높아지고 의사결정 수준도 높아질 수 있다.

두정엽은 글자를 단어로 변환하고 다시 그것을 사고로 전환하는 역할을 한다. 따라서 책을 많이 읽으면 글을 읽고 그 내용을 사고로 옮기는 능력이 향상될 수 있다. 그 결과 글쓰기에 대한 능력도 발달한다. 백일장 등에서 두각을 드러내는 아이들은 두정엽이 발달한 것이라고 생각할 수 있다. 두정엽이 활성화되면 측두엽과 연계하여 정보 저장 능력이 높아지는데 이는 이해력을 높이는 데도 중요한 역할을 한다. 책을 많이 읽을수록 사고력과 이해력이 높아지는 것이다.

독서는 또한 상상을 통해 두뇌의 전 영역을 활성화하는 역할을 한다. 스페인 학자들이 2006년에 시행한 연구에 따르면 '라벤더', '시나몬', '비누' 등 냄새와 관련된 단어를 읽으면 언어중추가 발달되는 것뿐만 아니라 냄새를 감지하는 영역도 덩달아 활성화된다고 한다. 피험자들에게 냄새와 관련된 단어를 읽도록 하고 그때의 뇌 반응을

fMRI 장비를 이용하여 관찰한 결과 '의자'나 '열쇠' 등 냄새와 무관한 단어를 읽을 때는 아무런 반응을 보이지 않았지만 '향수'나 '커피' 등 냄새를 가진 단어를 읽을 때는 후각피질이 활성화된 것이다.

에모리 대학의 실험 결과도 이와 비슷한 결론을 말해준다. '그는 좋은 목소리를 가졌다'라는 글을 읽을 때는 언어중추만 반응을 하지만 은유적인 표현, 예를 들어 '그는 벨벳과 같이 부드러운 목소리를 가졌다'라는 글을 읽을 때는 마치 손으로 벨벳을 만질 때와 같이 촉감을 느끼는 감각피질이 활성화되었다. 프랑스에서도 유사한 연구가 이루어졌는데 '존이 물건을 잡았다' 또는 '파블로가 공을 찼다'와 같이 동작을 연상시키는 글을 읽으면 운동피질이 동시에 활성화되었다.

뇌는 상상과 현실을 구분하지 못하기 때문에 긍정적인 상상을 하면 두뇌가 발달할 수 있는데 독서를 하는 동안 뇌는 글 속에 있는 내용들에 대해 현실을 대하는 것과 같이 시각, 후각, 촉각, 운동 감각 등 각종 반응을 보이는 것이다. 토론토 대학의 인지심리학자인 키스 오틀리Keith Oatley에 의하면 독서는 마치 책 속의 상황을 컴퓨터 시뮬레이션처럼 뇌로 하여금 상상 속에서 시뮬레이션 하도록 만들어준다고 한다. 두뇌의 이러한 모든 활동들은 상상력과 창의력의 향상을 불러오는데 즐겁게 책을 읽은 사람들은 창의력이 좋아진다는 연구 결과도 발표된 바 있다.

한 권의 책 속에는 수많은 단어와 은유, 비유 등의 표현이 등장하는데 이러한 것들은 뇌의 다양한 부위를 자극하고 이러한 정신적인 자극은 신경세포의 연결을 더욱 강화함으로써 두뇌 기능을 향상시켜준다. '함께 활성화된 신경세포는 더욱 강력한 상호 연결 강도를 구축한다'는 '헵Hebb의 원리'처럼 독서를 통해 같이 발화된 신경세포들이 뇌의 신경구조를 더욱 단단하게 만들어주는 것이다.

최근에 시행된 한 연구에 따르면 소설을 읽고 난 후 형성된 신경회로가 그 이후에도 일정 기간 지속되는 것으로 나타났다. 에모리 대학의 그레고리 번스Gregory S. Berns 교수팀의 연구에 의하면 소설을 읽는 동안 변화된 뇌 신경구조가 책을 다 읽고 나서 5일이 지난 후까지 계속 변화하지 않고 남아 있었다고 한다. 그래서 책을 계속해서 읽게 되면 신경 간의 결합을 더욱 단단하게 할 수 있고 뇌를 바람직한 방향으로 재구성하는 데 도움이 될 수 있다고 한다.

타인에 대한 공감 능력과 사회성을 높여주는 힘

독서는 타인에 대한 공감 능력을 높여줌으로써 사회성을 강화해주는 기능도 한다. 특히 픽션 소설을 많이 읽으면 다른 사람의 입장을 이해하는 능력이 향상된다. 책을 읽으면 왼쪽 측두엽 부위에 그 변화가 나타나는데 이 영역은 언어의 습득 및 일차적인 감각과 관련된 부위이다. 이 영역의 신경세포는 실제로 일어나지 않은 일임에도 불구하고 실제 일어난 것처럼 생각하도록 만드는 체화된 인지embodied cognition와 관련되어 있다. 예를 들어 직접 농구 경기를 하지 않더라도 농구 경기를 상상하는 것만으로도 운동피질의 신경세포들이 활성화될 수 있는 것처럼 말이다. 이러한 변화가 픽션 소설을 읽음으로써 좌측 측두엽과 감각피질, 운동피질이 동시에 변화하여 독자를 소설 속의 주인공이 된 것처럼 느끼게 만들고 이것이 다른 사람의 마음을 이해할 수 있는 '마음 이론' 역량을 향상시킨다는 뜻이다.

그레고리 번스 교수는 책을 읽기 전과 읽고 난 후에 어떠한 변화가 있는지 알아보기 위해 21명의 대학생들을 대상으로 한 가지 실험을 하였다. 이 실험은 모두 19일에 걸쳐 진행되었는데 처음 5일 동안은 아무것도 하지 않은 상태에서 fMRI 장비를 이용하여 뇌를 스캔했다. 그 후 학생들에게 《폼페이Pompeii》라는 스릴러 소설을 나누어 주고 9일 밤 동안 한 챕터씩 읽게 한 후 다음 날 아침에 뇌의 상태를 관찰했다. 소설을 다 읽고 난 후에도 5일에 걸쳐 뇌를 지속적으로 관찰했다.

그 결과 소설을 읽은 다음 날 아침에 뇌의 연결이 가장 활발하게 나타났다. 또한 뇌 영상 촬영 자료를 통해 언어의 이해 영역인 좌측 측두엽과 중심고랑central sulcus 영역이 활성화된 것을 확인할 수 있었다. 중심고랑 앞쪽은 일차 운동 영역이 있는 곳이고, 중심고랑 뒤쪽은 체감각피질이 있는 곳인데 이 두 영역이 동시에 활성화되어 나타나는 것은 주인공이 느끼는 감각과 몸의 움직임을 독자가 동시에 느낀다는 것을 나타낸다. 이는 다시 말해 다른 사람의 입장을 이해할 수 있는 연민과 마음 이론이 향상되었음을 나타내는 것이라고 그레고리 교수는 밝히고 있다.

캐나다 요크York 대학의 심리학자인 레이몬드 마Raymond Mar가 《연간 심리 리뷰Annual Review of Psychology》에 발표한 논문에 의하면 허구 소설의 줄거리를 이해하기 위해 뇌의 상당한 부분들이 중첩되어 움직이고 주인공의 생각과 느낌을 알아내려고 함으로써 상호작용이 증가하게 되는 것을 확인했다고 한다.

오틀리와 마 박사에 의해 수행된 2006년, 2009년 연구에 따르면 허구 소설을 많이 읽는 사람들은 다른 사람을 이해하는 능력이 더욱 뛰어나다고 한다. 또한 공감하거나 다른 사람의 관점에서 세상을 보는 능력도 우월하다고 한다. 그래서 취학 전에 책을 많이 읽은 아이들일수록 다른 아이들과 잘 어울리는 경향을 나타낸다고 한다. 실제 2009년의 독서량 연구에서 책을 많이 읽을수록 상대방을 공감하고 배려하는 능력이 좋아졌다는 결과도 보고되었다.

언어 발달과 사고의 틀을 형성해주는 촉매제

지금까지 살펴본 것처럼 독서는 뇌의 다양한 부위를 활성화함으로써 신경세포의 연결을 단단하게 만들어주고 타인의 심정을 이해할 수 있는 공감 능력을 길러줌으로써 사회적으로 원만한 구성원으로 성장할 수 있게끔 도와준다. 하지만 이 외에 글 읽기는 언어 발달에 큰 영향을 끼치고 이는 다시 사회성의 문제로 연결될 수 있다.

한 사람의 인간관계는 그 사람이 구사하는 언어의 수준에 따라 달라질 수 있다. 자신의 생각을 분명하게 말이나 글로 표현하지 못하면 주위 사람들에게 오해를 받거나 배척당할 수 있으며 이로 인해 어려움에 처할 수 있다. 또한 품위 없는 단어를 구사하거나 천박한 표현을 일삼는 이들은 상대적으로 상위층의 사람들과 어울리기 어렵다. 상위층이라는 표현이 거슬릴 수도 있겠으나 사회생활을 하다 보면 분명 그러한 집단이 있음을 무시할 수가 없다. 우리나라 정치인들을 보면 굳이 언어 수준이 뛰어난 것 같지는 않지만 말이다.

또한 언어는 자신의 행동을 내적으로 통제하는 수단이 됨으로써 사회적인 관계 형성을 촉진한다. 인간에게는 언어가 있기 때문에 자신의 의사 표현을 말이나 글로 드러낼 수 있고 따라서 행동으로 그것을 표현하기에 앞서 충분히 의사를 전달할 수 있는 기회를 가질 수 있다. 예를 들어 누군가 자신을 기분 나쁘게 했다고 해도 그에게 주먹질을 하거나 싸움을 걸기 전에 말을 통해 그러한 감정을 전달할 수 있는 것이다. 반면 동물들에게는 그러한 소통의 수단인 언어가 없기에 바로 행동으로 옮기는 수밖에 없다. 언어를 가지고 있었기에 인간 사이의 소통이 크게 발달할 수 있었던 것이다.

언어는 아이들의 정서와 지적 능력의 발달에도 영향을 미친다. 인간은 자신이 표현할 수 있는 언어의 수준 내에서만 사고하고 행동하며 표현할 수 있다. 자신의 언어로 표현할 수 있는 범위를 넘어서는 사고는 할 수 없다. 예를 들어 '고찰'이나 '성찰'과 같은 말을 모르는 아이들은 그러한 개념을 실천할 수 없고 그러한 개념을 알고 실천하는 아이들과 비교할 때 뒤떨어질 수밖에 없다.

언어는 학습 및 기억과도 밀접한 관계가 있다. 자신의 언어로 표현된 것들이 그렇지 못한 것들에 비해 이해하기 쉽고 장기 기억에 오래 남아 있을 가능성이 높다. 특정한 사실이나 자신의 생각을 자기의 언어로 변환함으로써 아이들은 그 사실이나 생각을 이해하고 자신만의 의미 형성 과정을 통해 기억에 공고하게 저장할 수 있게 된다. 언어가 없다면 내 머릿속에 있거나 타인이 제시하는 개념을 표현할 수 있는 방법이 없게 되므로 이해의 수준이 떨어질 수밖에 없고 이해하지 못하는 것은 기억에서 멀어질 수밖에 없다. 이 외에도 책 읽기가 미치는 중요성은 더욱 많겠지만 앞에서 언급한 것들이 독서의 중요한 영향이라고 할 수 있겠다.

그런데 책은 어려서부터 읽는 것이 바람직하다. 나이 들어서 책을 접할수록 책 읽기를 더욱 어려워하고 멀리할 가능성이 있다. 예일 대학의 샐리 셰이위츠Sally Shaywitz 교수의 연구 결과에 따르면 어려서부터 책을 읽은 아이들은 언어중추가 있는 좌측 측두엽이 활성화되고 책 읽기에 어려움을 겪지 않지만 어려서 책을 멀리한 아이들은 우측 측두엽이 활성화된다고 한다.

앞서 설명한 것처럼 무언가 새로운 것을 학습할 때는 우측 뇌가 활성화되고 그것이 익숙해지면 좌측 뇌로 옮겨가는 경향이 있는데 책을 읽는 데 어려움을 겪는 아이들의 우측뇌가 활성화된다는 것은 책 읽기를 익숙한 것으로 받아들이지 못하고 늘 새로운 학습으로 여긴다는 것을 나타낸다. 이렇게 책을 읽는 데 어려움을 겪는 아이들은 다른 학업 능력에서도 더딘 향상을 보여준다. 아이들이 학업 성적이 부진하다면 책 읽는 모습을 한번 관찰해보라. 서로 상관관계가 있다는 것을 발견할 것이다.

책을 많이 읽고 언어 능력과 두뇌 활용 능력을 키우면 그에 따라 고차적인 인지 기능도 발달한다. 더불어 사회성도 발달될 수 있다. 안타깝게도 갈수록 IT 문명이 발달하면서 어린아이에서 어른에 이르기까지 갈수록 책을 멀리하고 있다. 인간의 편리함을 위해 만든 IT 기기가 오히려 인간의 가장 강력한 무기를 빼앗아 가고 있으니 때로는 빌 게이츠나 스티브 잡스가 인류의 정신적 삶이 저하되는 것에 지대한 공헌을 했다는 생각이 들어 안타까울 때도 있다.

사람들은 누구나 성공적인 사회생활을 희망하면서도 정작 그 수단이 될 수 있는 책을 읽는 것에 대해서는 소홀하기 짝이 없다. 세상이 점점 각박해지고 거칠어지는 것도 어쩌면 사람들의 삶이 책에서 멀어지고 있기 때문인지도 모른다. 책을 읽는다는 것은 기능적인 측면과 감성적인 측면에서 모두 한 차원 높은 세계로 인도해줄 수 있는 가장 확실한 방법이다. 그러므로 지금보다 나은 삶을 꿈꾸고 있다면 책을 가까이해야 한다. 이 책을 읽고 있는 사람들은 이미 그 길에 들어선 사람들이다.

사춘기 아이들이 늦게 자고 늦게 일어나는 이유는?

자연스럽게 늦어지는 주기 리듬

사춘기 자녀가 있는 가정이라면 거의 대부분 아침마다 속이 미어터지는 것을 꾹꾹 참고 있을 것이다. 씻고, 밥 먹고, 학교에 갈 준비를 해야 하는데 아무리 깨워도 아이는 들은 척도 안 하고 이불 속에서 뭉그적거리고 있기 때문이다. 바쁜 아침에 아이만 붙잡고 있을 수도 없으니 엄마 입장에서는 속이 터지려고 한다. 스스로 일어나 준비하고 집을 나서면 좋으련만 잠자리에서 깨우는 것이 이만저만 어려운 일이 아니다. 마치 작은 전쟁 같다.

엄마는 쓸데없는 짓을 하느라 밤늦게까지 안 자다가 아침이면 깨어나기 힘들어하면서도 그 버릇을 고치지 못한다고 아이를 나무란다. 아이는 아이대로 잔소리를 한다며 각을 세우고 대든다. 그러다 보면 서로 가장 가까운 사이여야 할 엄마와 자식 간에 갈등이 모락

179

모락 피어난다. 어느 가정이든 이러한 갈등을 겪어보지 않은 집은 거의 없을 것이다. 그런데 사춘기의 아이들은 왜 그렇게도 깨우기가 힘든 것일까? 사실 알고 보면 여기에도 뇌가 관련되어 있다.

인간에게는 24시간 주기로 되풀이되는 생체 리듬이 있는데 이를 주기 리듬 혹은 서캐디안 리듬circadian rhythm이라고 한다. 체온, 호흡, 소화, 수면, 호르몬 분비 등 신체의 모든 활동은 24시간을 주기로 반복되도록 프로그램 되어 있다. 일부 학자들 사이에서는 24시간이 아니라고 하는 주장도 있지만 대략 24시간 혹은 25시간을 주기로 생체 리듬이 달라지는 것만은 틀림없다. 이는 인간의 두뇌에서 주변 환경과 그에 따른 자연 리듬의 변화에 적응할 수 있도록 다양한 리듬 조절 시스템을 진화시켜왔기 때문이다.

지구는 매일 낮과 밤이 교차하고, 밀물과 썰물이 반복되며, 봄·여름·가을·겨울이 되풀이된다. 인체 안에는 이러한 주위 환경의 변화에 맞추어 생리적으로 원만한 기능을 발휘할 수 있도록 일주기 리듬을 조절할 수 있는 생체 시계가 있다. 시상하부 내에 있는 '시교차상핵(혹은 시각신경교차상핵)'이 그것인데 밤과 낮의 빛 주기에 의해 동기화된다. 햇빛이 시각계를 통해 신체에 들어오면 시교차상핵이 뇌간에 위치한 봉선핵을 자극하여 신경조절물질 세로토닌을 분비하고 교감신경이 활성화되도록 만든다. 세로토닌이 분비되면 각성 상태가 되어 활기차게 하루를 보낼 수 있도록 신체 상태가 갖추어진다. 해가 지고 어두워지면 세로토닌은 멜라토닌이라는 신경전달물질로 바뀌어 몸을 이완시키고 부교감신경을 활성화시켜 숙면에 듦으로써 에너지를 재충전할 수 있도록 만들어준다. 이것이 신체의 주기 리듬 작동 메커니즘이다.

이 중 멜라토닌은 수면과 성장에 깊은 관련이 있다. 멜라토닌이 분비되면 피곤함을 느끼고 잠에 들게 된다. 멜라토닌이 충분히 분비되지 않으면 숙면을 취할 수 없다. 그런데 멜라토닌은 연령에 따라 분비 시점이 달라진다. 아동기에서 청소년기 이전, 그리고 청소년기를 지난 성인들은 멜라토닌의 분비 시간이 동일하다. 하지만 청소년기에 이르면 그 이전에 비해 멜라토닌 분비 시간이 3~4시간 정도 늦어진다. 한 연구에 의하면 성인들은 저녁 10시쯤 되면 멜라토닌이 분비되어 졸음을 느끼지만 청소년들은 새벽 1시나 되어야 멜라토닌이 분비된다고 한다.

이 말은 청소년기가 되면 자연스럽게 서너 시간 늦게 자고 서너 시간 늦게 일어나도록 변화된다는 것을 나타낸다. 게다가 잠을 자는 시간도 그 이전에 비해 한두 시간 정도 길어지게 된다. 청소년기의 아이들이 늦게 자고 늦게 일어나는 것은 잘못된 습관이나 게으름 때문이 아니라 인체의 주기 리듬에 따라 자연스럽게 나타나는 변화라는 것이다.

성인에 맞춘 생활 리듬은 수면 부족을 가져온다

사춘기 청소년들은 늦게 자고 늦게 일어나게 되면서 하루의 주기 리듬도 자연스럽게 뒤로 밀릴 수밖에 없다. 성인이나 어린아이들이 아침 일찍부터 각성 상태에서 학업이나 일에 집중할 수 있는 것과 달리 사춘기 아이들은 오전 늦게 발동이 걸리기 시작해서 늦은 오후에야 학습 효율이 높아진다. 옥스퍼드 대학의 러셀 포스터Russell Forster 교수에 의하면 학생들의 학습 효과는 오전보다 오후가 더 높다고 한다. 오전에 일이 잘된다는 성인들의 패턴과는 상당히 거리가 있는 것이다.

교육학자인 데이비드 소사David A. Sousa는 청소년들의 주기 리듬이 성인들과는 다르다는 것을 강조하고 있다. 다음의 그림에서 보는 것처럼 사춘기 청소년들과 사춘기 이전의 아동기 및 이후의 성인기는 서로 다른 주기 리듬을 갖는다. 이 리듬은 정오를 전후해서 크게 차이가 벌어진다. 성인인 교사들이 휴식을 필요로 할 때 비로소 학생들은 가장 높은 각성 상태를 보이고, 교사들이 다시 활력을 되찾을 때쯤에는 학생들의 신체 리듬이 최저의 상태를 나타낸다. 이러한 신체 리듬의 불일치는 학습 효율의 저하와 함께 학습 태도가 불량하다는 불필요한 오해를 가져올 수도 있다.

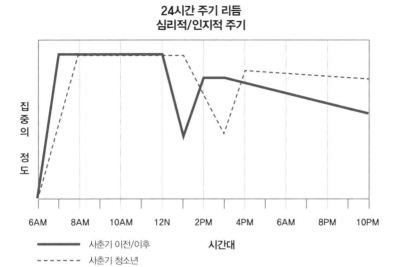

24시간 주기 리듬
심리적/인지적 주기

집중의 정도

6AM 8AM 10AM 12N 2PM 4PM 6AM 8PM 10PM

━━━━ 사춘기 이전/이후

------ 사춘기 청소년

시간대

[사춘기 청소년들의 주기 리듬은 성인들과 달리 오전 늦게 형성되어 오후 늦게까지 지속된다.
출처: David Sousa]

그렇다면 한동안 논란이 되었던 '0교시 수업'은 어떨까? 아이들의 수면 리듬이 달라지면 그에 맞추어 하루 일과도 달라져야 하는 것이 아닐까? 노인들이 일찍 자고 일찍 일어나는 것이 자연스러운 일이듯 청소년들이 늦게 자고 늦게 일어나는 것이 자연스러운 섭리라면 그것을 일과 리듬에 반영해야 하는 것 아닐까? 데이비드 소사는 위에서 언급한 사춘기 청소년들의 주기 리듬을 고려하여 학교에서의 수업 시간을 조정할 필요가 있다고 주장한다. 실제로 미국의 많은 학교들이 이러한 과학적인 근거를 바탕으로 수업 시작 시간을 한 시간 뒤로 늦추는 현상도 나타나고 있다. 다행히 우리나라에서도 지금은 많은 학교들이 0교시 수업을 없애고 9시 등교를 추진하고 있다.

그렇지만 여전히 0교시 수업을 고수하는 학교도 있고 그래야만 한다고 주장하는 성인들도 많다. 하지만 아이들의 주기 리듬을 성인들에게 맞추게 되면 아이들은 수면 부족에 시달릴 수밖에 없다. 수면 부족은 아이들의 성장에 절대적인 영향을 미친다. 성장호르몬은 렘수면 중에 가장 많이 분비되는데 수면이 부족하면 성장호르몬이 분비될 수 있는 기회가 줄어들게 된다. 뿐만 아니라 비만이나 소아당뇨, 조울증과 같은 감정 조절 장애, 그리고 여러 가지 행동 장애를 가져올 수 있다. 청소년들이 갈수록 언어와 행동이 난폭해지고 감정 조절에 어려움을 겪는 것도 수면 부족과 무관하지 않다. 그러나 무엇보다 가장 큰 문제는 수면 부족이 학습 능력을 저하시킨다는 데 있다.

한국청소년정책연구소 자료에 의하면 한국 청소년들의 수면 시간은 6시간 30분 정도로 미국의 청소년들에 비해 2시간이 부족하고 일본의 청소년들에 비해서도 30분 정도가 부족하다. 고등학생들의 경우 더욱 심각한데 97% 정도가 수면 부족에 시달리고 있다고 한다. 아이들의 신체 리듬은 훨씬 더 늦게까지 잠을 자도록 설계되어 있는데 등교 시간에 맞추어 잠을 깨우다 보면 쉽게 깨어나기도 어렵고 깨어난 이후에도 숙면을 취하지 않은 듯 피곤을 느낄 수밖에 없다. 잠이 부족하니 조금이라도 더 자기 위해 아침을 거르는 일이 다반사이다. 아침을 거르면 두뇌 활동에 필요한 포도당을 충분히 공급받지 못해 뇌의 활동이 저하된다. 억지로 0교시에 수업을 시작한다고 해도 잠이 부족하니 그 시간에 집중해서 수업을 듣는 아이들보다는 잠을 자는 아이들이 더 많다.

잠을 못 자고 하는 공부는 밑 빠진 독에 물 붓기

수면에 관한 이야기가 나왔으니 수면과 학습 간의 상관관계에 대해서도 살펴보자. 우리나라에서 대학은 단순히 고등교육을 받는 학업 기관 이상의 의미로 받아들여진다. 출신 대학은 특정인에 대한 학업 능력뿐만 아니라 지능, 타고난 역량, 미래 발전 가능성 등 역량 측면의 잠재력 외에 성실성이나 책임감, 심지어는 인성까지 좌우하는 초우월적인 준거가 된다. 어느 대학을 졸업했는지가 죽을 때까지 평생을 꼬리표처럼 따라다니는 사회적 현실에서 남들보다 좋은 대학에 들어간다는 것은 남들보다 성공의 사다리를 높이 오르기 위해 유리한 위치를 선점하는 것이나 다름없다. 따라서 많은 어린 학생들이 자발적으로 혹은 부모의 강요에 의해 눈에 불을 밝히고 공부에 매진한다.

안타깝게도 공부해야 할 것은 많은 데 비해 시간은 부족하다 보니 잠잘 시간을 줄여 공부에 매달리는 경우가 많다. 그래서 성장기에 있는 아이들은 늘 수면 부족에 시달리곤 한다. 일부 극성스러운 부모들은 초등학생 시절부터 새벽 1~2시까지 잠을 줄여 공부하도록 아이들을 몰아붙이기도 한다.

그런데 매년 대입 시험 결과가 발표되고 성적이 우수한 학생들과 인터뷰를 할 때면 그들이 빠짐없이 하는 말이 있다. '잠은 하루 7시간 이상 충분히 잤다'는 것이다. 만일 그 말이 사실이라면, 그들도 공부할 시간이 부족했을 텐데 어떻게 충분히 잠을 자면서도 시험에서 좋은 성적을 거둘 수 있었던 것일까? 그들의 말이 새빨간 거짓은 아닐까? 나는 그들의 말이 거짓은 아닐 것이라고 믿는다. 왜냐하면 잠과 학습 효과 간의 연구가 이미 상당히 많이 이루어져 있고 충분한 잠이 학습의 효율을 높여준다고 알려져 있기 때문이다. 결론적으로 말해 잠을 충분히 자는 것은 학습에 도움이 될 수 있지만 잠이 부족하면 학습효율이 나빠진다.

사람의 수면 주기는 크게 나누어 비렘non-REM수면과 렘REM: Rapid Eye Movement수면으로 나눌 수 있다. 비렘수면은 꿈을 꾸지 않는 깊은 수면이고 렘수면은 꿈을 꾸는 수면이다. 렘수면은 눈동자가 빠르게 움직이면서 얕은 잠이 이어진다. 잠이 들기 시작하면 네 단계에 걸쳐 서서히 비렘수면으로 빠져든 후 렘수면 단계로 이어진다. 하루에 8시간을 잔다고 할 때 비렘수면과 렘수면은 5~6회 정도 반복적으로 이루어지는데 잠의 후반부로 갈수록 렘수면이 길어진다.

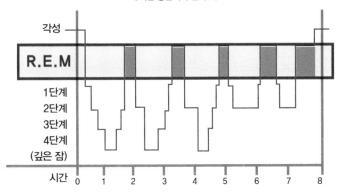

[잠을 자는 동안 비렘수면과 렘수면이 여러 차례 반복된다.
출처: http://www.luciddreamexplorers.com]

　그동안 수면은 단순히 지친 몸을 쉬고 신체 활동에 필요한 에너지를 재충전하는 것이라고만 인식되어왔지만 수면은 학습 효과에 지대한 영향을 미친다. UCLA의 앤드루 풀리니Andrew J. Fuligni 교수팀은 LA 지역 고등학생들 중 535명을 대상으로 하루에 공부한 시간과 잠을 잔 시간, 그리고 다음 날 수업 시간에 겪은 문제나 시험 결과 등을 14일간에 걸쳐 기록하도록 했다.

　그 후 학생들이 제출한 기록을 검토한 결과 늦게까지 잠을 안 자고 공부한 학생들은 다음 날 학교에서 수업 내용을 이해하지 못해 어려움을 겪은 것은 물론 숙제를 하거나 퀴즈, 시험 등에서 좋지 않은 결과를 받은 것으로 나타났다. 잠을 충분히 잔 경우에는 3~5일에 한 번꼴로 수업 내용을 이해하는 데 어려움을 겪은 반면 평소보다 잠을 줄인 경우에는 다음 날 바로 수업 내용을 이해하는 데 어려움을 겪었다. 이에 대해 연구를 진행한 앤드루 교수는 밤늦게까지 하는 공부가 생각만큼 효과가 없을 뿐 아니라 비생산적이라고 지적하고 있다.

이를 실증적으로 검증한 실험 결과도 상당수 있다. 미국 하버드 대학의 정신과 전문의인 호버트 스틱골드Hobert Stickgold 박사는 새로운 것을 배우거나 연습할 때 쉬지 않고 밤을 꼬박 새우는 것보다 적당히 공부하고 잠을 자는 것이 더 효과적이라고 주장한다. 그는 24명의 피험자들을 모집한 후, 수평으로 줄이 쳐진 컴퓨터 스크린에 6분의 1초의 짧은 시간 동안 사선으로 막대 세 개를 보여주고 그것이 어느 방향을 가리키고 있는지 답변하는 훈련을 실시하였다. 이 훈련은 4일 동안 계속 이어졌는데 첫째 날 훈련이 끝난 후 이들 피험자들을 두 그룹으로 나누어 한 그룹은 바로 잠을 자도록 했지만 다른 한 그룹은 다음 날 훈련 시간까지 잠을 자지 못하게 하였다.

둘째 날과 셋째 날은 연습이 끝난 후 피험자들 모두 잠을 자도록 했고 4일째 되는 날 학습 결과를 테스트하였다. 그 결과 첫날밤에 잠을 잔 그룹은 첫날 테스트 때보다 성적이 훨씬 좋아졌지만 첫날밤에 잠을 못 잔 그룹은 성적의 변화가 없었다. 스틱골드 박사는 이에 대해 잠을 제대로 자는 것이 학습에 절대적으로 중요한 요소이며 잠이 기억을 굳게 만들어주는 역할을 한다고 지적하고 있다. 잠을 충분히 자지 않으면 학습한 내용이 기억으로 남아 있지 않고 뇌 속에서 빠져나가는 것인데 좀 과장하여 말하자면 밤새워 공부하는 것은 어쩌면 밑 빠진 독에 물을 붓는 것이나 다를 바 없다고도 할 수 있다.

잠을 잘 자야 학습 효과가 오른다

그렇다면 잠과 학습은 어떠한 관련성이 있는 걸까? 뇌는 깨어 있는 동안에도 활동을 하지만 잠을 자는 동안에도 쉬지 않고 일을 한다. 잠을 자는 동안 뇌는 하루 종일 받아들인 정보들을 서로 비교해 분류하고 의미 있는 것들끼리 결합하거나 서로 분리된 정보 간에 연계성을 발견하여 가치 있는 정보로 변환하는 등 정보의 재처리 과정을 거친다. 그리고 불필요한 정보들은 쓰레기통에 버린다.

이렇게 정보를 재가공하는 동안 꿈을 꾸게 되는데 꿈이 현실성이 없고 이야기도 뒤죽박죽인 이유는 정보가 처리되는 이러한 과정상의 특징 때문이다. 정보의 가공 과정은 귀 안쪽에 자리 잡은 해마라는 부위에서 이루어진다. 외부로부터 받아들여지는 모든 정보는 일차적으로 해마로 보내져 일시 보관되고 정리 정돈, 편집 등의 과정을 거치게 된다. 렘수면 동안 이렇게 정보의 가공이 이루어지면 그것들은 비렘수면 단계 동안 대뇌피질의 여기저기에 분산되어 저장된다. 이러한 정보의 정리와 대뇌피질에 저장하는 모든 과정이 수면 중에 일어난다. 그중에서도 가장 중요한 것은 정보의 재가공이라고 할 수 있다. 이 작업은 렘수면 단계에서 꿈을 동반하여 일어나는데 그러한 이유 때문에 렘수면이 비렘수면에 비해 기억에 더욱 큰 영향을 미치게 된다.

잠을 자는 동안 외부에서 받아들인 정보들을 의미 있게 가공하여 기억에 저장하는 일이 일어나므로 잠은 학습 효과에 절대적으로 영향을 미칠 수밖에 없다. 그래서 수면이 충분하지 못하면 외부에서 입력된 정보를 제대로 처리할 시간이 부족해지고 오랫동안 기억에 보관하는 것도 불가능해지게 된다.

대형 할인점의 경우를 생각해보자. 대형 할인점은 가끔씩 레이아웃을 바꿈으로써 매장을 찾는 고객들에게 지루함을 느끼게 하지 않고 신선함을 선사하려고 한다. 때로는 할인점의 필요에 의해 레이아웃을 바꾸는 경우도 있다. 이러한 레이아웃 변경은 야간 영업이 끝나고 문을 닫은 이후부터 다음 날 새로 문을 열기 전까지의 시간대에 집중적으로 이루어진다. 그래서 어떤 경우에는 하루아침에 매장 전체가 완전히 다른 모습으로 바뀌어 있기도 하다.

그런데 손님들이 매장 안에 있는 동안 레이아웃을 바꾼다고 생각해보자. 진열대를 통째로 옮기기도 하고, 물건을 실은 팰릿과 지게차가 오가기도 해야 하며, 새로운 진열대를 들여놓거나 낡은 진열대를 해체하기도 해야 하는데 손님들이 오가고 있다면 제대로 업무의 효율이 나기 어려울 것이다. 손님이 오가는 동안 방해가 되지 않도록 기다려야 하고, 혹시나 손님이 진열대에서 물건을 고르고 있다면 그

진열대를 움직일 수 없으므로 쇼핑이 끝날 때까지 기다려야 할 것이다. 손님이 없는 상태에서 1시간이면 마칠 일도 손님이 있는 상태에서는 그 몇 배의 시간이 더 걸릴 수도 있다.

해마와 대뇌피질이 정보를 정리하고 기억에 저장하는 과정은 이와 유사하다. 잠을 자지 않고 있는 동안에는 뇌는 원하든 원하지 않든 오감을 통해 끊임없이 외부의 세계로부터 정보를 받아들인다. 이 정보들은 장을 보기 위해 매장을 찾은 손님과 다를 바 없다. 소극적인 최소한의 정보 정리와 보관은 이루어질 수 있지만 적극적인 정보 처리가 이루어지기는 어렵다. 그러다가 드디어 잠에 들면 그때서야 해마가 본격적으로 정보를 정리하기 시작한다. 그런데 눈을 뜨고 있는 시간이 길다는 것은 그만큼 받아들인 정보가 많다는 것이고 처리해야 할 정보도 많다는 얘기이다. 그 정보들을 손실 없이 제대로 처리하기 위해서는 충분한 시간이 주어져야 한다.

공부를 잘하고 싶으면 휴식을 충분히 취하라

렘수면은 후반부로 갈수록 길어지고 따라서 정보를 처리할 수 있는 능력도 후반부로 갈수록 높아지는데 수면이 부족하면 후반부의 렘수면 주기를 충분히 활용할 수 없게 되고 따라서 처리하지 못한 정보는 기억되지 못한 채 흐지부지 사라지고 만다. 혹은 여전히 뒤죽박죽인 채 뇌의 한편에 남아 있다가 알고 있다는 사실 자체를 모르는 묵시적인 기억으로 남을 수도 있다. 공부를 열심히 해도 잠이 충분하지 못하면 학습 효율이 높아지지 않는 것도 바로 이 때문이다.

하버드 의대의 찰스 체이슬러Charles Czeisler 교수에 따르면 하룻밤에 4~5시간을 자는 것은 혈중 알코올 농도가 0.1% 수준인 것과 마찬가지라고 한다. 입시에 시달리는 우리나라 아이들도 이와 비슷한 시간 동안 잠을 자므로 어떻게 보면 술에 취한 상태에서 공부를 하는 것이나 마찬가지라고 할 수 있다. 그러니 학교에 가면 정신을 잃고 잠만 자게 되고 공교육이 제구실을 못 한다고 비난받는 원인이 되는지도 모른다.

만일 밤에 잠을 제대로 못 잔다면 잠깐씩 낮잠을 자는 것도 좋은 방법이다. 독일 자를란트 대학의 신경심리학과 악셀 메클링거Axel Mecklinger 박사가 대학생 41명을 대상으로 단일 단어 90개와 전혀 연관이 없는 두 단어를 쌍으로 묶은 120개를 외우도록 하였다. 그리고 즉시 기억력 테스트를 실시했다. 이어 이들을 두 그룹으로 나누어 한 그룹은 90분간 낮잠을 자도록 하면서 뇌측정장치EEG를 통해 장기 기억에 관여하는 해마와 수면방추에서 방출되는 뇌파를 측정하였다. 반면에 다른 한 그룹은 낮잠을 자지 않고 영화를 보게 했다.

이후 이들에게 다시 기억력 테스트를 실시한 결과 낮잠을 잔 그룹이 영화를 본 그룹에 비해 5배나 많은 단어 묶음을 기억해냈다. 수면 그룹의 뇌전도 분석에서는 수면방추 뇌파가 많을수록 학습과 기억력이 높아지는 것으로 나타났다. 이 실험을 통해 낮잠이 서로 연관이 없는 항목 간의 연관성을 기억하는 연관 기억을 향상시켜주는 것을 확인할 수 있다.

공부 시간과 학업 성적은 비례관계에 있겠지만 잠을 희생하면서 하는 공부는 생각만큼 효과를 거두기 어려울지도 모른다. 중요한 것은 절대적인 투입 시간이 아니라 보다 효율적으로 학습 방법을 관리하는 것이라고 할 수 있다. 무조건 밤늦게까지 책상 앞에 앉아 있다고 해서 좋은 것만은 아니라는 얘기이다. 때로는 적절한 수면과 휴식을 통해 학습 효율을 높일 수 있는 방법을 강구하는 것도 좋은 전략이 될 수 있다.

운동을 하면 공부도 잘 한다고?

운동을 하면 학습 효과가 증가된다

학창 시절을 되돌아보면 참으로 얄미운 친구들이 있었다. 얄미웁다기보다 사실 질투가 날 만큼 부러운 친구들이었는데 첫 번째는 공부를 잘하는 애들이고, 두 번째는 운동을 잘하는 애들, 그리고 무엇보다 가장 부러운 친구들은 공부도 잘하면서 운동도 잘하는 아이들이었다. 대개 공부를 잘하면 운동을 못할 것이라고 생각하기 쉽지만 주위에 보면 공부도 잘하고 운동도 잘하는 친구들도 꽤 많았다. 축구나 농구 등 운동경기를 할 때면 늘 반에서 혹은 전교에서 상위권에 있는 친구들이 끼어 있곤 했는데 공부도, 운동도 어중간하게 했던 나로서는 그런 친구들을 볼 때마다 늘 부러운 마음을 감출 수 없었다.

흔히들 운동을 하는 사람들은 공부를 잘하는 사람들에 비해 머리가 나쁠 것이라고 생각하기 쉽지만 성공한 운동선수들은 대부분 머리가 좋다. 외국에서는 종종 과학자나 변호사, 의사, 교수 등의 직업을 가진 운동선수들을 쉽게 찾아볼 수 있다. 우리나라는 어릴 때부터 학교 공부는 등한시한 채 오로지 운동만 가르치는 엘리트 스포츠가 횡행하였기에 그러한 사람들을 찾아보기가 쉽지 않지만 만약 우리나라도 학교교육을 충실하게 소화하도록 한다면 변호사를 겸한 야구선수나 의사를 겸한 축구선수, 대학교수를 겸한 농구선수 등을 찾아보기 어렵지 않을 것이다.

공부를 잘하는 사람들이 운동마저 잘한다니 참으로 질투 날 일이 아닐 수 없다. 세상이 불공평하다는 생각이 들 수도 있다. 어째서 공부를 잘하는 아이들이 운동도 잘하는 것일까? 운동과 공부에 무슨 상관관계라도 있는 것일까? 그렇다. 운동과 학습 능력은 아주 밀접한 관계가 있다.

몸을 움직이는 것이 두뇌의 활동이나 상태와는 무관하게 보이겠지만 두뇌는 몸과 연결되어 있기 때문에 분리하여 생각할 수 없고 몸을 움직이는 것은 두뇌를 건강하게 만드는 최상의 방법이다. 우렁쉥이see squirt는 유생 시절에는 바다 속을 헤엄치고 돌아다니며 먹이를 섭취하지만 다 성장하면 한곳에 달라붙어 움직이지 않고 미립자를 걸러 영양을 보충한다. 한 번 정착하고 나면 웬만해서는 권리금 높은 상가처럼 자리를 움직이지 않는다. 그렇게 자리를 잡고 나면 제일 먼저 하는 일이 자신의 뇌를 먹어 치우는 일이다. 어차피 한곳에 정착하여 움직일 필요가 없으니 뇌도 필요가 없기 때문이다. 그래서 어린 유생 시절에는 뇌가 있지만 성체가 되어 한곳에 정착하고 나면 뇌가 소멸되고 만다.

우렁쉥이를 통해 알 수 있듯 몸의 움직임과 뇌는 밀접한 관계가 있다. 공학자인 대니얼 월퍼트Daniel Wolpert는 "뇌의 유일한 존재 이유는 움직임이다"라고 언급했는데 뇌에서 이루어지는 모든 일들은 결국 신체의 움직임을 위한 것이다. 뇌에서 생겨나는 모든 사고와 행동, 명령은 최종적으로 움직임을 통해 나타나므로 움직임이 없다면 뇌도 필요 없게 된다.

그렇다면 운동은 뇌에 어떤 영향을 미치는 걸까? 1980년대까지만 해도 뇌에서는 새로운 신경세포가 만들어지지 않는다고 믿었지만 1990년대 이후로 뇌에서도 새로운 신경세포가 꾸준히 생성되는 것이 관찰되었다. 해마의 치상회dentate gyrus라는 곳에서 끊임없이 새로운 줄기세포가 만들어지고 이것이 신경세포로 발달하여 노화되는 뇌세포를 대체하는 것이다. 운동을 하면 이렇게 새로운 신경세포가 만들어지는 것을 원활하게 해준다.

운동과 학습의 상관관계

미국 솔크 생물학연구소Salk Institute for Biological Studies의 프레드 게이지Fred Gage 박사는 여러 마리의 쥐를 두 그룹으로 나눈 후 쳇바퀴가 있는 우리와 쳇바퀴가 없는 우리에서 45일간 사육하였다. 쳇바퀴가 있는 우리에서는 쥐들이 자유롭게 원하는 만큼 운동을 할 수 있었다. 그런 후 모리스Morris 미로 실험을 이용하여 지능을 측정하였다. 먼저 쥐가 헤엄치기에 적합한 크기로 원형 수영장을 만들고 바닥의 한쪽 구석에 대피용 발판을 만든 후 바닥이 들여다보이지 않도록 불투명한 액체를 가득 채운다. 그다음 수영장에 쥐를 풀어놓으면 쥐는 물에 젖는 것을 굉장히 싫어해서 필사적으로 움직이다 발판을 발견하게 된다. 이 훈련을 몇 번 되풀이하면 쥐는 학습 효과에 의해 대피용 발판이 있음을 알게 되고 그것을 빠르게 찾아간다. 쥐가 물에 들어간후 헤엄쳐서 발판에 오르기까지 걸리는 시간과 거리를 측정한 결과 똑똑한 쥐일수록 도달 시간과 이동 거리가 짧았다.

실험을 마친 쥐에게 세포의 성장을 관찰할 때 쓰이는 BrdU라는 특수물질을 투여한 후 뇌를 관찰한 결과 모든 쥐의 해마에서 노란색으로 빛나는 신경세포가 발견되었는데 이는 쥐들의 뇌에서 새로운 신경세포가 만들어졌음을 나타낸다. 놀라운 것은 운동을 한 쥐의 해마에서는 운동을 하지 않은 쥐에 비해 신경 생성이 무려 15%나 더 활발하게 일어났다는 점이다. 즉 운동이라는 새로운 경험이 해마의 치상회 신경세포 수를 늘려 그 부피를 15%나 늘어나게 만든 것인데 이들은 상대적으로 짧은 시간에 발판을 찾아간 쥐들이었다. 이 실험을 통해 운동이 신경세포의 형성을 촉진하고 뇌를 활성화하며 두뇌 회전을 촉진함으로써 기억과 인지 속도를 높여준다는 것을 알 수 있다. 운동을 하면 머리가 좋아질 수 있는 것이다.

운동은 신체의 혈류 대사를 빠르게 만들어주는데 신체 내의 혈류가 증가하면 신경세포 활성화에 가장 중요한 네 가지 영양 요소인 BDNF Brain Derived Neurotrophic Factor, IGF1 Insulin-like Growth Factor 1, VEGF Vascular Endothelial Growth Factor, FGF Fibroblast Growth Factor 라는 펩티드(두 개 이상의 아미노산 분자로 이루어진 화학물질) 호르몬이 방출된다. 이 네 가지 성장인자는 뇌 성장을 촉진하는 영양제라고 할 수 있는데 다소 어렵긴 하지만 이것들이 어떻게 작동하는지 살펴보도록 하자. 정 어렵다면 그냥 넘어가도 상관없다.

우선 BDNF는 신경세포를 성장시키고 시냅스를 만드는 마법의 영양소이자 학습한 내용을 뇌에 기억시키는 데 큰 역할을 담당한다. 시냅스 주변에 모여 있다가 운동으로 혈류가 왕성해지면 대량으로 방출되어 표적이 되는 신경세포를 성장시키는 DNA의 스위치를 켬으로써 뇌를 튼튼하게 키워주는 성장촉진제의 역할을 한다.

IGF1은 운동을 통해 근육을 움직일 때 간에서 방출된다. 보통 몸에서 만들어진 호르몬은 미생물로 인한 감염을 막기 위해 뇌로 들어갈 수 없도록 뇌의 검문소인 혈액뇌관문 blood brain barrier에서 차단을 하는데 간에서 만들어진 IGF1은 혈액뇌관문을 통과하여 뇌 속으로 들어간 후 신경세포에 작용하여 포도당이 원활하게 공급되도록 돕는다. 또한 신경세포를 자극해 신경전달물질인 세로토닌의 생성을 돕고 신경세포 표면에서 BDNF를 찾아내는 수용체의 수를 늘려주며 시냅스를 강화하는 막중한 임무를 수행한다. IGF1이 BDNF의 수용체를 늘림으로써 BDNF의 효과가 높아지는 것이다.

새로 신경세포를 만들거나 새로운 신경세포에 에너지원을 공급하려면 혈액이 영양소와 산소를 뇌로 원활하게 공급해주어야만 하는데 이 혈액을 실어 나르는 것이 모세혈관이고 이 모세혈관을 만들 때 꼭 필요한 물질이 VEGF이다. VEGF는 혈액뇌관문을 열어 간에서 만들어진 IGF1이 뇌 속으로 침투할 수 있도록 도와준다. 운동으로 산소가 소비되어 근육 내에 산소가 부족할 때 VEGF가 방출되어 새로운 모세혈관을 만들어내는 것이다. 또한 FGF도 신경세포를 증식하는 데 필수적인 호르몬으로 시냅스를 강화하는 중요한 임무를 맡고 있다.

이렇게 운동은 직접적으로 학업 성적을 좋게 만들어주지는 못하지만 학습 효과를 향상시킬 수 있는 기반을 만들어주는데 실제 운동을 통해 학습 역량이 향상된 사례도 있다. 미국의 일리노이 주 네이퍼빌에 있는 센트럴 고등학교에서는 1교시 시작에 앞서 아침 7시 10분부터 체육 수업을 실시하였다. 전문 체육 교사의 지도하에 학생들은 가슴에 심장박동 측정기를 달고 자신의 최대 심장박동 수치의 80~90% 수준으로 달려야만 했다. 이 말은 운동을 설렁설렁하는 것이 아니라 거의 전력을 다했다는 것이다.

그런데 이 체육 수업이 성적과 관련이 있었을까? 한 학기 동안 운동을 한 후 학기말 시험을 본 결과, 0교시 체육 수업을 받지 않은 학생은 성적이 10.7% 향상되었지만 0교시 수업을 받은 학생들은 성적이 17% 향상되었다. 성적 향상이 우연이 아님을 증명하기 위해 네이퍼빌 고등학교는 1999년에 세계 38개국에서 23만 명의 학생들이 참여하여 공학적 잠재 능력을 평가하는 팀스TIMSS에 참가했다. 다른 나라, 다른 학교에서는 선발된 소수의 우등학생들 위주로 참여했음에도 네이퍼빌 고등학교는 자신들의 학업 성취도를 평가받기 위해 2학년생의 97%가 참여했다. 그 결과 과학에서는 세계 최고의 자리를 차지했고 수학에서는 싱가포르, 한국, 대만, 홍콩, 일본에 이어 6위의 자리를 차지했다. 그들이 다른 학교들보다 많은 돈을 쓴 것도 아니고 교육을 특별하게 더 많이 시킨 것도 아니며 단지 달라진 것은 0교시 체육 수업을 한 것뿐이지만 성적이 극적으로 향상된 것이다.

이는 운동이 학습 성과를 향상시키기 위한 기반을 마련하는 데 큰 효과가 있음을 나타낸다. 운동을 한 후 fMRI를 이용하여 뇌를 촬영해 보면 해마의 혈류량이 크게 늘어남을 알 수 있다. 혈액의 흐름이 빠르다는 것은 그만큼 뇌가 활발하게 활동하고 있음을 나타내는데 혈류량이 증가했다는 것은 해마에서 새로운 신경세포가 운동 전보다 훨씬 더 많이 생겨나고 있는 증거라고 할 수 있다. 운동을 통해 학습과 기억에 직접적으로 관여하는 해마에서의 신경세포 생성이 촉진되면서 새로운 내용을 학습할 때 그것을 수용할 수 있는 능력이 크게 향상되는 것이다.

학원에 보내지 않고도 성적을 올릴 수 있는 방법

　운동은 스트레스 저항 능력을 높여주기도 한다. 스트레스로 인해 신경세포가 사멸되는 것을 막아줌으로써 신경세포 간에 시냅스가 형성될 수 있는 가능성을 높여주어 학습 효과를 증진시키는 효과도 얻을 수 있다. 스트레스를 받으면 변연계에 위치한 편도체로부터 시상하부에 스트레스 반응을 일으키라는 명령이 전달된다. 그러면 시상하부는 뇌하수체를 자극하고 뇌하수체는 다시 췌장에 위치한 부신샘을 자극하여 스트레스 호르몬인 코르티솔을 분비한다.

　적당한 양의 코르티솔은 스트레스에 대한 대응력을 높여주어 신체의 면역력을 높여주지만 만성 스트레스에 노출되면 신경세포가 죽고 해마가 쪼그라든다. 신경세포가 죽어 세포 간의 결합인 시냅스가 줄어들고 기억과 학습에 관여하는 해마가 쪼그라들면 학습 효과가 떨어질 것은 불을 보듯 뻔한 일이다. 그런데 운동은 스트레스에 대한 저항력을 높여줌으로써 신경세포와 해마가 사멸되는 것을 막아주는 역할을 한다.

　물론 과거에도 다르지는 않았지만 요즘의 아이들은 더욱더 과중한 스트레스 상황에 시달리고 있다. 과거에 비해 명문 대학 진학이 더욱 어려워졌고 공부로 인한 스트레스는 점차 심해지고 있다. 이러한 아이들에게 무조건 책상 앞에 앉아 공부만 하라고 다그치기보다는 잠깐씩 짬을 내어 운동을 시킨다면 더욱 효과를 볼 수 있다. 정 시간이 없으면 공부를 시작하기 전에 간단히 몸을 움직일 수 있는 뇌 체조라도 시키면 훨씬 효율이 높아질 수 있다. 몸을 움직이면 뇌가 학습 내용을 받아들일 준비가 되어 있는 상태로 만들 수 있는 것이다.

만일 아이들이 집중력이 낮거나 공부하는 것에 어려움을 겪는다면 굳이 학원에 보내는 것보다 하루 한 시간 정도씩 운동을 시키는 것도 괜찮은 방법이다. 앞서 네이퍼빌 고등학교의 학생들처럼 운동을 하면 학습에 대한 의욕도 높아지고 두뇌도 그에 최적화되어 학습 효과가 높아질 수 있기 때문이다. 요즘 학교에서 체육 수업이 늘어나고 있다니 그것도 모두 운동의 효과를 인정하는 것이라 생각할 수 있다.

요즘에는 공부를 시키는 데도 적지 않은 돈이 필요해 경제적으로 넉넉하지 못한 가정에서는 마음 놓고 공부를 시킬 수 없고 자칫 잘못하다가는 가난을 대물림할 가능성도 높아지고 있지만 만약 경제적인 문제 때문에 마음껏 공부를 시킬 형편이 못 된다면 하루 30분씩 운동을 시키는 것도 하나의 방법이 될 수 있다. 물론 운동을 하고 난 이후에는 스스로 학습을 해야만 효과가 있겠지만 적어도 다른 사람들보다 학습 내용을 잘 받아들일 수 있는 기반은 확실하게 마련하는 셈이니 효과가 없다고는 할 수 없을 것이다.

몸과 두뇌는 밀접하게 관련되어 있다. 몸을 잘 움직여주면 뇌를 활성화시킬 수 있고 활성화된 뇌는 새로운 학습 내용을 받아들일 여력이 많아진다. 그러니 아이들을 무조건 책상 앞에만 앉아 있도록 만들거나 숨 쉴 틈도 없이 학원으로만 돌리지 말고 30분씩이라도 땀을 흠뻑 흘릴 정도로 운동할 수 있는 기회를 만들어주는 것도 효과적인 학습 전략의 하나가 될 것이다.

학생들뿐 아니라 성인들에게도 운동은 뇌를 활성화시키고 세로토닌 합성을 촉진함으로써 우울증 등의 정신질환을 치유하고 알츠하이머 등 뇌의 퇴화로 인한 노인성 질환을 예방하는 데도 큰 효과가 있다. 갈수록 스트레스가 심해지는 환경에서 굳이 약에 의존할 필요 없이 인생을 건강하고 활기차게 살고 싶다면 운동을 시작하는 것이 좋다. 일주일에 5일 이상 하루 30분만 전력 운동을 하면 평생 건강에 대한 걱정은 하지 않아도 될 것이다. 조지아 대학 운동과학부의 연구 결과에 따르면 20분간의 간단한 운동만으로도 두뇌의 기억과 정보 처리 기능을 향상할 수 있다고 하니 한번 믿어보는 것도 나쁘지 않을 듯싶다.

텔레비전은 정말 바보상자일까?

바보상자라는 말은 텔레비전에 대한 오해일까?

현대인들의 삶에서 텔레비전이 없어진다면 어떻게 될까? 아무 문제 없이 잘 견뎌낼 수 있을까, 아니면 삶의 재미를 잃고 말까? 요즘은 스마트폰이나 스마트패드, 노트북과 같은 IT 기기들을 통해서 방송 시청이나 영화 감상이 가능해졌기에 텔레비전이 없어도 그다지 불편함을 느끼지 않고 실제로 텔레비전의 판매도 점점 줄어들고 있다. 하지만 대다수의 사람들이 텔레비전이 없는 삶은 상상하기 힘들 것이다. 2014년 문화체육관광부 자료에 따르면 우리나라 사람들은 여가 시간의 50% 이상을 텔레비전 시청에 소모한다고 한다. 아이들의 교육 문제를 걱정해 텔레비전을 없애는 가정도 많지만 텔레비전은 현대인들의 삶을 이루는 중요한 구성 요소들 중 하나이다. 한창 유행하는 드라마나 예능을 보지 않으면 또래 집단과의 대화에 끼어

들기가 어려울 정도이다.

통계에 따르면 우리나라 사람들의 경우 야근 등으로 인해 여가 시간이 많지 않아서인지 몰라도 하루 평균 3시간을 텔레비전 시청에 소모하는 반면, 미국인들은 매일 평균 7시간, 영국인들의 경우 하루 평균 4.5시간을 소비한다고 한다. 평균수명을 70세라고 한다면 미국인들은 20년, 영국인들은 13년을 텔레비전 앞에서 보내고 우리나라 사람들도 10년 가까이를 텔레비전과 함께 보내는 셈이다. 아까운 시간을 텔레비전 앞에서만 보내다 보니 텔레비전의 폐해를 우려하는 목소리가 갈수록 커지고 있다. 오래전부터 우리는 텔레비전을 바보상자라고 불렀는데 그 중독성을 지적하는 우려도 자주 등장하곤 한다.

그런데 텔레비전은 정말 바보상자일까? 도대체 무엇 때문에 사람들은 텔레비전을 바보상자라고 폄하하는 걸까? 이와 관련하여 재미있는 실험 결과가 있다. 미국의 심리학자 허버트 크루그먼Herbert Krugman은 1971년에 텔레비전을 시청하는 동안 뇌에서 어떠한 일들이 일어나는지 뇌파계를 이용하여 측정해보았다. 대상자는 자신의 비서였던 22세의 젊은 여성이었다. 크루그먼은 테이프를 이용해 비서의 뒤통수에 한 개의 전극을 고정시킨 후 그녀가 텔레비전을 볼 때와 잡지를 읽을 때 뇌에서 어떤 변화가 일어나는지를 측정했다.

그 결과 비서가 텔레비전을 시청할 때는 주로 알파α파 상태의 뇌파가 출현했다. 하지만 책을 읽을 때는 다시 베타β파로 돌아왔다. 이 두 줄의 실험결과만 놓고 보면 텔레비전은 분명 바보상자라는 소리를 들을 만하다. 어째서 그럴까? 이 결과를 이해하기 위해서는 우선 뇌파에 대한 기본적인 이해가 필요하다.

뇌의 사고 활동을 빼앗는 텔레비전

사람의 두뇌에서는 미약한 전기적 신호가 검출된다. 그 이유는 뉴런이라고 불리는 신경세포의 활동이 전기적 신호 전달에 의해 이루어지기 때문이다. 평소 신경세포는 안정 상태에서 세포 안쪽이 약한 음전하(약 -65mV)를 띠고 외부는 양전하를 띤다. 평상시에는 신경세포 안쪽은 칼륨, 바깥쪽은 나트륨이 많은데 외부에서 주어지는 자극이 일정 수준인 역치를 넘어서면 나트륨 이온들이 신경세포막을 뚫고 들어온다. 그런데 신경세포의 모든 부위에서 동시에 세포막이 열려 나트륨이 쏟아져 들어오는 것이 아니라 마치 댐에서 순차적으로 문을 여는 것처럼 신경세포를 따라 순차적으로 세포막이 열린다. 이렇게 되면 신경세포 안쪽이 연속적으로 양전하를 띠게 되고 축색을 따라 이 현상이 도미노처럼 발생하는데 이것이 바로 신경세포가 신호를 전달하는 과정이라고 할 수 있다.

축색의 말단이 다른 신경세포의 수상돌기와 만나는 지점을 시냅스라고 하는데 이 부위에서는 화학물질이 분비되어 신호를 주고받는다. 즉 신경세포에 전해지는 자극이 역치를 넘으면 신경세포에서는 전기 신호가 축색을 따라 흐른다. 그리고 축색을 따라 전달된 신호들은 시냅스 틈에서 화학물질을 통해 여러 신경세포의 수상돌기에 전달됨으로써 인접한 신경세포에 정보를 연속적으로 전달할 수 있는 것이다. 이렇게 신경세포에서의 정보 전달이 전기적 신호로 이루어지다 보니 두뇌에서는 항상 전류의 흐름이 검출되는데 동시에 여러 개의 신경세포가 발화하여 활동하게 되면 그 진폭이 커진다. 그 신호들을 검출하여 증폭기를 거치면 뇌파의 형태를 구분할 수 있게 되는 것이다.

뇌파에는 여러 가지 종류가 있다. 뇌파는 1초당 몇 번의 사이클이 반복되는지를 나타내는 헤르츠Hz의 크기에 따라 구분하는데 지금까지 알려진 뇌파는 모두 다섯 가지 종류가 있다. 먼저 델타δ파는 가장 느린 파장으로 0.5~4Hz의 주파수를 갖는다. 주로 깊은 수면 시에 많이 검출되며 눈을 뜨고 있는 상태에서 검출되면 뇌종양 등의 병변이 우려된다.

다음으로 세타θ파는 4~7Hz 정도의 주파수를 갖는 파장으로 졸린 상태나 깊은 이완, 명상과 같은 상태일 때 발생된다. 알파α파는 8~13Hz 정도의 주파수를 갖는데 정신적인 안정이나 이완 상태에서 주로 나타난다. 눈을 감고 외부의 정보를 차단하면 뇌의 뒤편에 있는 후두엽 부분에서 알파파가 증가하다가 눈을 뜨면 다시 알파파가 줄어든다. 베타β파는 14~30Hz 정도의 주파수를 갖는 뇌파로 다시 그 안에서 여러 가지 종류로 나눌 수 있는데 한마디로 학습이나 과제에 집중하는 상태라고 할 수 있다. 단순한 계산에서부터 집중이 요구되는 수준 높은 과제에 이르기까지 몰입이 필요할 때 검출되는 뇌파로 스트레스가 동반되는 상황이라고 할 수 있다. 마지막으로 감마γ파는 30~50Hz의 비교적 빠른 주파수의 뇌파로 고도의 인지 기능이나 고차원적인 정신 활동 등을 할 때 방출된다. 물론 뇌에서는 한순간에 한 종류의 뇌파만 발생하는 것이 아니라 모든 뇌파가 동시에 발생하지만 심신의 상태에 따라 위에서 언급한 뇌파들의 출현 비율이 상대적으로 높아진다는 의미이다.

뇌파에 대한 이런 기본 지식을 가지고 다시 허버트 크루그먼 교수의 실험으로 돌아가 보자. 비서가 텔레비전을 시청할 때 알파파가 많이 나왔다는 의미는 그만큼 사람들이 텔레비전을 볼 때 사고 능력이 사라진다는 뜻이다. 알파파는 주로 느슨한 집중이나 정신적인 휴식 상태에서 방출되는데 텔레비전을 보면서 알파파가 방출되었다는 것은 그만큼 정신적인 활동이 저하된 것이라고 할 수 있다. 그와 반대로 책을 읽을 때는 베타파가 다시 우세해졌는데 이는 책을 읽는 것이 그만큼 정신적인 집중과 에너지 활동을 필요로 하는 것이기 때문에 뇌가 활발하게 활동하고 있는 것이라고 할 수 있다. 이러한 결과를 놓고 볼 때 텔레비전은 사람들로부터 사고 활동을 빼앗아 간다는 의미로 바보상자라고 할 수 있을 것이다.

제리 맨더Jerry Mander는 텔레비전 시청이 최면 상태와 비슷한 정신 상태를 만든다고 주장하기도 했다. 어둑어둑한 환경과 오랜 시간 시선을 고정시키는 상황으로 인해 근육의 긴장이 완화되고 심장박동 수와 호흡이 느려지는데 이는 최면을 걸었을 때 나타나는 전형적인 현상이라는 것이다. 그러므로 이때 사고 활동이 제대로 작동할 리 없다. 비단 텔레비전뿐만이 아니라 게임과 같이 중독성 있는 것들도 크게 다르지 않다.

사고의 편향과 충동 자극(Cue)을 불러일으키는 텔레비전

그런데 이 글을 읽는 사람들 중에는 자신은 텔레비전을 보는 동안 지식을 습득하고 비판적인 사고를 함으로써 사고가 저하되는 것을 막기 위해 노력한다고 생각하는 이들도 있을 것이다. 즉 바보상자를 유리한 방법으로 사용하고 있다고 말이다. 다큐멘터리 프로그램이나 각종 탐사 프로그램 등 유익한 정보를 전달하는 프로그램은 그럴 수도 있을 것이다. 하지만 텔레비전은 부지불식간에 사람들의 사고를 왜곡하고 편향되게 만들거나 잘못된 인식을 심을 수 있다.

스탠퍼드 대학의 샌토 아이엔거Shanto Iyengar 교수와 미시간 대학의 도널드 킨더Donald Kinder 교수는 피험자를 모집한 후 여러 그룹으로 나누고 그들에게 조작된 저녁 뉴스 프로그램을 보여주었다. 한 집단에는 미국의 국방 문제를 중점적으로 다룬 프로그램을 보여주었고, 두 번째 집단에는 공해 문제를, 세 번째 집단에는 경제 문제에 집중한 프로그램을 보여주었다. 텔레비전 시청이 끝나고 피험자들에게 설문을 실시한 결과 자신들이 본 뉴스가 국가가 직면한 가장 시급하고 중대한 문제라고 생각하는 경향을 보였다.

이를 두고 하버드 대학의 정치학자인 버나드 코헨_{Bernard Cohen}은 "대중매체는 사람들이 어떤 식으로 생각하도록 만드는 데는 그다지 성공적이지 못하지만 무엇에 관해 생각해야 할지 의제를 던져주는 데 있어서는 매우 효과적이다"라고 언급하였다. 텔레비전의 영향력으로 인해 사람들의 사고에 편향이 생길 수 있는 것이다.

더욱 나쁜 것은 사고의 왜곡을 불러일으키는 것이다. 텔레비전을 보면 등장인물들은 모두 잘생겼고 성격도 좋으며 돈도 많다. 남자 주인공은 대부분 재벌 2세에 성격도 좋고 자상하며 정의감에 불타는 캐릭터를 지녔다. 재미있는 것은 그들이 대부분 회사에서 전략기획실장 등의 중책을 맡고 있다는 것이다. 나 역시 직장생활을 하는 동안 줄곧 전략기획 부서장을 맡았지만 불행하게도 나는 재벌 2세가 아니었다. 드라마 주인공뿐 아니라 연예인들의 모습, 사회 유명 인사들의 모습도 크게 다르지 않다. 그들은 늘 멋지고 부유하고 부러워할 만한 측면만 부각된다. 그들이 안고 있는 어두운 측면은 나타나지 않는다. 게다가 각종 광고나 드라마 속에 등장하는 PPL이라고 하는 간접 광고는 은연중에 소비를 부추기는 역할을 한다. 이러한 텔레비전의 영향은 실상과 다르게 사람들에게 부의 개념을 왜곡하여 전달할 수 있고 그것을 보면서 상대적으로 자신에 대한 열등감이 커질 수도 있다. 그러한 것들이 반복되다 보면 왜곡된 사고가 뇌 속에 자리 잡게 된다. 텔레비전이 사고 능력을 저하시키거나 왜곡되거나 편향된 방향으로 이끌 수 있는 것이다.

이쯤 해서 끝나면 좋으련만 문제는 더 있다. 텔레비전은 비만을 불러일으키는 원인이 되기도 한다. 미국에서 어린 시절 주말마다 평균 6시간 이상씩 텔레비전을 본 사람들을 20년 후에 조사해봤더니 그들의 체중이 어린 시절에 텔레비전을 적게 본 사람들에 비해 확실히 더 많이 나간다는 연구 결과가 발표되었다. 이는 대체로 주말에 과도하게 텔레비전을 많이 본 경우에 국한되었는데 유년기의 텔레비전 시청 습관이 성인이 된 이후 과체중이 되는 것과 밀접한 연관이 있음을 말해준다.

이는 광고의 영향 때문인데 요즘 텔레비전을 보면 광고의 홍수라할 만하다. 텔레비전 광고에는 가지각색의 상품들이 판을 친다. 개중에는 과자나 피자, 치킨 등 먹거리에 대한 광고도 많다. 이러한 광고를 볼 때마다 사람들은 음식물 섭취에 대한 자극을 받는다.

일리노이 대학의 심리학자들이 학부모들의 동의를 얻어 서너 살 아이들이 다니는 유아원을 대상으로 과학적인 실험을 실시하였다. 오전의 일정한 시간에 간단한 아침 뷔페를 차린 후 식사 시간이 되었다는 신호로 항상 똑같은 음악을 들려주었다. 그러자 아이들은 음악이 울리면 식사가 제공된다는 것을 알게 되었다. 파블로프가 개를 대상으로 실험한 고전적 조건화 반응이라고 할 수 있다. 그렇게 열흘 가까이 동일한 패턴을 반복하자 아이들은 처음 몇 박자의 음악을 들자마자 뷔페 테이블로 달려가 음식을 먹기 시작했다.

일정한 시간이 지나자 연구팀은 실험을 바꾸었다. 뷔페 테이블을 개방하기 직전에 아이들이 가장 좋아하는 음식을 마음껏 제공하였다. 그리고 잠시 뒤 아이들에게 익숙한 음악을 들려주자 아이들은 뷔페 테이블로 달려가 아침을 먹었다. 이미 음식을 먹어 배가 부른 상태임에도 불구하고 습관적으로 음식을 먹게 된 것이다.

생체의 행동을 어느 특정한 방향으로 이끄는 계기가 되는 자극을 '큐cue'라고 한다. 만약에 외부로부터 음식에 대한 큐가 주어지면 편도체 뉴런은 복내측 시상하부를 자극하여 음식물을 섭취하도록 만든다. 실제로 앞서 얼마나 많은 음식을 먹었느냐, 음식 섭취로 인해 배가 부르느냐 여부와는 상관없이 자극이 주어지면 습관처럼 먹을 것을 찾는 것이다. 일리노이 유아원에서의 실험은 이를 분명히 나타내준다. 익숙해진 음악은 그들에게 음식을 섭취하라는 큐가 되고 분명 직전에 배부르게 음식을 먹었음에도 아이들은 다시 음식을 찾게 된다.

텔레비전 속에는 수많은 큐가 들어 있다. 예일 대학의 제니퍼 해리스Jennifer Harris 교수와 동료들은 7~11세 아동들 118명을 대상으로 큐가 음식 섭취에 미치는 영향을 조사하였다. 피험자들로 하여금 인기 있는 아동 프로그램을 시청하도록 하였는데 프로그램을 전반부와 후반부로 나누고 그 중간에 광고를 삽입했다. 한 집단이 본 광고 중에는 30초짜리 식품 광고가 네 편이 포함되어 있었지만 다른 집단이 본 광고에는 식품 광고가 포함되어 있지 않았다. 식품 광고는 실제 어린이들이 많이 보는 프로그램에 등장하는 것들이었다.

아이들이 프로그램을 시청하는 동안 두 집단 모두 먹고 싶은 만큼 먹으라며 치즈 크래커를 큰 그릇에 담아 제공하였다. 프로그램이 모두 끝난 후 아이들이 먹은 간식을 조사해본 결과 식품이 포함된 광고를 본 집단의 아이들이 그렇지 않은 아이들 집단에 비해 무려 45%나 많은 음식을 섭취하였다. 성인들을 대상으로 한 실험에서도 비슷한 결과를 얻었다. 이를 통해 볼 때 텔레비전 시청 중에 식품 광고를 하면 실제로 시청자들이 음식을 섭취할 확률이 높아진다는 것을 알 수 있다.

텔레비전이 전하는 자극의 홍수

소위 말하는 '먹방'이라는 것도 큐가 될 수 있다. 알고 보면 모두 '짜고 치는 고스톱'에 불과하지만 먹음직스럽게 보이는 음식과 그것을 게걸스럽게 먹는 패널들의 모습은 시청자들로 하여금 자신도 먹고 싶은 충동을 느끼게 만든다. 특히나 늦은 밤에 보는 먹방은 치명적이다. 이미 저녁 식사를 마쳤더라도 4~5시간이 지나면 다시 그렐린이라는 호르몬이 분비되고 뇌는 배고픔을 느끼게 된다. 건강을 생각해서 참고 싶지만 텔레비전에서 내보내는 음식 프로그램은 참을 수 없는 큐가 된다. 그리하여 이성은 마비되고 본능에 따라 음식을 찾게 된다.

먹는 것뿐만이 아니다. 홈쇼핑은 정말 훌륭한 큐가 된다. 요즘은 채널과 채널 사이에 홈쇼핑이 빠지질 않으므로 채널을 돌리는 사이 나도 모르게 홈쇼핑에 노출될 가능성이 높다. 홈쇼핑을 잠깐만이라도 보고 있자면 전혀 필요하지 않았던 물건임에도 불구하고 사지 않으면 안 될 것 같은 충동을 느끼게 된다. '저건 사야 해'라는 생각이 머릿속에서 떠오르고 그래서 자신도 모르게 구매 버튼을 누르고 나면 선조체에서 보상작용이 일어나 기분이 좋아진다. 물론 아침에 일어나면 후회를 하지만 말이다. 이것이 반복되면 자신도 모르는 사이에 쇼핑 중독이 될 수 있다.

모방도 문제이다. 미국의 유명한 만화 프로그램인 '심슨 가족'에서 여덟 살짜리 딸 리자가 바리톤 색소폰을 연주하는 장면이 방영되자 전국의 음악 교습소에는 색소폰을 배우려는 여자 아이들이 구름처럼 몰려들었다고 한다. 우리나라에서도 그러한 사례는 어렵지 않게 찾아볼 수 있다. 이처럼 텔레비전에서 보이는 모습은 대중들에게 쉽게 모방되고는 하는데 그래서 누군가가 특정 브랜드의 의상을 입고 나오면 그 의상은 다음 날 동이 나버리고 만다. 문제는 폭력적인 장면들도 모방이 된다는 것이다. 미국의 경우 1993년에 12세 어린 아이들이 텔레비전으로 접한 폭력 행위가 10만 건 이상으로 추정되었다고 한다. 비단 어린이들뿐만 아니라 어른들에게도 폭력이 모방을 불러올 수 있다. 간혹 텔레비전 자막에 따라 하지 말라는 문구가 등장하는 것도 이 때문이다.

　계속되는 유혹으로 인해 전원 버튼을 누르지 못하고 새벽 늦게까지 텔레비전 앞에 앉아 있다가 수면 부족으로 힘들어하는 경우도 비일비재하다. 뇌는 깨어 있을 때보다 수면 상태에서 더 활발하게 움직이는데 텔레비전을 보느라 잠을 못 자면 뇌에 손상을 가져올 수 있다.

　이렇듯 텔레비전은 사고 기능을 억제하고 음식을 비롯한 각종 큐에 무방비 상태로 노출되게 만듦으로써 신체적 · 정신적 건강을 위협한다. 특히나 어린아이들은 더욱더 텔레비전을 멀리하지 않으면 안 된다. 일본 도호쿠 대학의 과학자들이 하루 평균 두 시간씩 텔레비전을 시청하는 5세에서 18세 사이의 아동 275명을 대상으로 뇌를 MRI 촬영해본 결과 텔레비전을 오래 시청할수록 전두극피질frontopolar cortex의 회백질이 상대적으로 많다는 것을 발견했다고 한다. 이 부분은 성장하는 동안 가지치기가 이루어지는데 IQ가 높은 아이들일수록 이 영역의 피질 두께가 얇은 것으로 나타났다. 이와 더불어 충동 억제나 감정 조절, 이성적인 사고 등을 관장하는 전두엽의 발달을 방해함으로써 어린아이들의 두뇌 발달에 안 좋은 영향을 미친다는 연구 결과도 있다.

　가장 좋은 방법은 텔레비전을 멀리하고 책을 읽는 등의 두뇌 활동에 도움이 되는 일을 하는 것이 좋다. 책을 읽어야 하는 이유에 대해서는 앞에서 이미 충분히 얘기했다. 하지만 텔레비전도 중독 증상이 있어 한 번에 멀리할 수 없다. 게다가 텔레비전이 어느 정도는 즐거움을 주는 것도 사실이다. 하지만 과유불급이라는 말처럼 지나치면 결국 부족함보다 못하게 마련이다. 그러니 단번에 텔레비전을 멀리하기 힘들면 시간을 정해놓고 조금씩 멀리하는 습관을 들이는 것도 방법이다. 어쨌거나 텔레비전을 멀리하면 할수록 신체적·정신적 건강과 함께 삶의 질은 더욱 높아질 수 있다.

멍 때릴 때
진짜 창의력이 나온다

'멍 때리기'는 정말 나쁜 것일까?

요즘 아이들을 보면 불쌍하다는 생각이 들 때가 많다. 아침부터 밤늦게까지 잠시도 쉬지 못하고 학교와 학원을 오가며 공부에만 매달리고 있기 때문이다. 우리가 클 때와는 달리 친구들과 어울려 뛰어노는 것은 상상도 할 수 없고 하루에도 몇 개의 학원을 전전하며 심지어는 새벽 1~2시가 되어야 잠자리에 드는 경우도 많다고 한다. 그나마 주말이라도 편히 쉬면 좋으련만 주말에는 평일에 하지 못했던 특별활동들을 하느라 더 바빠진다. 어린 시절부터 삶의 고단함을 피부로 느끼며 성장하는 아이들이 생각보다 많다. 직장인들 역시 그들과 크게 다르지 않으니 태어나서 죽을 때까지 여유를 가지고 살 수 있는 시간은 그리 많지 않은 듯 보인다.

2014년 10월 27일, 서울 시청 앞 잔디광장에서는 이색적인 대회가 열렸다. 바로 '멍 때리기' 대회이다. 이 대회에는 9세의 어린아이에서부터 50세의 어른에 이르기까지 다양한 연령대의 사람들 50명이 참가했는데 이들이 해야 하는 것은 일정 시간 동안 넋 놓고 아무 생각 하지 않는, 소위 말하는 '멍 때리는' 일이었다.

국내는 물론 전 세계의 언론으로부터 높은 관심을 받았는데 도대체 무엇 때문에 '멍 때리기'라는 대회를 연 것이며 이 대회는 왜 많은 국내외 언론의 관심을 받은 것일까? 요즈음의 사회는 잠시만 한눈을 팔아도 경쟁에서 뒤처질 만큼 빠르게 변화하기 때문에 그만큼 늘 무엇인가에 집중하고 또렷한 의식 상태를 유지하는 것이 현대 사회를 살아가는 데 중요한 요소라고 여겨지고 있다. 사실 이날 대회가 열리는 동안에도 주변을 지나던 관람객들이 '젊은 사람들이 일은 하지 않고 넋 놓고 있다'며 핀잔하는 모습도 많이 보였다. 그러나 대회를 개최한 주최 측에서는 '멍 때리는' 것은 두뇌가 쉬고 싶다는 것을 나타내며 멍 때리는 것이 사회적으로 쓸모없는 짓이며 시간 낭비일 뿐이라고 인식되고 있지만 이는 우리 몸에 꼭 필요한 활동이라고 강조하였다.

그렇다면 정말 '멍 때리기'가 사람들에게 필요한 것일까? 그것이 인간의 삶에 어떤 도움이라도 되는 것일까? 1분 1초가 아까울 정도로 눈코 뜰 새 없이 바쁘게 돌아가는 현대인들의 생활 속에서 아무 생각 없이 넋 놓고 있는 시간이 정말로 이득을 가져다줄 수 있을까? 그렇게 멍 때리고 있으면 다른 아이들에 비해 뒤떨어지는 것은 아닐까? 많은 사람들이 이러한 걱정을 할 것이다. 하지만 '멍 때리는 것'이 학습 효과를 올리는 데 큰 도움이 될 수 있다는 연구 결과들이 앞다투어 발표되고 있다.

미국 매사추세츠 공대MIT의 데이비드 포스터David Foster 박사팀은 2006년《네이처》2월호에 기고한 글을 통해 생쥐가 쉬고 있을 때 그동안 학습한 내용을 뇌에서 정리한다는 사실을 발표하였다. 이들은 생쥐들이 1.5m 길이의 미로를 통과하는 훈련을 하는 도중 먹이를 발견하고 휴식을 취하며 먹이를 먹을 때의 뇌를 촬영하였다. 이 연구를 통해 휴식 중인 생쥐의 뇌에서 신경세포들이 미로 학습을 하는 동안 반응했던 순서와 반대로 활동한다는 것을 알아냈다. 즉 학습한 내용이 마치 비디오테이프를 거꾸로 감는 것처럼 활동하면서 학습 능력을 강화하는 것이다.

뇌는 외부에서 정보를 받아들이는 동안에는 그것들을 정리하지 않는다. 그러다가 공부를 멈추고 잠시 쉬거나 일을 멈추고 잠시 차를 한 잔 마시며 이야기를 나누는 등 휴식을 취할 때 받아들인 정보들을 정리하는 시간을 갖는다. 그래서 쉴 새 없이 공부만 하거나 일만 하는 것은 오히려 효율적인 측면에서 그리 도움이 되지 않는다. 잠시 틈을 내 쉬면서 그동안 학습한 내용을 정리하는 시간을 갖는 것이 길게 보면 더 큰 도움이 될 수 있다.

휴식은 이렇듯 기억력과 학습 능력을 높여주는 데 큰 역할을 한다. 더 나아가 창의적인 사고를 기르는 데도 휴식은 결정적인 도움을 준다. 사람마다 다를 수는 있겠지만 공부를 잘하거나 일을 잘한다는 것은 정해진 패턴대로, 정해진 프로세스대로 따라서 하는 것이 아니라 기존의 접근 방법과 다른 새로운 문제 해결 방법을 찾아내고 다른 사람이 미처 하지 못했던 생각을 떠올리는 등 남들과 다른 솔루션을 찾는 것이다. 창의력에 대해서는 여러 가지로 정의 내릴 수 있겠지만 서로 무관해 보이는 것들을 서로 연결하고, 새로운 패턴을 발견하고, 그 안에서 기존과 다른 새로운 생각을 떠올리는 것이라고 할 수 있다.

정신없이 사는 것은 창의력을 포기하는 것

그런데 인간의 두뇌는 바쁘게 일하다 보면 당장 눈앞에 해결해야 할 일을 처리하기 위해서 그동안 익숙해져 있는 일 처리 방식에 의존할 수밖에 없다. 즉 새로운 생각을 떠올리기보다는 잘 알고 있고, 잘할 수 있는 익숙한 방식을 동원하여 문제를 해결하려는 경향이 강하다. 그것이 일이 잘못되거나 실패할 위험을 최소화할 수 있는 방법이기 때문이다. 낯선 산에 오를 때 길을 잃지 않기 위해서 이미 다져진 길을 따라가는 것과 마찬가지이다.

하지만 많은 사람들이 지나다녀 반반하게 다져진 길은 비록 편할지는 모르겠지만 그곳에서 산삼과 같이 값진 물건을 발견할 수는 없다. 산삼이나 각종 약초, 버섯 등 값어치 있는 것을 발견하기 위해서는 사람들이 다니지 않은 길을 찾아다녀야 한다. 낯선 길을 뚫고 익숙하지 않은 환경을 주의 깊게 관찰하는 동안 값진 것들을 발견할 수 있다. 쉴 새 없이 바쁘게 지내는 것은 낯선 길을 피해 반반하게 다져진 길을 찾아다니는 것과 다를 바 없으며 그 대가로 창의력이라는 값어치 있는 산삼을 발견할 확률을 포기하는 것과 마찬가지이다.

사람의 두뇌는 영역에 따라 그 기능이 나누어져 있다. 두뇌의 전 부위가 동시에 움직이는 것이 아니라 주어지는 자극과 해결해야 할 과제에 따라 적합한 두뇌의 부위가 힘을 합쳐 문제 해결에 기여한다. 예를 들어 눈을 통해 어떤 물체를 바라보면 귀 옆의 측두엽에서 물체의 형태에 대해 인지하고, 머리 윗부분의 두정엽에서 공간과 경로에 대한 해석을 담당하여, 두뇌 뒤편에 있는 시각피질과 함께 정보를 종합적으로 해석한다. 이것이 복합적으로 결합된 정보를 바탕으로 전두엽에서 어떠한 물체가 어떠한 방향으로 움직이는지를 파악하게 되는 것이다.

마찬가지로 공부를 하거나 일을 할 때는 그와 관련 있는 특정 부위들이 활성화된다. 그런데 집중해야 할 일이 끝나고 편안하게 아무 생각 없이 휴식을 취하는 경우 방금 전까지 집중할 때 활발하게 활동하던 두뇌 영역이 아닌, 다른 영역이 활성화된다. 이를 fMRI를 이용하여 측정해보면 무언가 집중할 때와 그렇지 않고 편안하게 휴식을 취할 때의 뇌의 활동 부위가 다름을 알 수 있다. 이렇게 무언가에 몰입하지 않고 휴식을 취하는 동안 활성화되는 뇌 부위를 디폴트 모드 네트워크default mode network, DMN라고 부른다.

디폴트 모드 네트워크는 창의력과 밀접하게 관련되어 있는데 두뇌의 주요 허브를 연결한 신경망이다. 두뇌에는 다른 부분보다 신경망이 집중되는 부위가 존재한다. 미국과 같이 광활한 영토를 가진 나라에서는 뉴욕이나 시카고, LA같이 큰 도시에 대형 공항을 두고 그보다 작은 도시에는 작은 규모의 공항을 두어 마치 자전거 바퀴처럼 항공망을 연결하고 있다. 이때 소도시의 항공기들이 몰려드는 큰 도시의 공항을 허브라고 할 수 있다. 이러한 항공망처럼 두뇌에도 다른 부위에 비해 신경망이 더욱 집중되는 부위가 있는데 이 부위가 두뇌 허브이고 허브들을 연결한 신경회로가 디폴트 모드 네트워크이다.

'멍 때릴 때' 나타나는 창의 네트워크

디폴트 모드 네트워크가 분포한 두뇌 부위는 뒷면posterior, 안쪽medial, 앞면 안쪽anterior medial, 정수리 옆lateral parietal인데 이를 뇌과학 용어로 바꾸면 각각 내측 전전두엽피질medial prefrontal cortex, 전대상피질anterior cingulated cortex, 쐐기앞소엽precuneus, 해마, 측면두정엽피질lateral parietal cortex 등이다.

해마는 이미 여러 차례 언급했으므로 잘 알고 있겠지만 두뇌가 쉬는 동안 활성화되는 부위 중 하나로 장기 기억을 형성해 대뇌피질에 저장하는 중요한 역할을 한다. 전전두엽은 추론, 감정 조절, 계획

활동, 단기 기억, 관련 정보를 상기하는 일 등 고차원적인 인지 기능을 담당한다. 또한 의사결정이나 미래에 대한 계획 설정, 충동 억제, 자아 성찰 등의 능력을 관여하는 두뇌 부위이다. 이 영역은 어떤 기억을 떠올리거나 어떤 정보를 대뇌피질에 저장하는 것이 적당한지를 결정한다.

쐐기앞소엽은 자아 성찰과 관련이 있는 부위로 일에 몰입할 때는 전혀 활성화되지 않다가 직무에서 벗어나 한가롭게 휴식을 취할 때 활발하게 활동한다. 두정엽 역시 상위인지 기능인 자기 성찰과 관련되어 있다. 전대상피질은 한가롭게 휴식을 취할 때 잠재적인 문제 해법을 찾는다. 무의식중에 서로 멀리 떨어져 있는 개념들을 모아 새로운 아이디어를 낼 수 있다는 사실을 발견하면 의식이 이 아이디어를 발견할 수 있도록 주의를 환기시킨다.

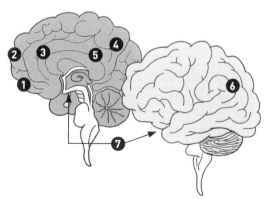

❶복내측 시상하부 전전두엽피질
❷배내측 전전두엽피질
❸전두전야대상피질
❹쐐기앞소엽
❺후방대상피질
❻내측측두엽
❼해마

[디폴트 모드 네트워크, 출처: Integral Options Café]

이러한 디폴트 모드 네트워크는 상당히 많은 에너지를 소모한다. 사람이 무엇인가 해결해야 할 일에 주의를 기울여 인지 활동을 강화하면 주의 네트워크가 활성화되면서 에너지를 소비하는데 이때 사용하는 에너지는 그리 많지 않다. 오히려 아무것도 하지 않는 디폴트 모드 네트워크 상태일 때 에너지 소비가 더욱 증가한다. 산소와 혈당을 운반하는 피가 더 많이 디폴트 모드 네트워크로 몰리고 더 많은 포도당과 대사물질을 소비한다.

이는 무엇을 나타내는 것일까? 왜 아무 일도 하지 않는 휴식 상태에서 디폴트 모드 네트워크의 에너지 소모가 증가되는 것일까? 이는 디폴트 모드 네트워크 상태에서도 두뇌가 아무 일도 하지 않는 것이 아니라 활발하게 움직인다는 것을 뜻한다. 그렇다면 아무 생각도 하지 않는 순간에 두뇌는 어떤 일을 하는 것일까?

디폴트 모드 네트워크 상태일 때 두뇌에서는 그동안 외부 환경을 통해 받아들인 정보를 활발하게 흘려보내며 불필요한 정보를 삭제하고 정보를 서로 결합하는 활동이 이루어진다. 렘수면 상태에서 일어나는 두뇌 활동과 유사한 일들이 두뇌가 휴식하는 동안 벌어지는 것이다. 공부나 일로부터 동떨어진 상태에서 한가롭게 지내거나 긍정적인 사고를 하며 행동할 때 디폴트 모드 네트워크는 이러한 활동을 통해 통찰력 있는 해법을 찾고 창의적 사고를 떠올린다.

종합해보자면 무엇인가에 집중하면 그 과제의 해결에 필요한 주의 네트워크가 활성화되고 디폴트 모드 네트워크는 숨을 죽이고 때를 기다린다. 그러다가 하던 일에서 벗어나 업무와 동떨어진 생각을 하거나 공부를 잠시 잊고 멍하게 있으면 주의 네트워크가 비활성화되면서 디폴트 모드 네트워크가 활성화된다. 주의 네트워크와 디폴트 모드 네트워크가 마치 시소처럼 한쪽이 활성화되면 다른 쪽이 잠잠해지는 식으로 반대로 움직이는 것이다.

한가롭게 휴식하는 시간을 가져라

최적의 디폴트 모드 네트워크를 구성하는 가장 좋은 방법은 몰입하던 일에서 벗어나 한가롭게 푹 쉬는 것이다. 훌륭한 예술 작품을 감상하거나 좋아하는 음악을 듣거나, 낙서를 하거나, 그림을 그리는 것 등이 이러한 과정을 촉진할 수도 있다. 잠시 모든 것을 잊고 그저 멍하니 앉아 있는 것도 도움이 된다. 인간의 두뇌는 활발한 활동을 할 수 있도록 진화했지만 두뇌가 정상적으로 작동하기 위해서는 한가하게 쉬어야 하는 시간이 필요한 것이다. 그레이엄 월리스Graham Wallas에 따르면 발상은 (1) 과제에 직면한다, (2) 과제를 방치하기로 결정한다, (3) 휴지기를 갖는다, (4) 불현듯 해결책이 떠오른다, 의 네 단계로 이루어진다고 한다. 빈둥거리며 사고를 숙성시키는 동안 좋은 아이디어가 떠오를 수 있다는 것이다.

하루 24시간이 모자랄 정도로 바쁘게 지낸다는 것은 한 가지 일만 수행하는 것이 아니라 동시에 여러 가지 일을 수행하는 것을 의미한다. 즉 멀티태스킹을 피할 수 없는 것이다. 그래서 많은 사람들이 여러 가지 일에 매달려 정신없이 지낸다. 하지만 멀티태스킹은 앞서 살펴본 것처럼 두뇌의 디폴트 모드 네트워크를 활성화하는 데도 방해가 될 뿐 아니라 업무 성과에서도 그리 바람직하지 못한 결과를 나타낸다.

스탠퍼드 대학 커뮤니케이션 학과의 클리포드 내스Clifford Nass 교수는 멀티태스킹과 성과의 상관관계를 밝히기 위한 실험을 진행하였다. 고효율 멀티태스커들과 저효율 멀티태스커들(한 번에 두 가지 이상 일을 하지 않는 사람들)에게 두 개, 네 개 혹은 여섯 개의 파란 사각형으로 둘러싸인 빨간 삼각형들을 잠깐씩 보여주었다. 이어 빨간 삼각형의 위치를 바꿔가며 그림을 다시 보여주었다. 피험자들은 파란 사각형의 위치를 무시하고 빨간 삼각형의 위치가 바뀌었는지 여부만 판단하라는 과제를 부여받았다.

이 실험에서 저효율 멀티태스커들은 큰 어려움 없이 답을 맞힐 수 있었다. 하지만 고효율 멀티태스커들은 파란 사각형의 위치에 신경이 분산되어 빨간 삼각형의 위치에 집중하지 못해 정답을 맞히는 확률이 낮았다. 너무 많은 일에 정보가 분산되어 정작 집중이 필요한 일에는 전념할 수 없었던 것이다. 이는 멀티태스커들이 불필요한 정보를 걸러내는 능력이 떨어지며 자신이 해야 할 일과 무관한 일에 주의가 분산됨을 나타낸다. 다시 말해 멀티태스커는 특정 시점에 자신이 하고 있는 일을 정확히 인지하지 못해서 상관있는 정보와 상관없는 정보를 구분하기가 어려워지는 것이다.

요즘 사회는 지나치게 경쟁적으로 흘러가다 보니 잠시라도 일에서 벗어나 편히 쉬는 것을 마치 시간 낭비를 하는 것처럼 느끼게 만든다. 때로는 시간을 헛되이 흘려보내는 것 같아 죄책감마저 느끼게 된다. 하지만 사람은 기계가 아니다. 때로는 휴식을 취해야 하고 때로는 일에서 벗어나 머리를 식힐 필요도 있다. 휴식 없이 지나치게 몸을 혹사하다 보면 제대로 능률을 발휘하기 힘들다. 가끔은 일에서 벗어나 휴식을 취하는 것, 때로는 하던 일을 멈추고 멍하게 뇌에 휴식을 부여하는 것이 길게 보면 더 생산적인 방법이 될 수도 있다. 아이가, 부하 직원들이 멍하니 먼 산을 바라보고 있다고 해서 야단치지 마시라. 그 순간에 머릿속에서는 더욱 좋은 아이디어가 떠오를 수 있으니 말이다.

요리 활동이 주는 커다란 혜택들

두뇌 건강을 높여주는 요리 활동

요즘 예능 프로그램을 보면 사회의 각계각층 인사들이 많이 출연한다. 예전처럼 코미디언이나 일부 끼 있는 연예인들뿐만 아니라 의사, 법률가, 학자, 강연가 등 과거에는 생각할 수 없었던 사람들이 예능 프로그램에 나오는 것을 많이 볼 수 있다. 요리사들도 많이 등장하는데 인지도 있는 일부 요리사들의 경우 연예인 못지않은 인기를 끌고 있다. 호칭도 주방장이나 요리사가 아니라 '셰프chef'라는 이름으로 바뀌었다.

특히 달라졌다고 여겨지는 것은 남성들이 요리를 하는 것에 대한 인식이다. 유교의 영향인지는 몰라도 과거에는 남자가 요리를 하는 것에 대해 색안경을 쓰고 비딱하게 바라보는 시선이 많았다. 남자가 오죽 못났으면 요리를 하느냐는 생각이 있었고 심지어는 남자가 부억에 들어가면 '고추가 떨어진다'며 주방에 얼씬거리는 것조차 금지했다. 명절 때면 여자들이 우울증 등 '명절 증후군'에 시달리는 것을 보면서도 남자들은 방에 누워 뒹굴거리는 것을 당연한 것으로 여겼다.

하지만 요즘은 요리를 하는 남자들이 상당히 많아졌다. 어떤 남성 요리사들의 경우 웬만한 연예인 못지않게 인기를 누리고 있으며 요리 경연 프로그램에 출연하는 사람들 중 절반은 남자이다. 블로그에도 요리를 하는 남자들이 많아지고 있으며 그런 남자들을 부러운 시선으로 바라보는 여자들도 많다. 그만큼 요리에 관심을 두고 요리를 즐기는 남성들이 많아졌는데 아마도 세상이 바뀌고 성에 대한 역할이 고정관념을 탈피하면서 나타나는 바람직한 현상이 아닐까 생각된다.

사람에 따라서는 요리하는 것을 좋아하는 사람도 있지만 싫어하는 사람도 있을 것이다. 어쩔 수 없이 끼니를 장만하기 위해 억지로 해야 하는 것이라고 생각하면 요리가 지겹게 느껴지겠지만 사랑하는 사람들을 위해 맛있는 음식을 준비하는 과정이라고 생각하면 요리가 즐거울 수도 있다. 나 역시 가족들에게 맛있는 음식을 만들어주고 싶다는 욕구로부터 시작했으니 말이다. 그것도 개인의 성격 차이이니 나쁘다 좋다를 따질 만한 것은 못 된다고 여겨진다.

그런데 요리는 두뇌의 건강과도 밀접하게 관련되어 있다. 그래서 요리를 하면 인생을 보다 즐겁고 행복하게 살 수 있으며 치매 예방에도 효과가 있다. 이미 한 차례 언급했지만 사람의 뇌는 '가소성'이라는 특징을 가지고 있다. 외부로부터 지속적인 정보 자극을 받음으로써 미시적으로는 신경세포의 구조를 변화시킬 수 있을 뿐 아니라 뇌의 역할과 기능을 변화시킬 수도 있는데 이를 뇌의 가소성이라고 한다. 쉽게 말하면 뇌는 활용하는 방식에 따라 지속적으로 그 구조를 바꾸어나갈 수 있다는 뜻이다. 한 번 만들어진 뇌가 영원히 굳어져서 변하지 않는 것이 아니라 어떻게 쓰느냐에 따라 죽을 때까지 계속 달라질 수 있다는 말인데 뇌의 이러한 특성을 잘 활용하면 나이 들어서도 뇌를 건강하게 운용할 수 있고 알츠하이머와 같은 질병의 위험으로부터 벗어날 수도 있다.

요리는 두뇌의 모든 부위를 고르게 활용하는 행위

그렇다면 요리를 하는 것은 뇌에 어떤 영향을 줄까? 종합적으로 볼 때 요리는 손의 움직임과 각종 지각 활동, 그리고 사고와 인지 과정 등을 통해 두뇌를 활발하게 움직이도록 만듦으로써 건강을 유지할 수 있게 도와주는 역할을 한다. 우선 요리는 오감을 총동원하는 지각 활동이다. 각종 재료를 구분하고 다듬고 조리 과정을 지켜봐야 하므로 시각을 활발하게 활용한다. 요리 과정에서 향긋한 냄새나 빵이 익어가는 구수한 냄새가 나므로 당연히 후각이 자극을 받고 중간중간 맛을 보아야 하므로 미각도 발달될 수밖에 없다. 재료들을 다듬거나 썰거나 음식을 준비하는 과정에서 그것들을 만져야 하므로 촉각도 적극 활용하게 된다. 음식이 보글보글 끓거나 지글지글 볶아지는 소리를 들어야 하므로 청각도 활용된다. 이처럼 요리는 시각, 청각, 후각, 미각, 촉각 등 인간이 가지고 있는 모든 감각들을 활용하는 활동이다.

눈과 손, 혀와 코, 귀와 피부 등 신체의 모든 감각계를 통해 받아들인 감각 정보는 뇌가 이해할 수 있도록 고유의 신경신호로 변환되어 전달되고 이는 다시 시각을 관장하는 후두엽, 소리를 관장하는 측두엽, 감각을 관장하는 두정엽, 미각과 후각을 관장하는 뇌섬엽 등의 영역을 활성화시킨다. 또한 그와 관련되어 있는 영역이 활성화되어 연합 활동이 일어나고 투입할 재료와 투입 순서, 시간 조절 등 모든 요리 활동을 총괄하는 전두엽의 기능도 활발해지게 된다. 비록 의식하지는 못하지만 신경 쓰지 않는 사이에 우리 두뇌는 열심히 움직이고 있는 것이다.

참고로 말하자면 모든 감각들은 일차적으로 뇌의 시상을 거쳐 대뇌피질로 전달되지만 유일하게 후각만은 시상을 거치지 않고 바로 대뇌피질로 전달된다. 그래서 후각은 감각 중에서도 가장 원시적인 감각에 속하고 강력한 영향력을 발휘한다고 여겨지고 있다. 할머니의 체취나 고향의 냄새 등 특정한 냄새를 통해 옛 추억을 되살릴 수 있는 이유도 바로 여기에 있다. 아무튼 요리 활동은 이처럼 신체의 모든 감각 기관과 그에 관련된 두뇌의 영역을 활성화하는 행위이다.

요리는 또한 다양한 움직임을 필요로 한다. 이미 언급하였지만 뇌와 몸은 분리해서 생각할 수 없다. 과거에는 머리를 좋게 하려면 두뇌 활동만 열심히 하면 된다고 여겼지만 최근 밝혀진 바에 의하면 몸을 많이 쓰면 쓸수록 두뇌 활동도 왕성해지고 머리가 좋아진다고 한다. 뇌가 건강하기 위해서는 반드시 신체가 건강해야 하고 신체를 움직이는 것이 뇌를 건강하게 만드는 방법 중 하나이다. 그런데 요리 과정에서는 자연스럽게 몸을 활용할 수밖에 없어 뇌를 자극할 수 있다.

우선 요리를 하기 위해서는 무엇보다 손을 쓰지 않으면 안 된다. 두뇌의 가장 윗부분에 있는 두정엽에는 헤어밴드처럼 얇은 띠 형태로 인체의 감각을 나타내는 영역이 존재한다. 이 부분에는 신체에서 느끼는 감각의 크기에 따라 가상의 신체 지도가 생성되어 있는데 그중 가장 큰 영역을 차지하고 있는 것이 손이다. 다시 말해서 손을 많이 쓰면 두뇌의 감각을 나타내는 영역 중 가장 많은 부분이 활성화된다는 것이다. 인간의 문명이 다른 동물들에 비해서 비교할 수 없이 크게 발달한 이유도 바로 손을 자유자재로 쓸 수 있었기 때문이라고 하는데 요리 과정에서 손을 쓰는 것은 그만큼 두뇌에 좋은 자극을 주는 것이라고 할 수 있다.

손뿐만 아니라 요리를 하려면 신체 각종 부위의 근육 활동도 필요로 한다. 요리를 하는 동안에는 줄곧 서 있어야 하고 그릇을 찾거나 재료를 찾기 위해 앉았다 일어서는 행동을 반복해야 하며 비록 짧은 거리이기는 하지만 주방을 오가는 일도 잦을 수밖에 없다. 재료를 다듬고, 씻고, 썰고, 반죽을 하고, 두드리고, 늘리며, 그릇에 담고, 볶고, 끓이는 모든 행위는 모두 몸의 움직임이며 근육을 사용하는 것이라고 할 수 있다. 그러니 요리를 하는 동안 다양한 근육을 움직이고 몸을 쓰는 것은 두뇌를 끊임없이 마사지해주는 것이나 마찬가지이다. 이렇게 몸을 쓰면 운동피질과 기저핵, 소뇌, 전두엽 등 운동과 관련된 영역들이 활성화되고 몸의 평형을 잡아주는 전정기관도 활성화된다.

또 하나 중요한 것이 있는데 요리를 하는 동안에는 자주 씹는 활동을 할 수밖에 없다는 것이다. 오이를 썰다가도 한 입, 당근을 썰다가도 한 입, 사과를 썰어 넣으면서도 한 입, 고기가 잘 익었나 맛을 본다고 한 입……. 이렇게 요리를 하는 동안에는 씹는 활동이 일어나게 되는데 음식물을 씹는 일은 단순히 턱 관절을 움직이는 것 이상으로 큰 효과를 나타낸다. 턱 관절에는 두뇌와 신체를 이어주는 신경의 약 50%가 지나고 있기 때문에 이 부분을 활발하게 움직여주는 것은 두뇌를 활발하게 자극해주는 것과 다를 바 없다.

씹는 활동을 통해 뇌의 혈류를 높여줄 수 있고 뇌를 활성화시키게 되며 뇌세포를 자극하여 뇌 활동을 활발하게 해주는 역할을 한다. 또한 세로토닌 신경세포를 자극함으로써 세로토닌 분비를 촉진시켜주어 감정을 밝게 조절해주고 스트레스를 줄여주는 역할도 한다. 껌만 씹어도 머리가 좋아진다고 하는데 요리를 하면서 계속 씹는 활동을 한다면 두뇌는 지속적인 자극을 받게 되지 않겠는가?

가족 간의 유대감을 높이고 싶다면 요리를 하라

요리를 하는 것은 계획을 세우고 그것을 순서대로 치밀하게 실행하며 결과를 예상하는 등 전형적인 인지 활동을 필요로 하는 행위이다. 요리는 재료의 투입 순서나 불의 세기, 조리 정도 등에 따라 똑같은 재료와 레시피를 사용해도 최종적인 맛이 달라지는 섬세한 행위이기도 하다. 그래서 실패 없이 요리를 하기 위해서는 의도적이고 적극적인 사고와 집중력, 그리고 섬세한 실행과 때로는 과감한 판단력이 필요하다.

어떤 재료들을 선택하여 어떤 형태로 요리할 것인지, 양념장에는 어떤 재료들을 섞어 어떻게 맛을 낼 것인지, 재료들은 어떤 순서로 투입할 것인지, 어떤 불 세기에서 얼마나 조리할 것인지 등이 미리 계획되어 있어야 하고 그것을 실수 없이 실행에 옮겨야 한다. 설탕을 넣어야 할 순간에 소금을 넣는다면 맛이 크게 달라질 수밖에 없으니 집중력도 필요하다. 지나치게 오래 삶으면 아삭아삭한 식재료 본연의 맛을 느낄 수 없으니 때로는 판단력과 결단력도 필요로 한다. 이렇게 순서대로 행동을 계획하고 판단하여 실행하는 사고 활동은 주로 앞이마 쪽에 위치한 전두엽에서 이루어지는데 요리를 하는 동안에는 전두엽이 지속적인 자극을 받을 것이므로 이의 활용 능력을 높이는 데도 좋다.

이것으로 끝이 아니다. 요리가 주는 또 하나의 커다란 혜택이 있다. 바로 가족들 간에 유대감이 형성된다는 것이다. 정성껏 준비한 맛있는 음식을 앞에 놓고 가족들이 나란히 둘러앉아 음식을 먹으며 얘기를 나누다 보면 소통의 기회가 생기고 그만큼 신경 네트워크가 활성화될 것이다. 신경 네트워크가 활성화되면 시상하부와 연결된 뇌하수체에서 옥시토신이라는 호르몬이 분비되는데 옥시토신은 상대방에 대한 호감을 높여주고 신뢰감이 쌓이도록 만들어준다. 옥시토신이 높은 사람들은 인간관계가 좋아져 사회생활을 원만히 할 수 있으며 긍정적인 정서를 지니게 된다. 또한 가족 간의 단란한 식사는 구성원들에게 정서적인 측면에서 좋은 영향을 미치며 이는 학습 능력과 기억력 그리고 집중력을 높이는 데도 도움을 준다.

종합해보자면 요리는 신체의 모든 감각기관을 활용함으로써 지각 활동을 풍부하게 만들고 손을 비롯한 신체 근육을 움직임으로써 뇌를 자극하는 활동이다. 또한 의도적인 주의와 사고 활동이 필요하기도 한데 이러한 과정을 통해 두뇌의 전 영역이 고르게 활성화되고 자연스럽게 뇌가 발달하게 된다. 좀 더 젊게, 그리고 좀 더 행복하게 살고 싶다면 요리를 배워보는 것도 나쁘지 않을 듯싶다. 성취감과 만족감은 물론 두뇌를 젊게 만드는 데도 효과 만점이니까 말이다.

4장

뇌는
몸으로 말한다

해소 방법만 알아도
스트레스가 줄어든다

어쩔 수 없는 스트레스

현대인들에게 스트레스는 마치 지병과 같다고 할 수 있다. 떼려야 뗄 수도 없고 마땅히 불편하지도 않지만 결정적인 순간에는 위험 요소로 바뀔 수 있기 때문이다. 기술과 문명의 발달로 인해 생활환경이 마치 캔에 든 통조림처럼 밀도 있게 압축되고 사방에 정보가 넘쳐나다 보니 그 누구도 스트레스로부터 자유로울 수 없다. 스트레스를 받아들이는 정도가 개인별로 다를 뿐, 스트레스 환경은 누구에게나 동일하다고 할 수 있다.

이렇게 현대인들의 삶에서 그림자처럼 따라다니는 스트레스가 해롭다는 것은 누구나 알고 있다. 그래서 가급적이면 스트레스를 받지 않으려고 하지만 그게 마음처럼 쉽지만은 않다. 그렇다면 스트레스는 얼마나 나쁜 것일까? 스트레스가 각종 정신질환을 일으키고 암이나 뇌졸중 등 성인 질환을 일으키는 주범이라는 것은 대략적으로 알고 있지만 그것이 뇌에도 영향을 미칠까? 질문에 대답하기에 앞서 우선 스트레스에 대한 정의부터 짚고 넘어가야 할 것 같다.

스트레스는 신체와 두뇌에 가해지는 모든 자극을 통틀어 말한다. 누군가에게 야단을 맞거나 오래된 연인과 헤어지거나 시험에서 떨어지는 등의 부정적인 사건들만 스트레스로 생각하겠지만 복권에 당첨되거나 대학에 합격하거나 결혼을 하는 일 등 긍정적인 사건들도 스트레스이다. 그것들 역시 두뇌의 활동에 영향을 미치기 때문이다. 그 크기도 각양각색이어서 무시하고 넘어갈 수 있는 작은 것부터 감당하기 힘들 만큼 큰 것에 이르기까지 다양하다.

감당할 수 있는 수준의 적당한 스트레스는 생존을 위해서 반드시 필요하다. 스트레스는 위협이 닥친 상황에서 '도전과 회피fight-flight' 반응을 일으킴으로써 개인을 안전하게 지켜주는 역할을 하는데 인간의 두뇌가 전혀 스트레스를 받지 않는다면 온갖 위험 상황에서 그 위험을 감지하지 못하고 그에 적절한 대응을 하지 않음으로써 심각한 문제를 초래할 수 있기 때문이다. 적당한 스트레스는 신경세포 간의 연결을 더욱 강화하여 각성 상태를 이끎으로써 정신적 기능이 향상되도록 돕는다.

그런데 스트레스가 감당할 수 있는 수준을 넘어서거나 지속적으로 이루어져 만성으로 진전되면 문제가 달라진다. 스트레스를 주관하는 부위는 변연계 안에 자리 잡고 있는 편도체인데 이것이 시상하부를 자극하고 뇌하수체를 통해 부신샘을 자극하는 호르몬을 분비하도록 한다. 이렇게 시상하부와 뇌하수체, 부신으로 이어지는 경로를 스트레스 축이라고 한다. 신호를 받은 췌장에서는 단계별로 스트레스 상황에 적합한 호르몬을 분비한다. 제일 먼저 노르에피네프린 norepineprin이 교감신경계를 통해서 신호를 보내면 부신은 일명 아드레날린adrenalin이라고 하는 에피네프린epineprin 호르몬을 혈액 속으로 내보낸다. 그러면 혈압이 높아지고 심장박동과 호흡이 빨라지며 침이 마르는 등 스트레스에 따라 신체적인 흥분을 느끼게 된다.

이와 동시에 코르티솔cortisol이라는 호르몬이 분비된다. 이렇게 분비된 코르티솔은 신진대사의 교통을 정리하고 에피네프린의 역할을 넘겨받아 더 많은 포도당을 혈액 속에 분비하라고 간에 신호를 보낸다. 스트레스 상태가 되면 뇌는 그것을 해결하기 위해 더 많은 에너지를 필요로 한다. 그리고 포도당이 뇌로 충분히 공급될 수 있도록 신체로 가는 인슐린을 차단한다. 인슐린은 포도당을 세포막 속으로 흡수되도록 하는 역할을 하는데 인슐린을 차단하면 그것이 세포로 흡수되지 못하고 혈액을 따라 두뇌로 이동하게 되는 것이다. 또한 에피네프린이 활동하면서 소모한 저장 에너지를 다시 채워 넣는데 단백질을 글리코겐으로 전환하고 지방을 축적한다. 그리고 교감신경에 대한 길항작용으로 부교감신경이 활성화되어 혈압을 낮추고 심장박동을 느리게 함으로써 몸의 항상성을 유지하도록 만든다.

스트레스는 육체와 두뇌를 망가뜨리는 제일의 적

　그런데 만성적인 스트레스 환경에 놓이면 이러한 과정이 균형 있게 지속되지 못하고 한쪽으로 쏠리게 된다. 그 과정이 오래 지속되면 신체에 이상 현상들이 나타난다. 예를 들어 자동차의 왼쪽 측면 바퀴가 오른쪽 측면의 바퀴보다 작다고 가정해보자. 바퀴가 큰 쪽이 적은 회전으로도 많은 거리를 갈 수 있으므로 자동차는 직선으로 가지 못하고 항상 왼쪽으로 쏠리게 될 것이다. 가만히 있으면 차체가 왼쪽으로 회전하게 되므로 이런 차를 이용하여 직선거리를 가기 위해서는 무리하게 오른쪽으로 조향 장치를 조절해야 하고 전반적으로 주행 시스템에 이상이 올 수밖에 없다.

　교감신경과 부교감신경이 서로 길항작용을 하며 한쪽으로 쏠리지 않도록 균형을 잡아주는 것이 자율신경계의 원리인데 스트레스가 만성적으로 지속되면 이 시스템의 균형이 무너진다. 부교감신경에 비해 교감신경의 바퀴가 더 커지게 되고 그러면 과립구는 증가하되 림프구는 감소한다. 과립구는 몸에 안 좋은 활성산소를 방출하는 반면 림프구는 독성 물질을 제거하고 면역 기능을 향상시켜주는 역할을 한다. 최후의 요새인 림프구가 감소하고 과립구가 증가하면 여러 가지 질환이 찾아올 수밖에 없다. 수면 장애를 겪거나 가만히 있어도 심장이 두근거리고 손이 떨리거나 숨이 차고 공황장애를 느끼는 일 등이 모두 스트레스로 인해 자율신경의 균형이 무너졌기 때문이다.

또한 코르티솔의 지속적 분비로 인해 여분의 연료가 복부에 지방의 형태로 축적된다. 게다가 스트레스 상황에서는 심리적 허기를 느끼고 이에 대한 보상으로 음식을 찾게 되는 경우가 많아 채 소모되지 못한 에너지가 지방의 형태로 축적될 가능성이 더 높아진다. 나아가 코르티솔이 과다하게 분비되면 그것이 인슐린을 억제하므로 혈액 내의 포도당 수치는 일정하게 유지되는 반면 인슐린 성장인자의 수치가 낮아져 신진대사의 불균형으로 인한 당뇨병이 발생할 수도 있다. 이로 인해 면역 체계가 무너지고 신체가 질병에 취약해져 치명적인 병에 걸릴 수도 있다.

스트레스는 이렇게 신체에 좋지 못한 영향을 끼치는데 그 영향은 몸에만 국한되지 않고 두뇌에도 강력한 힘을 발휘한다. 스트레스가 만성적으로 지속되면 두뇌가 물리적으로 훼손되고 그로 인해 사고력과 집중력의 저하를 가져온다. 만성 스트레스 상태에 이르면 이미 스트레스 대응에 충분한 양의 코르티솔이 체내에 있음에도 불구하고 편도체는 마치 고장 난 경보기처럼 끊임없이 코르티솔의 분비를 촉진하고 그 양이 위험 수준에 이르게 된다. 코르티솔의 양이 적정 수준을 넘어서게 되면 신경세포 간에 전기적·화학적 신호를 주고받는 시냅스의 연결이 끊어지고 다른 신경세포로부터 신경전달물질을 받아들이는 수상돌기가 수축되어 신경세포들이 사멸되고 만다.

게다가 코르티솔의 양이 과다해지면 글루탐산염이 두뇌의 해마를 물리적으로 파괴하여 건포도처럼 쪼그라들게 만든다. 해마는 정보처리 및 기억과 관련된 두뇌 영역으로 이 영역에 상처를 입은 사람은 과거의 일은 기억하지만 새롭게 학습한 내용은 전혀 기억할 수 없게 된다는 것을 이미 설명하였다. 따라서 스트레스가 만성적으로 이어지면 해마에 물리적으로 상처를 입게 되고 기억력과 새로운 것을 배우는 학습 능력도 떨어질 수밖에 없다.

더욱 심각한 것은 신경 재생이 이루어지지 않는다는 것이다. 해마의 치상회에서 새로운 신경세포가 탄생하고 그것이 성숙한 신경세포가 되어 신경회로를 구성한다고 했는데 스트레스로 인해 해마가 물리적인 공격을 받으면 신경 재생 활동이 멈출 수밖에 없다. 나이가 들어감에 따라 신경세포는 계속 죽어가는데 새로운 신경세포의 재생 활동이 멈추면 두뇌 능력은 저하될 수밖에 없고 두뇌를 활용할 수 없게 되므로 각종 질병에 시달릴 가능성이 높아진다.

스트레스가 이렇게 신체에 미치는 영향이 크다 보니 가급적이면 스트레스를 받았을 때 그것을 적극적으로 해소하는 편이 바람직하다. 스트레스를 해소하지 않고 방치하면 그것이 만성으로 이어져 앞에서 살펴본 것과 같은 부작용을 가져올 수 있기 때문이다.

스트레스를 해소하기 위해서는 격렬한 운동이나 명상, 이완 훈련, 두뇌 체조 등을 수행하는 것이 좋다. 이들은 모두 스트레스에 대한 저항력을 높여주고 스트레스를 감소시켜줌으로써 자율신경계의 건강한 균형을 유지할 수 있도록 해준다. 그러나 현대인들의 단점은 게으르다는 것이다. 운동이 스트레스 해소에 좋다고 해도 음주나 컴퓨터 게임을 그만두고 체육관으로 달려갈 사람은 그리 많지 않다. 게다가 꾸준히 운동을 하기도 어렵다. 명상이나 이완 훈련, 두뇌 체조 등도 마찬가지이다. 집에서 간단히 할 수 있는 운동조차 시간이 없고 피곤하다는 핑계로 미루곤 한다.

해소 방법만 알아도 스트레스는 줄어든다

그렇다면 그냥 모든 것을 포기하고 스트레스 속에 파묻혀 살다 죽도록 내버려둬야 할까? 다행스럽게도 스트레스를 반드시 적극적으로 해소하지 않아도, 해소 방법이 있고 그것을 실천할 수 있다는 것을 알고 있는 것만으로도 스트레스가 상당히 해소될 수 있다는 연구 결과가 있다. 쥐를 이용한 실험에서 스트레스 요인을 제어할 수 있는 가능성만으로도 그 수치가 크게 줄어들 수 있음이 밝혀졌다.

두 마리의 쥐를 서로 다른 철장에 수용하였다. 한쪽 철장에는 전기 차단 스위치를 두고 다른 한쪽에는 두지 않은 다음 양쪽 모두 전기를 흘려보냈다. 전기가 흐를 때마다 전기 차단 스위치가 있는 철장의 쥐는 발로 스위치를 눌러 전기를 차단했다. 일정 시간이 흐른 후 두 쥐를 꺼내 조사해본 결과 두 마리 모두 동일한 전기충격을 받았지만 스스로 차단 스위치를 누를 수 없어 전기충격을 회피할 수 없었던 쥐만이 만성 스트레스로 인해 체중 감소와 위궤양 증세를 보였고 암에 대한 취약성 증가를 보였다. 이 실험을 통해 스스로 통증을 제어할 수 있는 환경이 스트레스로 인한 악영향을 사전에 차단해 줄 수 있음이 드러난 것이라 할 수 있다.

유사한 연구 사례도 있다. 미국 미시간 대학의 제임스 아벨슨James Abelson 박사가 2005년 6월《일반 정신의학 아카이브Archive of General Psychiatry》에 발표한 논문 내용은 재미있는 시사점을 알려준다. 그는 피험자 28명에게 위궤양 치료에 사용되는 '펜타가스트린penta gastrin' 이라는 약물을 점진적으로 투여하였다. 이 약은 위궤양을 치료하는 약이기도 하지만 이 약을 복용하면 시상하부–뇌하수체–부신샘으로 연결되는 스트레스 축을 강제로 활성화시킴으로써 체내에 스트레스 호르몬의 양이 증가하게 된다.

피험자들에게 이 약물을 투여한 후 스트레스 호르몬 수치를 측정 하자 놀랍게도 10배까지 증가하였다. 이때 약물의 투여로 인해 몸에 이상이 느껴질 수 있음을 미리 설명하고 혹시라도 몸에 이상이 느 껴지면 약이 주입되지 않도록 스스로 주사량을 조절할 수 있는 버 튼을 머리맡에 놓아두었다. 그랬더니 스트레스 호르몬의 상승이 놀 랍게도 80%나 감소하였다. 버튼을 누르면 언제든 스트레스 상황 에서 벗어날 수 있다고 생각하는 것만으로도 스트레스가 대폭적으 로 줄어들 수 있음을 나타내는 것이다. 반대로 해석하면 스트레스를 벗어날 수 없는 상황 자체가 오히려 더욱 심한 스트레스로 작용할 수 있는 것이다.

가장 좋은 것은 스트레스에 유연하게 대처하는 것이다. 스트레스가 쌓이고 그것이 깊어지면 업무 성과는 물론 주위 사람들과의 관계 등 성공적인 사회생활을 하는 데 지장을 받을 수 있다. 그러므로 스트레스가 남아 있지 않도록 하는 것이 가장 좋은 방법이다. 많은 사람들이 스트레스를 해소하기 위해 술을 마시지만 사실 술은 스트레스 해소에 별로 도움이 되지 않는다. 술을 마시는 순간에는 심리적인 해방감이나 스트레스 원인 제공자에 대한 험담 등을 통해 스트레스가 해소되는 것처럼 느껴지지만 몸에서 느껴지는 스트레스 수준은 변화가 없다. 쥐를 이용하여 스트레스 유전자를 조사한 결과 알코올이 아무런 영향을 미치지 못한다는 사실을 발견하였다. 오히려 술은 몸만 축나게 할 뿐이다.

스트레스 받는 것을 지나치게 두려워하고 민감하게 대응하면 오히려 스트레스에 과도하게 반응할 가능성이 높다. '그까짓 거 아무것도 아니야'라는 식으로 스트레스 상황을 대담하게 받아들이고 언제든 스트레스를 해소할 수 있다는 마음가짐만으로도 스트레스는 크게 줄어들 수 있다. 스트레스 해소법을 실천하지 않아도 자신이 노력하면 스트레스를 해소할 수 있다는 생각만으로도 스트레스는 관리될 수 있다. 그러니 스트레스 때문에 너무 스트레스 받지 마시라. 물론 최선의 방법은 운동이나 명상, 뇌 체조 등을 통해 적극적으로 스트레스를 관리하고 긍정적인 사고를 갖는 것이지만 말이다.

긴장을 하면
배가 아픈 이유는?

장은 제2의 뇌

독자 여러분께서 중요한 시험이나 면접과 같은 이벤트를 앞두고 있던 순간을 떠올려보라. 대학 입시 시험이나 입사를 위한 면접 등 인생을 결정지을 수 있는 중요한 순간을 마주하고 있다면 아마 그 생각만으로도 가슴이 두근거릴지 모른다. 이렇게 긴장을 하면 자주 소변이 마렵고 배가 아파오는 사람들도 있다. 그것 때문에 중요한 일을 망치거나 어려움을 겪는 사람들도 있다. 살면서 한 번쯤 긴장으로 인해 배가 아픈 경험을 해보지 않은 사람은 없을 것이다. 그리고 배가 아프면 기분마저 나빠지곤 한다. 왜 긴장을 하면 배가 아파질까? 배가 아프면 기분이 나빠지는 것은 왜 그런 걸까? 장과 감정, 장과 신체, 장과 정신 건강이 서로 연관이라도 있는 것일까? 여기에서는 그 물음에 대해 살펴보도록 하자.

우선 사람의 몸에는 몇 개의 뇌가 있을까? 이렇게 뻔한 질문을 하면 웃을지도 모르겠지만 인간의 몸에는 '눈에 보이는 뇌'와 '눈에 보이지 않는 뇌' 이렇게 두 개의 뇌가 존재한다. 하나는 알다시피 머릿속에 들어 있는데 다른 하나는 어디에 있을까? 머릿속에 있는 뇌를 '제1의 뇌'라고 한다면 다른 곳에 있는 뇌는 '제2의 뇌'라고 할 수 있다. 혹은 '작은 뇌'라고도 할 수 있다. 그런데 이것은 실제 뇌가 아니다. 뇌가 아님에도 불구하고 뇌라고 부르는 것은 그 역할이 뇌에 버금갈 만큼 중요하기 때문이다. 그렇다면 제2의 뇌는 어디에 있을까? 답은 바로 장腸이다.

장은 입을 통해 들어온 음식물들을 소화시키고 영양분을 흡수하며 찌꺼기들을 몸 밖으로 내보내는 역할을 한다. 장이 없으면 신체와 두뇌 활동에 필요한 에너지를 확보할 수 없고 소화된 음식을 몸 밖으로 배출할 수 없다. 그러면 몸속에 독소가 쌓여 각종 질병에 시달릴 수 있으므로 장의 역할은 두뇌에 버금갈 정도로 중요하다고 하지 않을 수 없다. 사람이 음식물을 섭취하면 장은 그 성분을 분석하여 가장 적합한 분해 효소가 분비되도록 지령을 내린다. 만일 유독한 물질이 유입되면 재빨리 장액을 분비하여 배설물 형태로 신속하게 몸 밖으로 내보내는데 이것이 바로 설사이다. 장에는 장관 면역 시스템이 갖추어져 있으며 체내 면역세포 중 70%가 집중되어 있는데 매일 약 4g씩 항체가 만들어져 병에 걸리지 않도록 해준다. 이 중 가장 대표적인 것이 NK Natural Killer 세포라는 백혈구이다. NK세포는 온몸을 순찰하며 바이러스와 새로 생긴 암세포를 잡아먹는다.

장 속에는 100조 개 이상의 장내 세균이 있는데 몸에 이로운 유익균과 몸에 해로운 유해균, 그리고 회색분자인 중간균이 각각 15%, 15%, 70% 정도로 균형을 이루고 있다. 이 균형이 깨지면 각종 질병이나 질환에 걸리게 된다. 우리가 쉽사리 병에 걸리지 않는 이유는 장내에 존재하는 유산균이나 비피더스균과 같은 유익균이 유해균과 싸우고 있기 때문이다. 장내 세균이 살고 있는 대장은 뇌와 이어진 자율신경의 지배를 받는데 이로 인해 대장은 스트레스에 민감하게 반응한다. 시험이나 면접을 앞두고 변비나 복통, 설사가 나는 이유도 불안을 느끼거나 초조함, 압박감과 같은 스트레스를 받으면 자율신경이 대장을 자극하기 때문이다.

신경세포는 뇌에만 존재하는 것으로 알고 있지만 장에도 모두 1억 개의 신경세포가 분포되어 있다. 뇌에 있는 신경세포가 1,000억 개쯤 되니 장에 있는 신경세포는 뇌에 있는 신경세포에 비해 불과 1,000분의 1 정도밖에 안 되지만 이 숫자는 고양이의 뇌세포 수와 거의 맞먹는다. 비록 신경세포의 숫자는 적지만 장은 '작은 뇌' 혹은 '장뇌'라고 부를 정도로 그 역할이 매우 중요하다. 장이 건강한 사람은 뇌를 비롯하여 신체가 건강하지만 장이 건강하지 못한 사람은 뇌도 신체도 건강하지 못하다. 그만큼 장이 신체에 미치는 영향은 막대하다.

우선 장신경계는 바깥쪽으로 그물망처럼 생긴 신경망이 분포되어 있는데 뇌의 의지에 의해 조절되는 것이 아니라 자율신경계에 의해 스스로 기능한다. 스스로 알아서 소화기 내의 기계적, 화학적 환경들을 감시하고 그것들을 통제하여 원활한 내장 운동이 이루어질 수 있도록 조절한다. 또한 렙틴이나 인슐린 등 각종 호르몬 분비를 조절하여 신체의 건강 상태를 조절하고 30여 가지 이상의 신경전달물질을 이용하는데 대부분은 대뇌피질에 있는 신경전달물질과 동일하다.

예를 들어, 기분을 상쾌하게 만들고 활기찬 생활을 할 수 있도록 도와주는 세로토닌의 경우 뇌간의 봉선핵에서 만들어지는 것은 불과 5% 남짓이지만 나머지 95%는 장에서 만들어져 장의 운동을 촉진하는 역할을 한다. 쾌감이나 즐거움을 느끼게 해주는 신경전달물질인 도파민 역시 뇌에서 만들어지는 양과 같은 양이 장에서 만들어지는데 이는 근육 수축을 조절하는 신경 사이에서 신호를 전달하는 역할을 담당한다. 이러한 신경전달물질들에 의해 장의 상태는 우리의 감정 상태에도 직접적으로 영향을 미치는데 장이 건강하지 못하면 감정 상태가 좋지 못한 것도 바로 이 때문이다. 이를 두고 미국의 신경생물학자인 마이클 거숀Michael Gershon은 장을 '제2의 뇌'라고 하였고 일본의 우에노 슈이치 교수는 '인생의 운명은 장이 결정한다'고 말했을 정도이다.

장이 안 좋으면 우울증을 느낄 수 있다

뇌와 장은 서로 독립되어 각자 제 기능을 발휘하기도 하지만 서로 밀접하게 소통하며 연계되어 활동한다. 두 개의 뇌는 서로 협력하여 신체의 다양한 에너지 수요를 충족시키기 위해 소화를 조절한다. 장에서 보낸 신호는 뇌의 다양한 영역에 도달하는데 주로 뇌섬엽, 변연계, 전전두엽, 편도체, 해마, 전대상피질 등에 도착한다. 이 영역들은 자의식이나 감정의 처리, 도덕, 불안 감지, 기억, 의욕 등과 관련되어 있다. 서로가 긴밀하게 협조하며 움직이다 보니 장에 영향을 주는 것은 무엇이든 뇌에도 영향을 주고 반대로 뇌에 영향을 주는 것은 장에도 영향을 미친다. 그래서 장이 불편하면 만사가 귀찮고 힘든 경우가 많다. 장이 안 좋은 상태가 오래 지속되면 그것이 정신 건강에도 영향을 미치고 정상적인 생활을 하기 어려울 수도 있다.

장 트러블이 오랫동안 지속되면 우울증과 같은 감정 상태에도 영향을 미칠 수 있다. 우울증에 걸린 쥐들은 모리스 수중 미로에 넣으면 조금 움직이다 말고 헤엄치기를 포기하고 만다. 가만히 있으면 물속에 빠져 죽을 게 뻔한데도 이들은 움직이려 하지 않는다. 이때 체내의 스트레스 물질의 수치도 높아진다. 우울증 환자들에게서 나타나는 전형적인 증상과 일치한다. 그런데 이들에게 항우울제를 투여하면 이전에 비해 더 오랜 시간 헤엄을 친다.

만약 이런 쥐들에게 항우울제 대신 장에 좋은 유산균을 투여하면 어떻게 될까? 아일랜드의 존 크라이언John Cryan 박사 팀은 '락토바실러스 람노서스 JB-1'이라는 장에 좋은 유산균을 우울증을 앓고 있는 쥐에게 투여하였다. 이 물질을 투여받은 쥐들은 장이 더 튼튼해졌다. 놀라운 것은 이 쥐들이 모리스 수중 미로 실험에서도 이전에 비해 더 오랜 시간 동안 의욕적으로 헤엄을 쳤으며 혈액 속의 스트레스 호르몬도 줄어들었다는 것이다. 이어진 학습 능력이나 기억력 실험에서도 다른 쥐들에 비해 높은 점수를 받았다.

2013년에는 사람을 대상으로 장이 뇌에 미치는 영향에 대한 연구가 이루어졌다. 장을 좋게 만들어주는 특정 박테리아의 혼합물을 4주간 복용하자 감정과 통증을 담당하는 뇌 영역이 뚜렷한 변화를 보였다. 이 결과를 통해 장의 건강이 신체적인 건강뿐 아니라 정신적인 건강에도 대단한 영향을 미친다는 것을 알 수 있다. 장을 '제2의 뇌' 혹은 '작은 뇌'라고 부르는 이유도 이 때문이라 할 수 있겠다.

장은 다양한 뇌 질환과도 관련되어 있을 수 있다. 파킨슨병은 도파민을 생산하는 뇌간의 흑질이 손상될 경우 발생한다. 그런데 독일 프랑크푸르트 연구팀에 의하면 파킨슨병에 관여하는 것으로 알려진 루이소체라는 단백질군이 장내의 도파민을 생산하는 뉴런에 나타난다는 점을 지적하고 있다. 파킨슨병으로 사망한 사람의 루이소체 현황을 조사한 결과 이것이 바이러스 등과 함께 신경을 통해 뇌로 침투한 것으로 판단된다는 것이다. 뒤에서 다시 살펴보겠지만 루이소체 치매는 3대 치매 중 하나일 정도로 많이 발생하고 있다.

장은 인체에서 가장 넓은 표면적을 가진 기관이다. 장은 이 방대한 면적을 이용하여 각종 정보를 수집하고 그 정보를 바탕으로 뇌와 서로 커뮤니케이션 한다. 건강한 장은 평소와 다를 바 없는 일상적이고 중요하지 않은 정보는 뇌로 전달하지 않고 장뇌라고 하는 자체 신경망을 통해 정보를 처리한다. 그러나 평소와 다른 문제가 생겼거나 중요한 일이 생기면 장은 그 문제를 독단적으로 처리하지 않고 뇌의 시상 부위로 신호를 보내어 보다 상위의 기관에서 처리하도록 한다.

뇌와 장이 긴밀하게 소통하고 협조할 수 있게 만들어주는 것은 뇌신경의 하나인 미주신경이다. 이 신경은 심장이나 폐, 복부의 다양한 장기들에 퍼져 있는 부교감신경인데 내장의 통각이나 목과 목구멍의 감각, 근육의 운동 등을 조절한다. 미주신경은 장에서 횡격막, 폐와 심장 사이, 식도를 지나 뇌까지 이어진다. 뇌는 다른 장기들과는 달리 쉽게 접근하기가 어렵다. 두꺼운 두개골 안에 들어 있고 뇌막으로 둘러싸여 있어 신체에서 만들어진 물질이 쉽게 접근할 수 없게 되어 있는데 이는 몸에 침투한 각종 세균이나 미생물로부터 뇌가 감염되는 것을 막기 위해서이다. 그러다 보니 장에서 일어난 일들을 누군가 알려주지 않으면 뇌는 그 상태를 정확히 알 수 없는데 내장에 분포된 미주신경이 신체의 상태를 뇌에 전달하는 역할을 수행하는 것이다.

그런데 장이 건강하지 못하면 미주신경이 피곤해질 수 있다. 한 실험에서 피험자의 장 안에 작은 풍선을 넣고 부풀리면서 fMRI 장비를 이용하여 뇌 사진을 찍어보았다. 건강한 피험자의 뇌 사진에서는 이렇다 할 감정 변화가 나타나지 않았지만 과민성 대장 증세를 지닌 환자의 뇌 사진에서는 풍선이 팽창하자 평소 불편한 감정을 담당했던 뇌 영역이 활성화되었다. 건강한 사람이라면 그냥 지나칠 수 있는 작은 정보가 과민성 대장 증세를 보이고 있는 사람에게는 뇌에 보고될 만큼 큰 정보로 인식되고 이는 감정적인 불편함으로 이어질 수 있다는 것을 확인한 셈이다.

장을 잘 관리하는 것이 건강한 삶을 사는 비결

실제로 과민성 대장 증세를 가진 환자들은 종종 배에 불편한 압박이나 가스가 찬 기분, 혹은 설사나 변비 증상을 보인다. 이들은 또한 평균 이상으로 자주 불안 장애나 우울증을 호소한다. 위의 풍선 실험은 속이 불편하거나 기분이 우울한 것이 장과 뇌의 소통 문제에서 생길 수 있음을 보여준다. 장은 은연중에 뇌를 압박하여 정서 상태를 바꾸어놓기도 하는데 건강한 장은 기분을 좋게 만들어준다.

뇌와 장을 긴밀하게 소통하도록 만드는 요인 중 하나는 스트레스이다. 외부에서 자극이 주어지면 뇌는 이에 대응하여 문제를 제거하려고 노력하고 그 과정에서 에너지를 필요로 한다. 뇌는 신체에서 필요로 하는 에너지의 20%를 사용하는데 스트레스 상황에서는 더 많은 에너지를 요구한다. 그러면 뇌는 교감신경을 자극하여 에너지를 보내라고 장에 메시지를 전달한다. 뇌로부터 메시지를 전달받은 장은 점액질 생산을 줄이고, 소화 활동을 잠시 멈추고, 영양분이 피로 흡수되는 것을 막아 에너지를 확보한 후 그것이 뇌로 공급될 수 있도록 협조해준다. 그런데 만약 이 과정이 만성으로 이어지면 장은 불쾌한 감정을 뇌로 전달한다. 만성적인 스트레스 상황에서 피로감을 느끼거나 소화 장애, 불안감, 식욕 부진 혹은 배변 장애 등을 느끼는 이유도 바로 이 때문이다.

장이 뇌와 아주 밀접하게 관련되어 있으므로 장의 건강 상태가 나쁘면 그것이 뇌에도 영향을 미치게 되는데 집중력이나 기억력이 떨어지거나 학습 능력이 저하되는 등의 영향이 나타난다. 또한 감정적인 영역을 관장하는 편도체나 대상피질 등 변연계에도 영향을 미치므로 감정 변화에도 관련이 있으며 앞서 살펴본 것처럼 장 건강이 안 좋으면 우울증이나 무기력증 등으로 발전될 수도 있다. 스트레스에 대한 저항 능력이 저하되는 것도 문제가 될 수 있다. 게다가 면역 기능이 떨어짐으로 인해 각종 질병이나 질환에 쉽게 노출될 수 있는 우려도 있다.

뇌에 대해서는 그 중요성을 잘 알고 있지만 장은 자율신경에 의해 자동적으로 움직이다 보니 상대적으로 중요성을 느끼는 데 소홀한 면이 있다. 그러나 장이 불편하면 몸도 뇌도 편할 수가 없다. 장은 그냥 똥만 만들어 배출하는 '하찮은' 기관이 아니라 우리 몸의 전반적인 건강과 정서 상태를 좌우할 수 있는 중요한 기관이다. 그러므로 장을 잘 관리하는 것이 뇌를 관리하는 것이라는 생각으로 좀 더 신경을 쓸 필요가 있다. 틈틈이 장 마사지 등을 통해 장을 어루만져 주고 더 관심을 갖는다면 장도 보다 즐겁게 일할 수 있지 않을까?

과일과 채소만 먹는다고 살이 빠지진 않는다

살을 빼는 일은 왜 그리 어려운 걸까?

기술이 발달하면서 생활환경이 점차 편리해지고 그에 따라 몸을 움직일 기회도 점점 줄어들고 있다. 예전 같으면 충분히 걸어 다녔을 짧은 거리도 차를 타고 이동하는 일이 많아지고 지하철이나 건물 등 어딜 가든 엘리베이터가 있어 굳이 힘들게 계단을 오르내리지 않고서도 원하는 곳에 손쉽게 이를 수 있다. 버튼 몇 개만 누르면 갖고 싶은 물건이 집까지 택배로 배달되니 굳이 물건을 사러 밖으로 나갈 필요가 없다. 게다가 컴퓨터 게임을 즐기다 보니 굳이 친한 사람들과 운동을 하기 위해 만나는 일도 줄어들고 있다. 마음만 먹으면 며칠이라도 집 밖에 나가지 않고 먹고 마시고, 즐기는 일이 충분히 가능한 세상이 되었다.

반면에 과거처럼 먹을 것이 부족한 시대가 아니라 주변에 먹거리가 넘쳐나므로 생각만 하면 얼마든지 편리하고 쉽게 구할 수 있게 되었다. 몸을 움직일 일은 없는 대신에 먹을 것은 넘쳐나니 성인군자와 같은 자제심이 아니고서는 살이 찌지 않으려야 않을 도리가 없다. 그래도 젊었을 때는 나름대로 몸매 관리에 신경을 쓰지만 결혼하고, 애를 낳고, 한 해 두 해 세상 풍파에 시달리다 보면 자신도 모르게 어느 순간 불어 있는 몸매를 발견할 수 있다. 우리나라 성인치고 정상체중의 범위를 벗어나지 않은 사람은 그리 많지 않을 것이다.

그래서 새해만 되면 살을 빼겠다는 사람들이 늘어나고 주변에는 몇 개월에 몇 킬로그램 감량을 보장해준다는 피트니스 클럽의 광고가 범람을 한다. 다이어트 용품, 다이어트 식단, 다이어트 운동 프로그램, 다이어트 약 등 다이어트와 관련된 산업은 영원한 베스트셀러에 오를 뿐 아니라 갈수록 시장이 커져가고 있다. 하지만 정작살 빼기에 성공했다는 사람은 찾아보기가 그리 쉽지 않다. 작심삼일이라는 말처럼 며칠만 지나면 살 빼는 노력을 포기하거나 지독한 결심으로 어렵사리 살을 뺐더라도 요요현상으로 순식간에 다시 살이찌는 경우를 자주 보게 된다.

다이어트는 성공하기가 왜 이렇게 쉽지 않은 것일까? 개인의 의지나 처한 환경 등 여러 가지 요인이 있겠지만 다이어트에 실패하는원인 중 하나는 식단의 구성에 있다. 대다수의 사람들이 살을 빼기위한 방법으로 무조건 굶는 등 섭취하는 음식의 양을 줄이거나 저칼로리 음식으로 대체한다. 살과의 전쟁에서 공공의 적으로 인식되고 있는 밥 또는 면과 같은 탄수화물이나 각종 육류와 같은 음식을 줄이고 과일이나 채소 위주로 된 식단을 선택한다. 하지만 이러한 식단은 선천적으로 다이어트를 오래할 수 없게 만드는 한계를 지니고 있다.

음식물 섭취는 기본적으로 신체가 하루의 활동에 필요로 하는 에너지를 보충하는 행위이다. 음식물을 통해 신체는 포도당 등 신체 대사에 필요한 에너지를 보충하게 되는데 신체라고 하면 몸만 생각할 수 있지만 여기에는 두뇌도 포함된다. 두뇌는 인체에서 차지하는 비중이 무게로 따졌을 때 1.4kg 내외로 몸무게의 2~3%에 불과하지만 몸에서 소모되는 에너지의 20% 정도를 쓴다. 에너지 센터인 셈이다. 이러한 에너지 소모 과정을 통해 각종 호르몬과 신경전달물질을 원활하게 만들어내고 필요한 곳에 적절히 공급함으로써 신체의 각종 지표들을 균형 잡힌 상태로 유지할 수 있도록 만들어준다. 이러한 화학물질들이 제대로 생성되고 분비되지 않으면 균형적으로 돌아가던 신체 시스템에 불균형이 발생해 어려움을 겪을 수 있다.

사람의 두뇌에서 가장 중요한 역할을 하는 부위 중 하나가 시상하부라는 곳인데 우리 몸에 필요한 모든 화학물질들을 만들어내는 화학 공장 역할을 한다. 이곳에서 만들어진 화학물질을 분비함으로써 체내 환경을 조절하고 외부 세계와 균형을 유지할 수 있도록 항상성을 조절한다. 시상하부에는 음식의 섭취와 관련된 섭식중추와 포만중추가 자리하고 있다. 배가 고프면 먹고 싶다는 지령을 내림으로써 음식물을 섭취하게 만드는 것이 섭식중추이고, 배가 포만 상태가 되면 배가 부르다는 지령을 내려 음식물 섭취를 중단하게 만드는 것이 포만중추이다. 이 두 가지 중추가 양팔 저울처럼 균형을 이루면서 한쪽으로 기울지 않도록 식욕을 조절하게 된다. 이 두 가지 중추에 작용하는 신경전달물질이 바로 쾌락 물질로 알려진 도파민과 활성물질로 알려진 세로토닌이다. 도파민이 많이 분비되면 섭식중추가 자극을 받고 이렇게 도파민에 의해 자극된 뇌를 안정시키는 것이 바로 세로토닌이다.

세로토닌은 포만감을 느끼게 하여 음식 섭취량을 줄이려는 욕구를 일으키게 한다. 세로토닌이 부족하면 배고픔을 느끼게 되고 달고 기름진 음식에 대한 욕구가 점차 강해진다. 반대로 세로토닌이 증가하면 포만감을 느끼게 되어 음식 섭취에 대한 욕구를 느끼지 않는다. 우울증 치료제로 쓰이는 선택적 세로토닌 흡수 억제제SSRI는 시냅스에서 분비된 세로토닌이 다른 신경세포로 전달되지 못하고 다시 재흡수되는 것을 막아주는 역할을 하는데 이를 통해 기분이 좋아지는 효과뿐 아니라 음식에 대한 섭취 욕구도 줄어들게 되는 것이다. 그래서 SSRI를 다이어트 목적으로 먹는 경우도 있다.

고비를 넘기지 못하고 폭식을 하는 이유

식욕을 억제하게 하는 세로토닌은 트립토판Tryptophan이라는 물질을 바탕으로 해서 만들어진다. 트립토판은 인간 영양에 필수적인 아미노산으로 트립신이 단백질을 가수분해할 때 생긴다. 이것이 세로토닌을 생성하는 주요 원료가 되기 때문에 트립토판이 부족하면 세로토닌을 제대로 합성할 수 없게 된다. 세로토닌이 부족하면 당연히 기분이 가라앉을 수밖에 없다. 살을 빼는 동안 우울한 감정을 느끼는 것도 세로토닌이 부족해졌기 때문이다.

그런데 세로토닌을 생성하는 원료인 트립토판은 안타깝게도 주로 빨간색 육류나 생선 등에 많이 포함되어 있다. 세로토닌이 가장 많이 들어 있는 음식들을 순서대로 살펴보면 씨앗과 견과류에 가장 많고 그다음으로 콩, 치즈, 양고기나 소고기 및 돼지고기 등 육류, 닭고기, 생선, 게나 랍스터 등 갑각류, 귀리, 달걀노른자 등이다. 이 외에 두부, 아몬드 등에도 들어 있지만 그 양이 많지 않아 충분히 섭취하기 어렵다. 『세로토닌 100% 활성법』의 저자인 아리타 히데호有田秀穂와 같은 사람은 특별히 트립토판의 섭취에 대해 염려할 것이 없다고 하지만 일반적으로 트립토판은 채소를 통해서는 흡수하기 어렵고 고단백 음식을 통해서만 섭취할 수 있는 것으로 알려져 있다.

다이어트를 하면서 칼로리를 낮추기 위해 과일이나 채식 위주의 식단을 구성하고 육류나 생선 등을 멀리하면 트립토판의 섭취가 어려워지고 이는 세로토닌을 원활하게 생성하는 데 영향을 미치게 된다. 그러다 보면 앞서 언급한 대로 울적한 기분을 유발할 수 있고 꾸준한 의지를 가지고 일정 기간 참아내다가도 어느 순간 폭발적으로 식욕을 억제하지 못하고 마구 음식을 섭취하게 된다. 주위에서 보면 다이어트를 하다가 어느 순간 식욕을 참지 못하고 미친 듯이 음식을 섭취하는 경우를 어렵지 않게 볼 수 있는데 이것이 바로 트립토판이 부족해서 오는 현상이라고 할 수 있다. 그래서 다이어트에 성공하려면 가끔씩 육류나 생선을 섭취해주는 것이 좋다.

세로토닌의 부족은 불면증과 같은 수면 장애를 불러올 수도 있다. 수면을 조절하는 호르몬은 멜라토닌이라는 물질인데 이는 좌우 대뇌반구 사이에 있는 솔방울 모양의 내분비기관인 송과체에서 만들어져 혈액 속으로 분비된다. 멜라토닌이 부족하면 제대로 수면을 취하기 어렵게 된다. 그런데 트립토판이 부족하면 멜라토닌도 제대로 합성이 안 된다. 멜라토닌은 트립토판을 원료로 하여 세로토닌을 거쳐 만들어지기 때문이다. 과일과 채소 위주의 식단으로 트립토판이 부족해지면 세로토닌의 생성이 부족해지고, 이는 다시 멜라토닌의 부족으로 연쇄 파급효과를 낳게 되는 것이다. 결국 음식의 섭취가 수면에까지 영향을 미치게 된다.

깨어 있는 시간이 길어지다 보면 배고픔을 느끼게 만드는 '그렐린' 호르몬이 분비되어 무언가 먹을 것에 대한 욕구가 증가하게 된다. 여기에서 그렐린에 대해 잠깐 살펴보고 넘어가도록 하자. 인체에는 식욕을 조절하는 그렐린과 렙틴이라는 두 가지 호르몬이 있다. 우선 그렐린ghrelin은 위와 췌장에서 만들어지는데 위장이 비어 있으면 배고픔을 느끼도록 하여 음식물을 섭취하게 만든다. 소위 '배꼽시계'라고 하여 때가 되면 배고픔을 느끼는 것도 바로 그렐린 호르몬의 작용이다. 위장에서 그렐린이 혈액 속으로 분비되어 그 신호가 뇌에 전달되면 뇌는 음식물을 섭취하도록 명령을 내린다. 그렐린은 식사 전에 수치가 최고에 이르렀다가 식사를 한 후 1시간 정도 지나면 최저 수준으로 떨어진다. 배고픔을 느끼고 음식물을 섭취하게 만든다고 하여 '식탐 호르몬'이라는 좋지 못한 누명을 쓰고 있지만 그렐린이 없으면 식욕을 느끼지 못하게 되어 심각한 문제를 초래할 수 있다.

반대로 식욕을 억제하는 호르몬은 렙틴(leptin, 그리스어로 말랐다는 뜻)이다. 렙틴은 지방세포에서 분비되는데 배가 부르고 에너지가 충분하다는 신호를 혈액을 통해 뇌의 시상하부에 전달함으로써 식욕을 불러일으키는 뉴런의 활동을 억제한다. 어느 정도 배가 부르면 렙틴의 수치가 높아져 더 이상의 섭식 활동을 하지 않도록 만들어주는 것이다.

그렐린과 렙틴은 저울추의 양쪽에서 서로 반대의 작용을 하면서 시상하부와 연결된 뇌하수체의 활동을 조절하고 우리 몸의 에너지 균형을 알맞은 상태로 유지해준다. 그렐린 수치가 올라가면 배고픔을 느끼고 음식물을 찾게 되지만 음식물을 섭취하고 나면 렙틴이 분비되어 포만감을 느끼고 에너지를 보충하게 되는 것이다. 이 두 호르몬의 작용으로 인해 우리 몸에는 늘 적정한 수준의 에너지가 유지될 수 있다.

그런데 살을 빼겠다는 생각으로 음식 섭취를 갑자기 중단하면 그렐린 수치가 올라가 폭식이나 과식을 하는 원인이 될 수 있다. 그러므로 살을 빼고 싶다면 음식 섭취량을 한 번에 급격하게 줄이기보다는 서서히 줄여나가는 것이 바람직하다. 아침을 거르는 것도 마찬가지이다. 일본의 스모 선수들이 체중을 늘리는 방법은 아침을 먹지 않는 것이다. 아침을 먹지 않으면 그렐린 수치가 최대로 올라가 식욕을 자극하는데 몸에서는 언제 음식물이 들어올지 모르기 때문에 최대한 많은 양의 에너지를 비축해두려고 한다. 그래서 폭식을 하게 되는 것이다. '아침은 황제처럼, 점심은 평민처럼, 저녁은 거지처럼'이라는 말이 있는데 아침에서 저녁으로 갈수록 식사를 가볍게 하는 것이 바람직하다.

저녁을 먹고 나면 그렐린은 그 수치가 최소화되었다가 4~5시간이 지나면 다시 분비되기 시작하여 다시 수치가 높아진다. 잠자리에 들기 직전에 출출함을 느끼고 야식이 생각나는 것도 이 때문이다. 그러니 야식이 생각나기 전에 일찍 잠자리에 드는 것도 비만을 방지하는 방법 중 하나이다. 이 외에 수면이 부족하면 그렐린의 수치가 올라가고 렙틴은 부족해져 비만의 요인이 되기도 한다. 잠을 못 자는 사람들이 살이 찌는 이유도 바로 이 때문이다. 스트레스 역시 코르티솔 분비를 통해 지방을 축적하도록 만들므로 비만을 예방하기 위해서는 피하는 것이 좋다. 물론 마음대로 되는 것은 아니겠지만 말이다.

만병의 주범 스트레스

살을 빼기 어렵게 만드는 또 하나의 주범은 바로 스트레스이다. 현대인들의 삶은 하루도 스트레스에서 자유로울 수 없다. 직장 생활을 하는 것 자체가 스트레스일 수도 있고 경제활동을 하지 않는다고 하면 그것 자체가 또 하나의 스트레스가 될 수 있다. 스트레스가 쌓여도 그것을 건강하게 해소할 만한 방안이 마땅치가 않다. 스트레스를 해소한다는 명목으로 젊은 사람들은 게임에 빠지기도 하지만 오히려 더욱 큰 스트레스를 받기도 한다. 어찌 되었거나 이렇게 현대인들은 스트레스의 섬에 갇혀 지내는데 스트레스를 받으면 뇌에서는 그 스트레스 상황을 해결하기 위해 모든 자원을 집중한다. 즉 몸속의 에너지를 모두 끌어당겨 그 스트레스 원인을 해소하려고 한다.

스트레스를 받는 상황에서 몸속에 에너지가 부족하면 뇌는 몸에 신호를 보내 에너지를 보충하라는 지시를 내린다. 배가 고파지고 식욕을 느끼게 되는 것이다. 이에 대해서는 뒤에서 다시 다루기로 하자. 아무튼 늘 스트레스 상황에 시달리는 현대인들이 뇌에서 내려보내는 지령을 어기고 다이어트를 하기란 쉽지가 않다. '이번만 특별히' 하고 면죄부를 발급하는 순간 그동안의 노력은 수포로 돌아가고 만다. 탑을 쌓기는 쉬워도 무너뜨리는 것은 한 순간이듯 한 번의 예외는 또 다른 예외를 낳고 연이어 또 다른 예외를 만들어내 결국엔 실패하고 만다.

이러한 이유들이 복합적으로 작용하면서 살 빼기는 쉽지 않은 일이 된다. 이것을 자신의 의지 부족이라며 자책할 필요는 없다. 살을 빼는 가장 좋은 방법은 운동과 식단 조절을 병행하는 것이다. 다이어트를 경험해본 사람이라면 모두 이해하겠지만 살은 선형으로 빠지지 않고 계단식으로 빠진다. 즉 어느 순간 살이 빠졌다가 그것이 한동안 유지되고 다시 어느 순간 살이 빠졌다가 그것이 유지되는 식을 반복한다. 이때 살을 빼기 위해서는 먹는 것을 조절해야 하고 그것을 유지하기 위해서는 운동이 필요하다. 적당히 어렵고 쉽게 숙련되지 않는 운동을 통해 지방 소모를 촉진하고 육류와 생선 등을 포함한 균형 잡힌 식사를 하되 그 양을 점진적으로 줄여나감으로써 무리하지 않는 것이 중요하다. 무조건 과일이나 채소 위주의 식단을 짠다고 해서 살을 뺄 수 있는 것은 아니다.

이왕 다이어트 얘기가 나왔으니 한 가지 더 이야기하고 넘어가도록 하자. 살을 빼는 노력은 부작용을 초래할 수 있는데 그것은 사람을 급격히 늙어 보이게 만든다는 것이다. 살을 빼려는 노력의 기간이 길면 길수록 몸은 먹고 싶은 것을 마음껏 먹을 수 없는 상황으로 인해 스트레스를 받게 되고 인체 내부에는 영양소가 부족해진다. 뇌는 스트레스 시스템을 동원하여 자신에게 필요한 에너지를 공급하려고 하므로 살을 빼는 기간 내내 항상 높은 스트레스 상태를 유지한다.

하지만 스트레스 상태가 만성적으로 이어지면 신체에는 스트레스 호르몬인 코르티솔이 쌓인다. 코르티솔이 지나치게 많아지면 사람의 피부 조직을 공격하여 외모를 실제보다 더 늙어 보이게 만든다. 급격하게 살을 뺀 사람이 몇 년은 늙어 보이는 이유도 바로 이 때문이다. 이것은 비단 겉으로만 그렇게 보이는 것이 아니라 실제로 몸의 노화가 가속화된 결과이기도 하다. 그래서 살을 급격하게 빼는 것은 몸의 노화를 촉진하는 것이기도 하다.

스트레스를 받으면
왜 매운 음식이 당길까?

고통 뒤에 찾아오는 짜릿한 쾌감

텔레비전을 보다 보면 가끔씩 아주 매운 음식을 먹는 사람들의 모습을 볼 수 있다. 맛집 프로그램에 소개되기도 하고 종종 게임의 벌칙으로 매운 음식을 먹이는 모습도 볼 수 있다. 주변에서도 매운 음식을 좋아하는 사람들을 어렵지 않게 본다. 그중에는 매운 음식이라면 사족을 못 쓸 정도로 광적인 애착을 보이는 사람들도 있다. 왜 그럴까? 무엇이 그들을 그토록 매운맛에 집착하도록 만드는 것일까?

매운 음식은 많은 장점을 가지고 있다. 매운 음식에 포함된 캡사이신capsaicin은 나쁜 콜레스테롤이나 염증을 낮추어 심장을 좋게 해준다. 대체적으로 매운 음식을 많이 먹는 사람들은 그렇지 않은 사람들에 비해 심장마비와 같은 질환이 적다. 미국암연구협회American Association of Cancer Research에 의하면 매운 음식은 암세포를 죽이거나 전

립선과 같은 부위에서의 암의 전이 속도를 늦춤으로써 암을 예방하는 효과도 있다. 또한 신진대사를 촉진하고 칼로리를 태움으로써 비만 예방에도 뛰어나고 혈류 흐름을 높여 혈압을 낮춰주는 효과도 있다고 한다. 그런데 이러한 것 이외에도 매운 음식을 먹게 되면 또 다른 효과를 얻을 수 있다.

사람의 미각은 기본적으로 단맛, 짠맛, 쓴맛, 신맛 그리고 감칠맛의 다섯 가지 맛을 느끼도록 되어 있다. 매운맛은 포함되어 있지 않은데 매운맛은 미각이 아니라 통각이기 때문이다. 즉 매운맛을 느끼는 것은 무언가에 부딪혀 아픔을 느끼거나 뜨거운 불에 데어 쓰린 것과 같이 고통을 느끼는 감각이다. 매운맛이 입안에 들어오면 혀가 감각을 느끼지 못할 정도로 마비되는 느낌이 든다. 뒷골을 바늘로 찌르는 듯한 짜릿함과 통증이 함께 느껴지기도 한다. 그런데 매운맛이 주는 통증을 이겨내고 나면 그 후에는 쾌감을 느낄 수 있다. 사람들이 매운 음식을 즐겨 찾는 이유는 이렇게 깊은 통증 후에 찾아오는 쾌감을 즐기기 위해서이다.

매운맛의 통증은 자율신경계인 교감신경의 반응과 관련되어 있다. 교감신경은 분노나 두려움, 불안, 고통과 같은 부정적인 감정을 느꼈을 때 활성화되어 아드레날린성 호르몬을 분비함으로써 에너지를 발산하는 과정을 촉진한다. 심장은 급작스럽게 뛰고 혈압은 높아지며 호흡이 가빠지고 혈관이 수축되어 온몸의 털이 쭈뼛 선다. 몸에서는 땀이 흐르고 입이 바짝 마르며 근육은 긴장되어 위험으로부터 재빠르게 벗어날 수 있도록 준비 태세를 갖추게 한다. 내장 운동을 억제하여 소화가 잘 안 되고 똥이나 오줌이 마렵지 않도록 배변과 이뇨 작용도 멈추게 된다.

매운 음식에 포함된 캡사이신 성분이 뇌를 자극하여 교감신경을 활성화시키면 몸은 이렇게 긴장 상태를 취한다. 하지만 교감신경의 활성화로 분비된 아드레날린은 효과가 그리 오래가지 않는다. 화가 날 때 참을 인忍 자 세 번이면 된다고 말하는 것이나 3분만 참으라고 말하는 것도 아드레날린이 짧은 시간 내에 효과가 소멸되기 때문이다. 몸은 항상 한쪽으로 치우치지 않도록 스스로 균형을 맞추려고 하는 항상성을 갖추고 있는데 교감신경의 활성화로 인해 지나치게 흥분 상태에 놓이면 이에 대한 길항작용으로 이번에는 부교감신경이 활성화된다.

부교감신경은 교감신경과 반대로 심장박동을 느리게 하고 혈압을 낮춰주며 침의 분비를 촉진하고 장운동을 활발하게 함으로써 배변이나 이뇨 작용을 용이하게 만들어준다. 또한 소화 흡수를 촉진하고 안정감을 찾게 되는 등 신체적, 정신적으로 이완 상태를 만들어주어 에너지를 비축하는 상태가 된다. 부교감신경이 활성화되면 엔도르핀이라는 신경전달물질이 분비된다. 엔도르핀은 '몸에 있는 모르핀'이라는 뜻으로 모르핀보다 300배 가까운 진통 효과가 있다. 몸에 극심하게 무리가 올 때 그 통증을 잊도록 하기 위해 분비되는 물질로 고통의 완화나 행복감, 안정감 등을 느낄 수 있게 만들어준다.

매운 음식을 먹으면 고통을 느끼고 교감신경이 아드레날린을 분비하여 스트레스 반응을 일으키지만 곧이어 부교감신경이 엔도르핀을 분비하여 쾌감을 느끼도록 만들어주는 과정을 거치게 되는 것이다. '통증-긴장-이완-쾌감'의 사이클이 진행되는데 결국 사람들이 매운 음식을 먹는 것은 그것이 주는 고통을 즐기는 것이 아니라 그 고통이 지나간 후에 오는 만족감이나 쾌감을 즐기기 위한 것이다. 사람에 따라서는 이러한 과정으로부터 느껴지는 쾌감이 다른 사람들보다 큰 경우가 있는데 그 기분을 맛보기 위해 매운 음식을 습관적으로 찾는 것이다.

스트레스가 쌓였을 때 매운 음식을 찾는 이유도 바로 이 때문이다. 스트레스가 쌓인 상태에서 매운 음식을 먹고 통증을 느끼며 교감신경의 작용으로 인해 흥분이 고조되어 에너지가 발산된다. 뒤를 이어 부교감신경이 분비하는 엔도르핀의 작용으로 인해 편안하고 즐거운 감정을 느끼게 된다. 남성 실험자에게 바늘에 실을 꿰는 과제를 부여하면 스트레스를 나타내는 베타$_\beta$파가 증가하지만 매운 청양고추를 먹으면 짧은 시간 안에 베타파의 수준이 낮아져 편안함을 느낀다는 실험 결과도 있다. 단지 호르몬의 작용으로 인한 감정의 변화에 불과하지만 기분이 상쾌하게 전환되는 것이 마치 가슴속에 쌓였던 스트레스가 한꺼번에 빠져나가는 듯한 착각을 느끼는 것이다.

스트레스를 받으면 왜 허기를 느낄까?

매운 것이 아니라도 사람에 따라서는 스트레스를 먹는 것으로 풀기도 한다. 생각해보면 중요한 시험을 치렀거나 갑작스럽게 집중해서 머리를 쓰고 나면 피곤이 몰려오고 허기가 지는 것을 느꼈을 것이다. 애인과 헤어지고 난 후 또는 직장에서 상사에게 신 나게 꾸지람을 듣고 난 후에도 허기를 느끼는 경우가 있다. 그래서 어떤 사람들은 스트레스를 받았을 때 미친 듯이 먹어댐으로써 그 스트레스를 해소하려고 한다. 음식의 양도 평소의 식사량보다 훨씬 많아진다.

왜 스트레스를 받으면 허기를 느끼는 것일까? 상식적으로는 맛있는 음식을 먹음으로써 스트레스에 대한 보상을 받고 싶은 심리가 발동되기 때문일 것이라고 생각할 수 있다. 심리적인 허기를 먹는 것으로 채우고 싶다는 뜻이다. 하지만 스트레스를 받았을 때 허기를 느끼는 데는 보다 과학적인 이유가 숨어 있다.

독일의 뤼베크 대학에서 스트레스가 미치는 영향을 알아보기 위해 간단한 시험을 치르는 실험을 실시했다. 피험자들은 18~33세의 건강한 남성들이었는데 시험에 앞서 혈액을 채취하여 스트레스 수준을 측정했다. 모든 피험자들은 시험을 네 시간 앞둔 시점에서 똑같은 점심을 먹은 후 시험이 모두 끝날 때까지 음식물을 일절 섭취하지 못하도록 하였다. 시험을 보는 방에는 가구가 거의 없이 테이블만 놓여 있었다. 피험자들은 흰색 가운을 입은 여성 시험관과 남성

시험관이 앉은 맞은편에 선 채로 테스트에 응하였다. 카메라와 마이크를 설치함으로써 피험자들에게 시험 상황임을 간접적으로 강조하여 긴장을 유도하였다.

피험자들은 몇 분 동안 자기소개를 하고 자신의 장점에 대해 시험관들에게 설명하였다. 하지만 시험관들은 피험자들의 말에 공감을 표하기는커녕 차가운 눈빛과 노골적인 불만을 드러내며 알 수 없는 내용을 기록하였다. 자기소개가 끝난 후에는 곧바로 수학 시험이 이어졌다. 피험자들은 17단계에 걸쳐 계산하는 문제를 풀어야 했는데 답이 틀릴 때마다 시험관들로부터 차가운 경멸을 당함과 동시에 처음부터 다시 계산을 해야만 했다. 의도적으로 이렇게 함으로써 피험자들이 스트레스를 받도록 만든 것이다.

10분 동안 이렇게 힘든 상황을 겪게 한 뒤 피험자들을 옆방으로 데려가서 다시 혈액을 채취한 후 스트레스 수준을 측정하였다. 단지 10분여에 불과한 짧은 테스트였고 시험 결과가 아무런 의미가 없음을 잘 알고 있으면서도 시험을 치르고 난 후 피험자들의 혈액에서는 스트레스 호르몬인 아드레날린과 코르티솔 수치가 매우 높아졌다. 더불어 심장박동수의 증가와 불안, 떨림, 땀 흘림 등의 스트레스 증상과 함께 두뇌의 신경세포에 에너지가 부족한 상태인 신경 당결핍 neuroglycopenia 증상도 나타났다. 이러한 증상이 나타나면 언어 장애나 집중력 저하, 생각의 지체, 시야 흐림이나 어지러움, 힘 빠짐 등의 증상이 나타나게 된다. 이는 스트레스가 뇌에서의 에너지 고갈을 가져올 수 있다는 것을 말해준다.

시험이 끝난 후 연구자들은 보상 차원에서 피험자들에게 풍성한 뷔페를 제공했다. 치즈, 소시지, 빵, 연어, 고기 샐러드, 머핀, 초콜릿, 오렌지 주스 등이 제공되었는데 피험자들이 식사를 하는 동안 다시 한 번 혈액 채취가 이루어졌다. 이는 스트레스 상황에서 뇌가 얼마나 많은 에너지를 소모하는지 알아내기 위한 것이었다. 혈액 검사 결과, 불과 10분여간의 짧은 테스트를 겪으며 스트레스를 받았을 뿐이지만 피험자들은 평균적으로 34g의 탄수화물을 섭취한 것으로 나타났다. 이는 하루에 인체에서 필요로 하는 탄수화물의 양 200g의 6분의 1에 해당하는 양이다. 10분 동안 심리적인 스트레스를 받을 때 소비하는 에너지의 양이 상상을 초월할 정도로 많았다. 이렇게 영양분을 보충하자 피험자들에게서 나타났던 떨림이나 땀 흘림, 피로, 탈진 등의 증상은 모두 사라졌다.

연구진의 실험은 여기에서 끝나지 않았다. 시험에 참가한 또 다른 그룹이 있었는데 이 그룹에게는 앞선 풍성한 메뉴 대신 채소와 저칼로리 드레싱을 끼얹은 샐러드 뷔페만 제공했다. 이 집단 역시 시험으로 인해 스트레스를 겪은 후라 배고픔을 느끼며 허겁지겁 샐러드를 먹었지만 기운을 되찾지는 못하였다. 샐러드 섭취 후 30분 정도가 지나서도 이 집단의 신경 당결핍 증상은 스트레스 경험 직후와 달라지지 않았다. 이는 뷔페 음식에 포도당을 공급해줄 수 있는 탄수화물이 없었고 그로 인해 두뇌에서 여전히 당이 부족한 상태가 계속되어

어지러움이나 집중력 저하, 언어 장애 등의 증상이 개선되지 않았던 것이다.

스트레스는 에너지를 급속도로 소모하게 만드는 원인

앞의 사례를 통해 스트레스를 받으면 왜 갑자기 극심한 허기가 발생하고 집중적으로 신경을 쓰고 나면 피로가 몰려오는지 이해할 수 있을 것이다. 시험이 끝난 직후 피험자들이 34g의 탄수화물을 섭취했다는 것은 시험을 보는 동안 그만큼의 에너지가 소모되었음을 나타낸다. 그리고 그 에너지는 두뇌 활동으로 인한 것이므로 두뇌에서 에너지 소모가 이루어졌음을 나타낸다. 바꿔 말하면 두뇌가 에너지의 보충이 필요한 상태가 되었음을 나타내는 것이다. 두뇌가 에너지의 부족을 느끼면 에너지를 보충하고자 하는 액션이 이루어진다.

뇌는 포도당을 유일한 에너지원으로 활용하는데 성인의 경우 하루에 120~130g의 포도당을 소모한다. 작은 종이컵으로 한 잔 정도 되는 양이라고 보면 된다. 그런데 자신이 소모할 에너지가 부족해지면 두뇌는 스트레스 시스템을 활용하여 부족한 영양을 보충하려고 한다. 즉 두뇌에 포도당이 부족해지면 시상하부-뇌하수체-부신샘으로 이어지는 스트레스 신경경로를 통해 췌장에 인슐린 분비를 중지하라는 명령을 내린다.

인슐린은 잘 아는 것처럼 포도당이 몸속으로 흡수될 수 있도록 도와주는 역할을 한다. 식사를 마치면 혈중 포도당 수치가 높아지는데 이때 포도당이 세포막으로 흡수될 수 있도록 도와주는 역할을 하는 것이 인슐린이다. 이것이 없으면 포도당이 세포 안으로 흡수되지 못한다. 거칠게 말하자면 당뇨는 인슐린이 부족하여 포도당이 흡수되지 못하고 소변을 통해 배출되는 증상이라고 할 수 있다. 두뇌가 인슐린의 분비를 중지하라는 명령을 내리면 인슐린의 양이 부족해지고 혈액 속의 포도당은 몸으로 흡수되지 못하고 혈류를 타고 두뇌로 공급된다.

뇌는 '이기적인' 측면이 있어 자신에게 필요한 에너지를 최우선적으로 취한다. 사람이 오랜 동안 영양을 섭취하지 못하면 신체의 모든 장기들이 정상 시에 비해 40% 가까이 무게가 줄어들지만 두뇌의 무게 변화는 거의 없다. 아프리카의 가난한 아이들이 몸은 뼈만 앙상하게 남아 있음에도 불구하고 머리만 크게 보이는 것도 바로 이 때문이다. 몸과 나누어 써야 할 에너지를 모두 두뇌가 빼앗아 가는 것이다.

스트레스를 받으면 뇌는 많은 에너지를 소모할 수밖에 없고 소모된 에너지를 빠른 시간 안에 보충하지 않으면 신체에서의 부작용이 따르게 되므로 몸으로 돌아가야 할 영양소를 자신을 위해 사용할 수 있게 만든다. 이때 혈류 속에 포함된 포도당이 부족하면 근육이나 지방, 간 등에 저장되어 있던 에너지가 혈액을 타고 두뇌로 공급된다. 그마저 부족해지면 뇌는 외부로부터 음식을 보충하라는 명령을 내리는데 그러면 '허기'를 느끼게 된다. 허기를 느끼면 외부로부터 음식을 조달하여 섭취함으로써 부족한 포도당을 보충하는데 바꾸어 말하자면 허기를 느낀다는 것은 뇌에 영양이 부족하다는 것을 뜻한다. 이것이 바로 스트레스를 받으면 배고픔을 느끼고 평소보다 많은 음식을 먹게 되는 이유이다.

이러한 두뇌 작용을 이용하여 돈벌이를 하는 곳이 영화관의 간식 코너이다. 요즘 영화관에 가보면 간식 코너가 예전에 비해 훨씬 커지고 성행하고 있다는 것을 알 수 있다. 촬영 기술과 컴퓨터 그래픽 기술 등이 발달하면서 과거와는 스케일이 다른 공상과학 영화나 판타지 영화가 늘어나고 있다. 무언가 차분하게 생각하면서 감상에 빠질 수 있는 영화들은 상대적으로 적어지고 상영 시간 내내 극도로 긴장하고 흥분하게끔 만드는 영화들이 압도적으로 많아지고 있다. 음향 효과도 관객들의 긴장을 유도하도록 과학적으로 만들어진다. 관객들은 그런 영화를 보면서 즐거워하고 한계효용체감의 법칙에 따라 자극은 날이 갈수록 점점 그 강도를 높여가고 있다.

이런 것들은 뇌의 입장에서 보면 모두 스트레스이다. 공포 영화를 보거나 판타지 영화를 보면서 긴장감을 느낄 때 두뇌는 그것을 즐거움이 아니라 스트레스로 받아들인다. 그러면 스트레스를 해소하기 위해 에너지를 집중적으로 소모한다. 소위 말해서 '당이 떨어지는' 것이다. 이때 먹는 음식들은 부족한 당분을 보충해줄 수 있어야 하므로 팝콘이나 추러스, 버터를 바른 오징어, 달콤한 음료 등 달달한 것들을 많이 찾게 된다. 공포 영화나 판타지 영화를 보면서 그런 것들을 먹지 않는다고 생각해보라. 아마도 견딜 수 없을 것이다. 반대로 잔잔한 멜로 영화나 감동적인 드라마를 보면서 간식이 먹고 싶다고 생각해본 적이 있는가? 결국 극장의 간식 코너가 성행하는 것은 최근 제작되는 영화의 장르나 형태와도 관련이 있어 보인다.

음식보다 건강한 스트레스 해소법이 필요

지금까지 살펴본 것처럼 스트레스는 매운 것이든 아니든 무언가 음식을 섭취하도록 만드는 요인이 된다. 하지만 음식을 통해 스트레스를 해소하는 것은 부작용도 있으니 주의해야 한다. 우선 매운 음식을 통한 스트레스 해소는 일시적일 뿐 근본적인 문제 해결 방식은 될 수 없다. 물론 순간적으로나마 쾌감을 느끼게 해주고 스트레스를 잊도록 만들어주므로 아무것도 하지 않는 것보다는 낫겠지만 스트레스를 일으키는 근본 원인에 대한 해결 없이 매운 음식으로만 일시적인 행복감을 느끼려고 한다면 이는 플라시보placebo, 즉 위약 효과와 다를 바 없다.

또한 엔도르핀은 신경전달물질로 행복감과 안정감을 느끼게 하고 고통을 완화시켜주는 장점이 있지만 반면 중독이 될 수 있다는 단점도 가지고 있다. 스트레스 상황에 자주 노출되고 그때마다 매운맛을 통해 스트레스를 달래면 점진적으로 엔도르핀으로 인한 쾌감에 둔감해지고 점차 더 매운 음식을 찾을 수밖에 없다. 하지만 지나치게 매운 음식은 위장 장애를 일으키는 등 부작용이 따른다. 스트레스로 신진대사가 저하된 상태에서 매운 음식의 섭취는 위산의 역류 등 부작용을 초래할 수 있다는 연구 결과도 있다.

스트레스를 먹는 것으로 해소하는 경우에도 주의가 필요하다. 『플렉시테리언 다이어트Flexiterian Diet』의 저자인 돈 잭슨 블래트너Dawn Jackson Blatner는 스트레스를 받았을 때 카페인이 많이 포함된 에너지 음료, 알코올, 커피, 가공 음료, 프렌치프라이 등을 먹지 말라고 권하고 있다. 각각은 나름의 이유로 인해 스트레스 해소에 도움이 안 된다고 하는데 특이하게도 사탕이나 초콜릿 등 단 음식들은 스트레스 호르몬의 수치를 높여주므로 피해야 한다고 지적하고 있다. 그러나 사실 스트레스 받았을 때 이러한 음식들이 가장 당기지 않는가? 감자튀김을 곁들인 맥주 한잔, 매운 닭발, 달달한 초코바 등이 당기는데 이런 것들을 자제하려고 하면 더욱 스트레스가 심해질지도 모르겠다.

어쨌거나 스트레스를 받았을 때 먹는 것에 지나치게 의존하는 것보다는 심신을 이완하고 안정시키는 조치가 필요하다. 가장 좋은 방법은 스트레스 요인을 제거하는 것이지만 말처럼 쉬운 것이 아니므로 일과 활동을 줄이고 억지로라도 휴식을 취하는 등 보다 적극적인 대응이 필요하다. 교감신경을 억제하는 데 도움이 되는 필수 아미노산과 비타민 D, B2, B12, 미네랄, 마그네슘, 아연 등이 포함된 음식을 섭취하는 것도 스트레스 해소에 도움을 줄 수 있다. 중요한 것은 긍정적인 태도와 앞서 살펴본 것처럼 스트레스 해소 방법을 알고 이겨 낼 수 있다는 생각을 갖는 것이라고 할 수 있다.

왜 가위에
눌리는 것일까?

불필요한 자극이 가위 눌림을 불러온다

깊은 어둠 속에서 누군가 나를 바라보는 것 같은 섬뜩한 느낌이 든다. 눈을 떠보니 형체를 분간할 수 없는 검은 그림자가 천장에 매달려 있다. 그 그림자는 눈 깜짝할 순간 코앞으로 다가와 손을 뻗어 목을 조르려고 한다. 싸늘한 냉기가 느껴진다. 팔을 뻗어 그 검은 그림자를 물리치려고 하지만 웬일인지 몸이 움직이질 않는다. 당황하여 다시 한 번 손을 움직이려고 하지만 도무지 손가락 하나 까딱할 수가 없다. 도움을 요청하기 위해 누군가를 부르려고 하지만 목소리조차 나오지 않는다. 이대로 죽는 건 아닐까 하는 공포감이 온몸을 휩싸고 돈다.

가위 눌리는 것은 참 괴로운 일이다. 나 역시 젊은 시절에 몇 번인가 가위에 눌린 경험이 있다. 꿈인지 생시인지 아리송한 상황에서 분명 의식이 깨었다고 느끼고 몸을 움직이고 싶은데 아무리 애를 써도 손가락 하나 까딱할 수가 없다. 의식은 있는데 몸을 움직일 수 없고 움직이려고 하면 할수록 움직일 수 없다는 것을 깨닫게 되어 오히려 미쳐버릴 것만 같다. 차라리 다시 잠들어버리기라도 하면 좋으련만 움직일 수 없다는 고통 때문에 잠은 오지 않고 점점 괴로움만 더해간다. 이대로 죽는 것 아닌가 하는 생각에 두려움마저 느낀다. 그렇게 한참을 괴로워하다가 어느 순간 요행히 손가락을 움직일 수 있게 되면 비로소 가위 눌림에서 해방된다. 가위가 풀리는 순간의 기쁨은 정말 말로 다 할 수 없을 정도로 행복하다.

누구나 한 번쯤은 가위에 눌려본 경험이 있을 것이다. 조사 방법에 따라 편차가 크긴 하지만 적게는 인구의 5%에서 많게는 60% 정도까지가 가위에 눌려본 경험이 있다고 한다. 한때 같이 근무했던 동료 직원 중 한 명은 꽤 자주 가위에 눌려 괴로울 지경이라고까지 했다. 반면 어떤 사람들은 살면서 거의 가위 눌리는 경험을 못 하고 지나가는 사람들도 있다. 혹자는 가위에 눌리는 것이 귀신이 천장에서 처다보고 있거나 가슴을 누르고 있기 때문이라고 말하기도 한다. 근거 없는 미신이긴 하지만 그것도 나름 일리 있는 말이기도 하다. 그 이유는 잠시 후에 살펴보기로 하자.

그런데 가위는 무엇이며 왜 사람들은 가위에 눌리는 것일까? 가위는 '가운데'를 나타내는 순우리말로 '가위 눌린다'는 말은 '몸의 가운데' 혹은 '가슴 가운데'를 눌린다는 말과 마찬가지라고 할 수 있다.

그렇다면 가위 눌림은 왜 생기는 것일까? 결론적으로 이야기하자면 가위는 일종의 수면 장애이다. 수면 마비라고도 하는데 잠을 자다가 몸을 움직일 수 없는 상태가 되는 것을 말한다.

여러 번 언급한 것처럼 사람은 잠을 자는 동안 의식 또는 무의식 상태에서 외부로부터 받아들인 정보를 가치 있는 것으로 분류하고 그것을 장기 기억으로 저장하기 위해 뇌가 활발히 움직이며 그 부산물로 꿈을 만들어낸다. 그런데 이러한 활동은 렘수면 단계에서 일어나기 때문에 꿈은 거의 대부분 렘수면 상태에서 나타난다. 간혹 비렘수면 단계에서도 꿈을 꾼다고 하지만 흔하지는 않다.

비렘수면은 깊은 수면을 하는 단계로 대뇌신경의 가장 많은 부분이 활동을 하지만 전반적으로 패턴이 단조롭고 신경신호의 전달도 원활하지 못하다. 이때는 눈동자가 움직이지 않고 수의근들이 마음대로 움직일 수 없도록 통제된다. 몸을 뒤척이는 등 일부 수의근이 제한적으로 움직이기도 한다. 렘수면 단계는 낮은 수면을 하는 단계로 이 단계에서는 근육을 전혀 움직일 수 없도록 마비가 된다.

가위 눌림은 일종의 수면 장애

렘수면 단계에서 몸을 움직일 수 없는 이유는 꿈과 관련되어 있다. 꿈은 외부에서 받아들인 무관한 정보들이 서로 섞이거나 결합되고 때로는 기존 정보와 연계하기 위해 과거의 경험까지 이끌어내어 의미를 형성하다 보니 전혀 현실성이 없다. 앞뒤가 안 맞고 뒤죽박죽인 것은 물론 때로는 야릇한 경험을 하거나, 기분 좋은 꿈을 꾸거나, 흉흉한 꿈을 꾸는 경우도 있다. 때로는 나쁜 사람들에게 쫓겨 달아나거나 높은 낭떠러지에서 떨어지는 경우도 있고 슈퍼맨과 같은 영웅이 되어 온갖 불의를 물리치고 지구를 구하는 데 앞장서는 경우도 있다.

이렇게 악당을 맞닥뜨려서 힘껏 주먹을 휘두르기도 하고 낭떠러지에서 뛰어내리기도 하고 때로는 물불 안 가리고 위험한 상황 속으로 뛰어들기도 하는데 이 상태에서 몸이 움직인다면 어떻게 될까? 아마도 집 안의 가구는 박살이 날 것이고 몸은 몸대로 큰 위험에 빠지게 될 것이다. 옆에서 자던 애완동물이나 갓난아기마저 큰 위험에 빠질 수 있다. 이처럼 무의식 상태에서 상해를 입히거나 입지 않도록 하기 위해 뇌는 꿈을 꾸는 동안 몸이 움직일 수 없도록 마비 상태로 만드는 것이다.

캐나다 토론토 대학의 패트리샤 브룩스Patricia Brooks와 존 피버John Peever 교수에 의하면 꿈을 꾸는 동안 몸이 움직이지 못하도록 만드는 물질은 신경전달물질 중 하나인 글리신glycine과 GABA라고 알려진 감마아미노낙산Gamma Aminobutyric Acid이라고 한다. 아미노산 계열의 신경전달물질에는 두 종류가 있는데 한 가지는 글루타민산염glutamate과 같이 시냅스를 활성화시키는 흥분성 물질이고, 다른 한 가지는 글리신이나 GABA와 같이 흥분된 시냅스를 안정시키는 억제성 물질이다.

이 두 가지의 신경전달물질은 시냅스에서 서로 균형을 맞추어 분비됨으로써 몸을 안정된 상태로 일정하게 유지시키는 항상성에 관여하는데 이 중 억제성 물질인 글리신과 GABA가 수면 중에 몸의 움직임을 억제하는 것이다. 쥐들을 통한 실험에서 이 물질들을 억제하는 약물을 투여하자 렘수면 동안 몸의 마비가 일어나지 않았다고 한다. 잠을 자는 동안 말을 하거나 돌아다니거나 주먹질을 하는 등의 수면 행동 장애behavior disorder도 결국 이 신경전달물질들이 제 기능을 못하기 때문이라고 한다.

그런데 한창 꿈을 꾸고 있을 때 갑자기 의식이 돌아오게 되면 어떤 일이 벌어질까? 여전히 몸은 마비가 되어 움직일 수 없는데 의식은 남아 있는 상태가 될 수밖에 없다. 작동하지 않는 하드웨어에 소프트웨어만 탑재되는 셈이다. 그래서 몸을 움직이고자 해도 움직일 수 없는 상태가 되는데 이것이 바로 수면 마비, 즉 가위에 눌리는 현상이다. 이때는 보통 무서운 내용이나 불안한 내용의 꿈을 꾸고 있었던 경우가 많다. 그래서 자극이 감당하기 어려운 수준에 도달하면 예상치 못한 순간에 갑작스럽게 의식이 수면 위로 떠오르면서 꿈에서 깰 수 있게 된다.

이때의 의식은 완전히 회복된 것이 아니라 꿈의 연장선상에 있게 된다. 비몽사몽이라는 말처럼 꿈인지 생시인지 잘 구분이 안 가는 상태에 놓이는데 따라서 꿈에서 본 것들이나 꿈에서 들은 것들이 사라지지 않고 환각이나 환청 상태를 만들어내는 것이다. 저승사자가 머리맡에 앉아 있거나 검은 그림자가 목을 조르는 것도 바로 이 때문이다. 이상한 울음소리나 웃음소리가 들리는 것도 다르지 않다. 몸이 마비되었으니 목소리가 나오지 않는 것은 당연하다. 소리를 낼 수도 없고 몸을 움직일 수도 없는데다 환청과 환각을 경험하게 되니 귀신이 자신을 누르고 있는 것을 두 눈으로 똑똑히 보았다고 생각하는 것도 이해할 수 있는 일이다.

가위 눌림 외에도 수면 장애는 여러 가지 형태가 있다. 잦은 악몽을 꾸는 것, 잠자다 갑자기 머리맡 또는 머릿속에서 폭발음이 들려 깨는 것exploding head syndrome, 잠자리에 들거나 잠에서 깰 때 벌레가 몸이나 벽에 기어 다니는 모습 혹은 낯선 사람이 의자에 앉아 있는 모습 등의 환각을 경험하는 것, 주로 어린아이들에게서 일어나는 야경증, 가위 눌림과는 반대로 렘수면 중에 깨어나 소리를 지르고 주먹질을 하거나 흥분해서 뛰어다니는 렘 행동 장애, 자다 말고 일어나 미친 듯이 음식을 먹는 증상, 그리고 아주 흔히 나타나는 불면증 등이 있다. 잠을 깊이 못 자는 것도 수면 장애 중 하나이다.

우리가 잘 아는 몽유병도 수면 장애 중의 하나이다. 성인 중 15% 가까이가 자다 깨어 이상행동을 보이는 경우가 있다고 하는데 몽유병은 일반적으로 뇌는 깊이 잠들었지만 몸이 어느 정도 깨어 있을 때 발생한다. 일반적으로 잠을 자는 동안에는 수의근들이 마음대로 움직일 수 없도록 조절되지만 앞서 설명한 대로 억제성 신경전달물질들이 제대로 분비되지 못하면서 수의근들이 통제되지 않은 상태에서 이곳저곳 돌아다니게 되는 것이다. 2003년에 《분자정신의학Molecular Psychiatrics》에 발표된 자료에 따르면 몽유병 환자들의 거의 20% 가까이가 잠든 상태에서 돌아다니다가 상해를 입었다는 조사도 있다.

오랜 기간 불면증에 시달려온 나로서는 가끔 베개에 머리만 닿아도 정신없이 잔다는 사람들을 볼 때마다 부러움을 느끼지만 이렇게 많은 수면 장애가 있는 것을 보면 잠을 잘 자는 것은 축복받은 일이라는 생각이 들지 않을 수 없다.

잠을 잘 자는 것이 건강한 삶의 비결

그렇다면 수면 장애는 왜 생기는 걸까? 특히 가위 눌리는 흉한 꿈은 왜 꾸는 것일까? 뇌와 신체의 기능에 이상이 생긴 경우도 있지만 정서 상태 혹은 스트레스 상태와 관련되어 있는 경우도 있다. 여기에서 뇌와 신체의 이상을 논하기에는 한계가 있으므로 후자에 대해서만 살펴보자. 수면 장애는 꿈을 꾸는 과정을 유추해보면 대략 그 이유를 알 수 있다. 즉 심한 스트레스를 받아서 편도체가 지나치게 활성화되어 있고 감정적으로 격해져 있는 경우 꿈에 좋지 못한 색채가 덧칠해질 가능성이 높다. 이것이 심하면 악몽이나 가위 눌림으로 발전될 수 있다. 여기에 설상가상으로 시각적으로 자극적인 영상을 경험한다면 그 효과가 더욱 커질 것이다. 예를 들어 잠들기 전에 공포 영화를 보거나 잔인한 폭력 영화 등을 본다면 그것이 뇌 속에 남아 있다가 정보처리 과정에서 편도체가 내보내는 불안하고 두려운 감정과 뒤범벅이 되어 악몽으로 나타날 수 있고 가위 눌림으로까지 발전될 수 있는 것이다.

육체적으로 지나치게 피곤한 경우에도 가위 눌림이 발생할 수 있다. 불규칙한 수면으로 인해 극도의 피로 상태가 되면 가위에 눌리는 경우가 많아지는 것이다. 나 역시 기억을 더듬어보면 피곤한 상태에서 잠깐 잠이 들었을 때 가위에 눌린 일이 많았던 것 같다. 가위 눌림이 잦아지면 수면의 질이 낮아지므로 피로감을 느끼게 되고 기억력과 집중력이 낮아질 수밖에 없다. 수면이 기억과 집중력을 높이는 데 관여하므로 이는 당연한 결과라 할 수 있다. 더 나아가면 환청이나 환각 등으로 인해 불안장애나 공황장애 등 정신적인 질환에 시달릴 수도 있다. 알고 보면 수면 장애일 뿐이지만 그것이 지속되면 심리적인 질환으로 전이될 수 있는 것이다.

그러므로 가위 눌림과 같은 수면 장애를 없애려면 잠자리에 들기 전에 공포 영화 등 시각적인 자극을 피하고 숙면을 취할 수 있는 습관을 들이는 것이 좋다. 잠자리에 들기 한 시간 정도 전부터 조용하고 안정된 환경에서 잠자리에 들 준비를 하는 것이다. 각성을 불러일으키는 과도한 운동이나 텔레비전 시청을 줄이고 음악을 듣거나 조용한 대화를 나누거나, 자극적이지 않은 책을 보는 것이 좋다. 멜라토닌이 충분히 분비될 수 있도록 자극적인 불빛을 많이 받지 않는 것도 중요하다. 당연히 야식도 좋지 않다. 그러나 무엇보다 좋은 것은 규칙적인 수면을 습관화하고 될 수 있으면 스트레스가 없는 상태에서 잠자리에 드는 것이 좋다.

고스톱을 치면
정말 치매를 예방할 수 있을까?

늘어나는 치매 환자들

인지증認知症이라고 불리는 치매 환자가 갈수록 늘어나고 있다. 한 조사에 의하면 65세 이상 인구의 1~6%가량, 그리고 80세 이상의 10~20%가 치매를 앓고 있으며 85세가 넘어서면 그 비율이 해당 인구의 반에 이를 정도로 급격히 증가한다고 한다. 이미 고령화 사회로 접어든 후 초고령화 사회를 향해 빠르게 달려가는 우리나라의 경우 치매 환자가 앞으로 더욱 급증할 것으로 보여 심각한 사회문제를 야기할 것으로 예상된다. 이 글을 쓰는 나를 비롯하여 누구든 치매에 걸릴 가능성이 있기 때문에 방심할 수 없다.

일부 언론에서는 치매를 예방하기 위해 고스톱과 같은 활동을 하는 것이 좋다고 얘기하기도 한다. 그래서인지 마을의 노인회관마다 나이 든 어른들이 모여서 고스톱을 치는 모습을 어렵지 않게 찾아볼 수 있다. 그런데 고스톱을 치는 것이 정말 치매 예방에 도움이 될 수 있을까? 어느 정도는 도움이 될 수 있겠지만 그것만으로는 충분하지 않다. 나이 든 사람들 스스로 치매의 무서움에 대해 인지하고 그것을 예방하기 위한 보다 적극적인 노력이 필요하다.

우선 치매가 무엇인지에 대해서 알아보자. 치매는 후천적이며 지속적인 지능 손상의 증후군인데 크게 네 가지 종류로 나눌 수 있다. 가장 흔하게 볼 수 있는 것이 알츠하이머라고 알려진 치매이다. 이는 퇴행성 질환의 하나인데 유전자에 이상이 생기면서 베타아밀로이드 β-amyloid라는 잘못된 단백질이 분해되지 않고 뇌 속에 침착하면서 뇌 세포를 죽이는 것이다. 특히 사고력이나 판단력, 기억력 등을 담당하는 대뇌피질의 세포들이 점차 소실됨으로써 기억 능력, 언어 능력, 방향 감각 등이 상실되는 증상이 나타난다. 아침을 먹었음에도 불구하고 밥을 먹었는지 기억이 나지 않거나 외출했다가 자신이 어디에 있는지 알지 못해 집을 찾아오지 못하는 것 등이 이로 인한 증상이다. 알츠하이머병의 원인은 아직 밝혀지지 않았지만 학습 경험을 뇌 속에 단단하게 고정시켜주는 신경전달물질인 아세틸콜린이 감소하거나 당뇨병에 의한 합병증으로도 발생할 수 있다.

두 번째는 앞서 한 차례 언급했던 루이소체형 치매로 대뇌피질의 신경세포 가운데 '루이소체'라는 단백질군이 많이 발견되는 퇴행성 질환이다. 루이소체는 장내의 도파민을 생성하는 뉴런에 많이 나타나는데 이것이 신경을 통해 뇌로 침투함으로써 발생하는 것으로 여겨지지만 그 정확한 원인은 아직 밝혀지지 않고 있다. 기억 장애나 이해력, 판단력 등이 저하되는 특징을 가지고 있다.

세 번째는 니먼 픽씨병Niemann-Pick's disease이라고 알려진 전두측두형 치매이다. 이 병에 걸리면 대뇌의 전두엽과 측두엽이 위축되는데 '픽볼pick-ball'이라는 이상 구조물이 뇌 속에 쌓임으로써 대뇌피질을 사멸시킨다. 이 병에 걸리면 인격이나 성격이 극단적으로 변화되는 증상이 나타난다.

마지막으로 뇌혈관성 치매가 있다. 이는 혈관 막힘이 반복되어 나타나는데 뇌경색 등으로 인해 뇌의 동맥이 막히고 영양분이나 산소가 원활하게 공급되지 않음으로써 신경세포가 사멸하거나 붕괴되면서 발병한다. 작은 혈관이 막히면 한 번에 손상되는 뇌세포가 많지 않기 때문에 증상이 나타나지 않는 경우가 많지만 이것이 누적되면 결국 치매 증상으로 발전하게 된다. 이 병에 걸리면 의욕이 없어지고 감정 표현이 없는 등 조용해지거나 반대로 화를 내거나 충동을 억제하기 어려워진다. 몸의 움직임이 둔해지기 때문에 종종걸음을 걷는 등 신체 움직임에도 변화가 나타난다.

과거에는 뇌혈관성 치매가 가장 많았으나 최근 들어 알츠하이머병 환자들이 급증하고 있어 가장 높은 비율을 차지하고 있다. 알츠하이머병과 루이소체 치매, 뇌혈관 치매를 합쳐 '3대 치매'라고 부른다.

치매가 무서운 이유는 환자 당사자뿐 아니라 주변 사람들의 삶까지 파괴하기 때문이다. 집 안에 치매 환자가 한 명이라도 있으면 모든 가족들의 삶은 정상적인 궤도를 따르기 힘들다. 정신적인 고통이 너무나 심해 극단적인 선택을 하는 사람들도 있을 정도이다. 그래서 치매는 하늘이 내린 '천형天刑'이라고도 불린다. 그만큼 치매는 자신은 물론 주위 사람들을 힘들게 만들고 막대한 사회적 비용을 야기하는데 시간이 지날수록 치매 환자가 점점 증가할 것으로 예상되는 만큼 그 예방에 힘을 기울이지 않으면 안 된다.

치매를 예방하기 위한 세 가지 활동

그렇다면 치매는 예방될 수 있을까? 의학적인 관점에서는 다를지도 모르겠으나 나는 치매를 충분히 예방할 수 있을 것이라 생각한다. 그러면 어떻게 해야 예방할 수 있을까? 위에서도 잠깐 언급했지만 치매는 나이 든 사람들 스스로 그 위험성을 인지하고 적극적으로 예방하려는 노력이 필요하다. 사랑하는 가족들에게 하늘이 내린 고통을 안겨주고 싶지 않다면 스스로 노력하는 수밖에 없다. 조심해야 할 것은, 치매가 노인성 질환임에는 틀림없지만 최근 들어서는 젊은 사람들에게도 나타나고 있다는 사실이다. 알츠하이머와 같은 질병은 10여 년의 오랜 기간에 걸쳐 서서히 진행되기 때문에 잠복기를 거쳐 발현하는 데까지 꽤 오랜 시간이 걸리지만 최근에는 30대나 40대에서도 증상이 나타나는 사람들이 많아지고 있다. 그러기에 젊다고 해서 무조건 안심할 것도 못 된다.

치매를 예방하기 위해서는 세 가지를 염두에 두어야 한다. 유산소 운동과 식습관의 개선, 그리고 적극적인 정신 활동이다. 유산소 운동의 효과에 대해서는 이미 언급하였지만 간단하게 다시 살펴보자면 뇌로 가는 혈관을 확장시켜 산소와 혈류의 양을 높여준다. 뇌의 활동에 신선한 산소의 공급은 필수적이며 혈류를 통해 공급되는 영양분은 전기적·화학적 에너지의 원천이 된다. 또한 유산소 운동은 신체의 물질대사를 촉진하며 스트레스에 대한 저항성을 높여주어 심신을 건강한 상태로 유지할 수 있도록 해준다.

무엇보다 유산소 운동이 중요한 이유는 그것이 일생 동안 지속되는 신경세포의 생성을 촉진하고 뇌세포의 수가 줄어드는 것을 방지해줄 수 있다는 데 있다. 인간의 뇌세포는 평생에 걸쳐 끊임없이 생성되는데 운동을 하지 않으면 새로 생성된 세포가 쉽게 사멸된다. 그러나 유산소 운동을 하면 해마에서 생성되는 줄기세포가 신경세포로 진화되어 필요한 영역에 쓰이는 과정을 촉진해준다. 이 때문에 운동은 뇌의 노화를 늦춰줄 수 있다. 또한 나이가 듦에 따라 점차 효율이 떨어지는 가소성과 뇌의 수초화를 유지시켜줌으로써 두뇌를 보다 젊은 상태로 유지할 수 있게 해준다.

치매를 예방하기 위한 두 번째 방법은 식습관의 개선이다. 일본은 세계적인 장수 국가로 알려져 있는데 그들의 식습관을 살펴보면 대표적으로 나타나는 특징이 적게 먹는다는 것이다. 소화는 성행위

다음으로 에너지를 많이 소모하는 활동인데 과식을 하면 소화 활동에 많은 에너지를 소모하게 되고 그만큼 두뇌 활동이 저하될 수밖에 없다. 또한 비만이나 고혈압, 당뇨 등 각종 질환을 일으킬 가능성이 상대적으로 높고 그러한 질환들은 다시 뇌에 영향을 미치게 된다. 포화지방이 두뇌의 인지 기능을 저하시킨다는 연구 결과도 있다. 그러므로 여러 차례로 나누어 적은 양의 음식을 먹는 습관이 필요하다.

알칼리성 음식이나 탄수화물, 지방, 단백질의 균형 잡힌 식단도 중요하다. 복합 탄수화물은 두뇌가 에너지원으로 활용하는 포도당을 공급하는 주요 연료이며 단백질은 뇌의 각성과 기억을 단단하게 해주는 응고화 작용을 도와준다. 비타민 A, B, E 등은 기억과 회상 작용에 도움을 주는데 특히 비타민 E는 두뇌의 산소 사용을 촉진하는 역할을 한다. 세포 내에서 에너지를 만들어내는 공장이라고 할 수 있는 미토콘드리아의 세포벽을 파괴하는 물질을 중화시켜주고 뇌졸중이나 치매를 유발하는 염증을 막아준다. 또한 혈관 막힘을 예방해주기도 한다. 일본이나 스페인의 장수 마을에 나타나는 또 다른 특징 중 하나는 채소와 생선을 많이 먹는다는 것이다. 이러한 식품에는 비타민 E와 DHA, EPA, 오메가 3와 같은 몸에 좋은 지방과 리놀레산 등이 풍부하게 들어 있다. 그러므로 균형 잡힌 식단을 통해 두뇌 활동에 좋은 영양을 섭취하는 것이 바람직하다.

음식 섭취에 있어 반드시 염두에 두어야 할 것 중 하나가 꼭꼭 씹어 먹는 것이다. 우리나라 남자들은 군대를 거치면서 밥을 급하게 먹는 것이 습관이 되어 평생을 가기도 한다. 그러나 이는 두뇌 건강 측면에서 볼 때 아주 좋지 않다. 군대에서 적어도 식사만큼은 여유 있게 천천히 먹을 수 있도록 배려해줬으면 좋겠다는 생각이다. 음식을 꼭꼭 씹지 않으면 아세틸콜린이라는 신경전달물질이 감소한다. 아세틸콜린은 부교감신경과 운동신경의 정보를 전달하고 혈관을 확장하거나 소화 기능, 발한을 촉진하는 등의 작용을 하며 학습 효율을 높여준다. 앞서 언급한 것처럼 알츠하이머병에 걸린 사람들의 뇌에서 아세틸콜린의 양이 감소한 것으로 보아 서로 상관관계가 있는 것으로 여겨진다.

치매 예방을 위한 세 번째 방법은 적극적인 정신 활동을 하는 것이다. 사회 봉사 활동에 참여하거나 많은 사람들과 적극적으로 어울리고 독서나 재교육 등을 통해 두뇌를 지속적으로 활용하는 것이 필요하다. 의사들이 고스톱을 치라고 하는 것도 사고력과 판단력 등 두뇌 활동을 부추기기 위한 것인데 그것만으로는 치매를 충분히 예방할 수 없다. 그 정도로 치매가 예방될 수 있다면 그렇게 큰 사회문제가 되지는 않을 것이다. 보다 적극적인 정신 활동이 필요한데 이는 놀랍게도 치매가 진행된 상태에서도 뇌가 정상적으로 작동할 수 있도록 만들어준다.

켄터키 대학의 데이비드 스노든David Snowdon과 동료들은 1986년 이래 678명의 가톨릭 수녀들을 대상으로 뇌가 어떻게 그리고 왜 노화하는지를 살펴보는 연구를 수행하였다. 이 수녀원의 수녀들은 장수하였을 뿐만 아니라 알츠하이머와 같은 질병에 걸리지도 않았다. 그 원인을 분석해본 결과 수녀들은 평상시 적극적인 인지 활동을 한 것으로 드러났다. 이들은 퍼즐 게임이나 카드 게임, 그리고 현행 정치 이슈들에 대한 토론은 물론 책을 쓰는 등의 다른 정신적인 활동들을 꾸준히 하고 있었다.

그중 베르나데트 수녀의 이야기는 놀라움을 던져준다. 그녀는 일찌감치 석사 학위를 딴 후 28년 동안 초등학교와 고등학교에서 학생들을 가르쳤다. 그 후 수녀가 되었고 81세부터 매년 치른 인지 시험에서 최우수 성적을 거두었다. 그러다 85세의 나이에 심장마비로 숨을 거두었는데 그녀의 뇌를 해부해본 결과 알츠하이머가 가장 심각한 단계인 6단계에 이를 정도로 퍼져 있었다. 그럼에도 불구하고 그녀는 죽는 순간까지 멀쩡한 정신을 유지했으며 인지 능력에 있어서도 최고 수준을 기록하였다.

치매를 예방하는 최선의 방법

또 다른 사례도 있다. 런던에서 은퇴한 어느 교수는 체스 두기를 좋아하여 꾸준히 실력을 연마하였다. 체스를 두는 동안 그는 일곱 수 앞을 내다볼 수 있게 되었는데 어느 날부터인가 네 수 정도만 보였다. 이를 두고 그는 걱정이 되어 대학의 신경과 교수를 찾아갔지만 특별한 이상은 찾아볼 수 없었다. 치매 증상을 발견하기 위한 종합 검사를 무난히 통과하였고 뇌 스캔도 정상이었다. 이후 그는 죽는 날까지 체스를 두고 책을 읽으며, 음식을 요리하고, 컴퓨터를 새로 배우기도 하였다. 몇 년 후 그는 뇌와 무관한 원인으로 사망하였는데 부검 결과 알츠하이머 말기 증상을 보였다.

베르나데트 수녀나 런던의 은퇴 교수가 모두 놀라운 것은 그들이 이미 알츠하이머병에 의해 뇌가 심각하게 손상되었음에도 불구하고 죽을 때까지 그러한 증상이 전혀 나타나지 않고 건강하게 살았다는 것이다. 이를 두고 《뉴욕타임스》의 기자로 활동하고 있는 바버라 스트로치Barbara Strauch는 '인지적 비축분'이라는 개념을 붙였다. 이는 꾸준하게 공부를 하고 뇌를 활용하면 뇌가 필요할 때 차출하여 사용할 수 있도록 더욱 강하고 효율적인 뇌 연결망이나 복구 시스템을 비상용 뇌력으로 비축해둔다는 것이다. 이러한 '인지적 비축분' 덕분에 알츠하이머병에 걸렸음에도 불구하고 특별한 증상 없이 죽을 때까지 건강한 삶을 살 수 있었다는 것이다. 이렇게 '인지적 비축분'을 갖기 위해서는 꾸준히 공부하고 고도의 정신 활동을 통해 뇌를 단련시켜야 한다.

앞서 언급한 수녀들의 경우 연구 과정에서 20대에 썼던 자서전이 발견되었는데 젊은 시절에 문법적으로 더 복잡하고 개념적으로 풍부한 글을 주로 즐겨 썼던 수녀들은 평범한 산문체의 글을 썼던 수녀들에 비해 늙어서도 훨씬 더 활발하게 정신적 활동을 하였다. 보다 적극적이고 수준 높은 인지적 훈련이 뇌를 질병으로부터 더욱 안전하게 보호해줄 수 있음을 나타낸다. 고스톱과 같은 활동이 어느 정도는 뇌를 보호하는 효과가 있겠지만 그보다 적극적으로 뇌를 활용하려는 노력이 필요하다고 할 수 있다.

이 외에 술이나 담배를 줄이고 수면을 충분히 취하는 것 등도 중요하다. 앞서도 언급했지만 치매는 환자 자신도 괴롭지만 더욱 괴로운 사람들은 주변의 가족들이다. 치매 환자를 돌보는 가족들의 삶은 나날이 힘겨운 고통의 연속이다. 그러므로 가장 바람직한 것은 나이 들어서 치매에 걸리지 않도록 스스로 조심하고 예방하는 것이다. 운동과 식습관 조절 그리고 적극적인 인지 활동을 통해 보다 건강하고 행복한 노년의 삶을 준비할 필요가 있다.

껌을 씹는 것은
정말 버릇 없는 짓일까?

씹기 활동은 건강을 유지하는 가장 손쉬운 방법

내가 초등학교 3학년 때였으니 벌써 지금으로부터 40여 년도 더 전의 일인가 보다. 하루는 아무 생각 없이 수업 시간에 껌을 씹고 있었는데 선생님이 나를 보며 야단을 치는 것이었다. 수업 시간에 건방지게 껌을 씹는다는 것이 요지였다. 그러면서 덧붙였던 말이 40년이 지난 지금도 잊히지 않고 생생하게 남아 있다. 그 말은 '얌전한 줄 알았는데 본성이 드러난다'는 것이었다. 껌을 씹는 것과 본성이 도대체 무슨 상관관계가 있기에 당시의 선생님은 그렇게 폭언을 퍼부었을까? 껌을 씹는 사람들은 건방지며, 겉 다르고 속 다른 이중인격을 가지고 있다는 연구 결과라도 있었던 것일까? 얌전한 사람들은 껌을 씹으면 안 된다는 법률이라도 있었던 것일까? 아무튼 선생님의 눈에 띈 나는 앞으로 불려 나갈 수밖에 없었는데 선생님은 내가 씹던 껌을 꺼내 코에 붙이고 서 있으라는 명령을 내렸다. 하지만 어린 나이에도 친구들 앞에서 창피를 당하기 싫었던 나는 얼른 껌을 빼서 뒷주머니에 우겨넣었고 껌은 주머니 안에서 완전히 눌어붙고 말았다.

무엇 때문인지는 모르겠으나 우리나라에서 껌은 늘 천덕꾸러기 취급을 받았다. 윗사람들 앞에서는 껌을 씹는 것이 상당히 예의에 벗어난 행동이며 특히나 어려운 자리에서 껌을 씹는 것은 몰상식한 행동처럼 여겨졌다. 왜 그럴까? 껌에 사회적으로 통용될 수 없는 유해한 향정신성 물질이라도 포함되어 있는 것일까? 아니면 다른 이유라도 있는 것일까? 추측해보건대 껌을 씹기 위해서는 계속 입을 오물거리며 턱을 움직이지 않으면 안 되고 소리도 나다 보니 겉치레 문화에 익숙해져 있는 우리나라 사람들에게는 그러한 행동이 점잖지 못하게 보였는지도 모른다.

혹은 어른들 앞에서 음식물을 입에 넣고 말을 하면 안 된다고 교육받아온 우리의 교육 탓에 껌을 씹는 것이 예의 없는 행동처럼 보이는지도 모른다. 아무튼 세상이 많이 달라졌고 과거에 비해 사람들의 의식도 상당히 개방적으로 바뀌었지만 여전히 수업 시간이나 직장의 회의 시간 등에 껌을 씹는 것은 버릇없는 무례한 행동으로 비춰지고 있다. 지금도 직장에서 회의 시간에 껌을 씹는 직원이 있다면 당장 상사의 불벼락이 내려질 것이 뻔하다.

씹기의 다양한 효능들

껌을 씹는 것이 인생을 사는 데 별로 도움이 될 것 같지 않지만 사실 껌에는 놀라운 비밀들이 숨어 있다. 제일 먼저 껌을 씹으면 턱 근육과 두피 근육의 운동이 활발해져 뇌가 활성화된다. 턱의 관절 부위에는 두뇌에서 신체로 이어지는 신경의 연결 중 약 50%가 지나가는데 이 부위를 움직여줌으로써 신경조직의 연결을 촉진하고 이것이 뇌를 활성화하는 것이다. 또한 껌 씹기는 뇌로 가는 혈류량을 적게는 25%에서 많게는 40%까지 향상시켜주는데 혈류량이 늘어난다는 것은 그만큼 뇌에 산소가 풍부하게 공급된다는 것을 의미한다. 이는 다시 주의력과 집중력, 기억력을 향상시켜주는 효과가 있음을 나타낸다.

세인트로렌스 대학의 연구팀은 224명의 대학생들을 세 그룹으로 나누고 한 그룹은 시험을 보기 전과 시험을 보는 도중 껌을 씹게 하고, 한 그룹은 시험을 보기 전에 5분 동안 껌을 씹게 하였으며 다른 한 그룹은 통제 집단으로 껌을 씹지 않도록 하였다. 그리고 이들에게 두뇌 지능을 측정할 수 있는 테스트를 실시하였다. 그 결과 시험을 보기 전에 껌을 씹은 그룹의 학생들은 통제 집단에 비해 25~50% 정도 기억력이 향상되었다. 기억력은 껌을 씹은 직후 급격히 향상되어 20여 분간 지속되었지만 그 이후에는 정상 수준으로 되돌아왔다. 비록 장기적인 효과는 없더라도 껌을 씹는 것이 단기 기억 향상에 도움이 된다는 것을 알 수 있다.

껌 씹기는 해마에서의 신경 생성에도 도움을 준다. 껌과 같이 딱딱한 음식을 씹게 되면 해마에서의 신경 재생이 촉진되는 효과가 있는 것이다. 쥐들을 두 그룹으로 나눈 후 일정 기간에 걸쳐 한 그룹은 부드러운 사료를 먹이고 다른 한 그룹은 딱딱한 사료를 먹였다. 이후 세포분열 여부를 조사하는 데 쓰이는 화학물질을 투여한 후 해마의 신경이 새로 만들어지는 것을 조사해보았다. 그 결과 부드러운 사료를 먹인 쥐는 새로운 신경세포 형성이 미흡한 반면 딱딱한 사료를 먹인 쥐는 신경세포 형성이 활발하게 일어남을 알 수 있었다. 부드러운 사료만 먹은 쥐는 해마에서 새로운 세포가 만들어지기 어렵고 이는 기억을 저장하는 해마의 기능을 저하시키고 노화를 촉진하는 원인이 된다고 연구자들은 밝히고 있다.

껌 씹기는 스트레스에 대한 저항력을 높여주기도 한다. 현대인들은 일상적으로 높은 스트레스에 시달리고 있지만 껌을 씹는 행위만으로도 어느 정도 스트레스를 감소시킬 수 있다. 실험용 쥐에게 암을 유발하는 발암물질을 투여하고 움직이지 못하도록 뒤집어놓는 구속 스트레스 실험을 하자 그렇지 않은 쥐들보다 약 50% 이상 암 발병률이 높았다. 그런데 또 다른 쥐들에게 구속 스트레스를 주면서 막대기를 씹게 했더니 스트레스를 받지 않은 쥐들과 비교해서 발병률이 9.8%밖에 증가하지 않았다. 확실히 발병률이 낮았고 예방 효과가 나타난 것인데 이를 통해 씹는 행위가 스트레스에 대한 저항력을 높여준다는 사실을 알 수 있다.

뇌의 혈류를 증가시킴으로써 뇌를 활성화시키고 스트레스에 대한 저항력을 높여주면 그 결과로 집중력이 높아지는 효과를 얻을 수 있다. 이를 증명하는 실험이 캘리포니아 대학의 연구팀에서 이루어졌는데, 133명의 피험자를 세 그룹으로 나누고 한 그룹은 껌을 씹는 상태에서, 다른 한 그룹은 껌을 안 씹는 상태에서, 그리고 마지막 한 그룹은 소음에 노출되게 함으로써 스트레스를 받는 상황에서 기억력 테스트를 실시하였다. 일정 수준의 테스트가 끝난 후 참가자들을 대상으로 심장박동수와 스트레스 호르몬인 코르티솔 수준 등을 체크하였다.

그 결과 껌을 씹은 그룹의 참가자들이 가장 높은 집중력을 보여주었고 심장박동수나 코르티솔 양도 모두 높은 결과가 나왔다. 코르티솔은 스트레스 반응 시 분비되는 물질로 과다하게 분비되면 신경세포를 파괴하는 등 부작용을 일으키지만 적당한 수준에서는 신진대사를 촉진하고 인슐린을 차단함으로써 뇌로 가는 포도당의 양을 늘려주어 두뇌에 충분한 영양이 공급되도록 도와주는 역할을 한다. 이 덕분에 껌을 씹은 그룹은 난해한 문제를 접할수록 반응 속도가 빨랐고 기분도 가장 좋은 것으로 나타났다.

만약 살을 빼고 싶다면 껌을 씹는 것도 괜찮은 방법이 될 수 있을 것 같다. 껌을 씹는 것이 다이어트 또는 비만 억제에 효과가 있다는 것이 밝혀졌기 때문이다. 19세에서 22세의 여대생 53명에게 9주에 걸쳐 하루 세 번 식전에 10분씩 껌을 씹게 한 후 체중의 변화를 측정하였더니 무려 70%가 체중이 감소하였다. 허리나 허벅지, 엉덩이 등 하체에 많은 피하지방과 복부 장기에 많은 내장지방 모두 껌을 씹는 것만으로 감소하였는데 특히나 비만인 사람일수록 그 효과가 증가하였다. 게다가 5주 후에 피험자들의 몸무게를 측정한 결과 서서히 증가 경향을 나타내긴 하였지만 이전의 체중으로 돌아가는 요요현상은 나타나지 않았다.

음식물 섭취를 줄이는 데도 효과적이다. 루이지애나 주립대학의 연구팀은 학생들로 하여금 점심식사 후 껌을 씹게 한 다음 세 시간 후에 칼로리가 높은 스낵을 섭취하는 형태를 관찰하였다. 그 결과 껌을 씹고 난 후에는 그렇지 않았을 때보다 칼로리가 높은 음식을 찾는 횟수가 줄었으며 당분이 많은 음식에도 관심을 덜 보이는 것으로 나타났다. 이는 껌 씹기가 포만중추를 자극하여 음식물 섭취를 줄이기 때문이다. 시상하부에 있는 섭식중추와 포만중추가 교대로 배고픔과 포만감을 느끼게 함으로써 식욕을 조절하는데 섭식중추는 도파민에 의해, 그리고 포만중추는 세로토닌에 의해 자극을 받는다. 껌을 씹게 되면 세로토닌의 분비가 늘어나 포만중추가 자극되어 포만감을 얻게 되고 섭식중추의 활동이 억제되므로 음식물을 과다 섭취하지 않게 되는 것이다. 섭식뿐 아니라 껌 씹기는 세로토닌 분비를 촉진하는데 이를 통해 상쾌한 기분 상태를 유지할 수 있어 일석이조의 효과까지 얻을 수 있다.

질병을 늦춰주는 씹기

　놀랍게도 껌 씹기는 현대인들의 질병을 늦춰주는 효과까지 있다. 다수의 연구 결과에 의하면 음식물을 꼭꼭 씹어 먹는 사람들은 그렇지 않은 사람들에 비해 치매에 걸릴 확률이 훨씬 낮은 것으로 나타났다. 이는 알츠하이머라고 알려진 퇴행성 치매와 관련되어 있는데 퇴행성 치매는 유전자 변형으로 발생한 베타아밀로이드라는 단백질이 뇌에 침착됨으로써 뇌세포를 파괴하는 병이다. 주로 고등 인지 기능을 담당하는 전두피질의 뇌세포가 파괴되는데 씹는 횟수가 줄어들수록 베타아밀로이드의 양이 늘어나 치매에 걸릴 확률이 높아지는 것이다.

　재미있는 것은 나이 들어서 이가 약해지거나 빠지게 되어 씹는 힘이 약해지면 치매에 걸릴 확률이 높아진다는 것이다. 일본 후쿠 시 대학의 곤도 가츠노리 교수팀이 아이치 현에 사는 65세 이상의 건강한 남녀 4,425명을 무작위로 뽑아서 4년 동안 추적 조사한 결과 치아가 20개가 안 되는 사람들은 20개 이상인 사람들에 비해 치매에 걸릴 확률이 1.9배나 높다는 결과를 얻었다. 노인 환자들 중 씹는 기능을 하지 못해 튜브 등을 사용해 영양 물질을 위로 직접 주입하거나 링거와 같이 액체로만 영양을 공급하게 되면 치매가 발병하는 경우가 많지만 이들이 다시 씹는 활동을 강화하면 정상으로 돌아왔다는 사례들이 여럿 보고되고 있다. 그러므로 음식을 꼭꼭 씹어 먹는 것이 중요하다. 아직 치아가 건강한 편이라면 곡류나 견과류 등을 하루에 조금씩 나누어 꼭꼭 씹어 먹는 것도 좋다.

껌 씹기는 다른 질병의 예방에도 효과적이다. 합병증으로 인해 치매로 발전할 수 있는 당뇨병 역시 껌 씹기를 통해 예방할 수 있다. 껌을 씹게 되면 혈액 속의 당분이 감소되는데 이를 통해 당뇨의 위험성이 줄어드는 것이다. 또한 껌을 30회 이상 씹게 되면 침샘에서 파로틴이라는 호르몬이 분비된다. 이 호르몬은 뼈나 치아의 조직을 튼튼하게 해주고 혈관의 신축성을 높여주며 모발이나 피부의 발육을 좋게 하고 청소년의 성장을 촉진시켜준다. 또한 제2형 당뇨병의 발병과 진행을 억제하는 효과도 있는데 한마디로 노화를 방지하고 젊음을 되찾아주는 회춘 호르몬이라고 할 수 있다. 껌 씹기가 이 파로틴 호르몬의 분비를 촉진함으로써 체내 활성산소를 줄여 노화를 방지하고 암을 예방해주며 젊음을 유지할 수 있도록 해주는 것이다.

씹는 행위는 운동과 감각을 담당하는 두정엽과 운동을 계획하고 조절하는 전두엽, 그리고 이와 관련된 연합 영역을 활성화시킴으로써 전반적으로 신체 기능을 향상시키는 데도 관여한다. 그런데 나이가 들어 씹는 힘이 저하되면 운동피질에 대한 자극이 감소되고 이로 인해 근육을 제어하는 기능이 저하되어 헛발질을 하거나 쉽게 넘어질 위험이 커진다. 또한 두정엽의 시냅스 형성이 감소됨으로써 공간 인지 기능도 떨어져 길을 잃는 경우도 종종 발생한다.

대략적으로 살펴보았지만 천박한 이미지를 뒤집어쓰고 있는 껌 씹기에 이렇게 많은 효과가 있는 줄은 미처 몰랐을 것이다. 껌을 많이 씹으면 사각턱이 된다고 하여 피하는 사람들도 있으나 과하지만 않다면 껌을 씹는 것도 나쁘지 않을 듯싶다. 중요한 것은 껌이 아니다. 조금 딱딱한 음식물을 꼭꼭 오래 씹어 먹는 것에 있다. 특히 견과류나 곡류 같은 것들을 조금씩 나누어 먹으면 더욱 효과가 있다. 이러한 원리를 응용하여 아이디어 회의나 토론 등을 할 때 딱딱한 음식을 씹어 먹으면서 하는 것도 효과적일 수 있다. 회사에서도 리더들이 부하 직원들에게 무조건 건방지다고 나무라기만 할 것이 아니라 씹는 활동이 미치는 영향을 설명하면서 무언가 '씹을 것'을 권해보면 어떨까? 그러면 부하 직원들도 상사를 '씹는' 일이 줄어들지 않을까?

부록

뇌의 구조와 역할

−신경세포의 구조와 활동

뇌의 구조와 역할

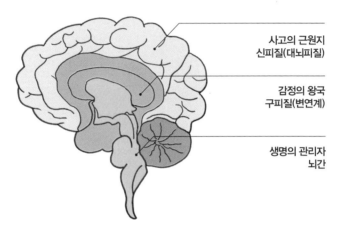

사고의 근원지
신피질(대뇌피질)

감정의 왕국
구피질(변연계)

생명의 관리자
뇌간

[출처: 국학원]

　미국의 심리학자인 폴 매클린Paul McKlin은 1950~1960년대에 '뇌 삼위일체 이론'을 주장했는데 그에 따르면 사람의 두뇌는 위의 그림에서 보는 것처럼 크게 세 가지 구조로 이루어져 있다. 우선 가장 안쪽 부분에 '뇌간'이라는 영역이 있는데 이는 가장 원시적인 부위이다. 뇌간은 5억만 년 전에 발달된 부위로 뇌의 가장 안쪽에 자리 잡고 있으며 척수와 연결되어 있어 심장박동이나 호흡, 침 분비 등과 같이 가장 기본적인 생명 유지 활동을 관장한다. 파충류의 뇌는 대부분이 뇌간으로 구성되어 있어 이를 '파충류의 뇌'라고 부르기도 한다. 동물적 충동의 원천으로 기능한다는 점에서 뇌간은 프로이트가 주장한 '이드id'와 유사하다고 할 수 있다.

다음으로는 뇌간을 둘러싸고 변연계가 자리 잡고 있다. 대뇌변연계라고 부르기도 한다. 기쁨이나 슬픔, 분노, 두려움, 초조, 불안, 즐거움 등 감정적인 기능을 담당하고 있어 정서뇌emotional brain라고도 부르는데 이 영역이 존재함으로 인해 다양한 감정을 느낄 수 있다. 이 영역은 가장 안쪽에 자리한 뇌간과 바깥쪽에 자리한 대뇌피질을 서로 연결함으로써 상호작용이 일어나도록 한다. 또한 이 영역에서 체온, 혈압, 혈당, 소화 기능 등 체내 환경을 조절하는 많은 화학물질들이 만들어지고 체내로 분비되어 화학적인 뇌chemical brain라고 불리기도 한다. 오래되었다는 의미로 구피질이라고도 부르며 대부분의 포유동물이 이 영역을 포함하고 있어 '포유류의 뇌'라고도 한다. 이 영역에서는 외부 자극에 대한 신체적·감정적 반응과 섭식, 성행위 등을 조절하는데 이 영역의 활동이 지나치게 강하면 충동적인 행동을 하게 된다.

변연계를 둘러싼 뇌의 가장 바깥쪽에는 신피질, 다른 용어로는 대뇌피질이라고 부르는 영역이 있다. 이 영역은 영장류에게서만 나타나는 독보적인 부분이기에 '영장류의 뇌'라고도 불린다. 이 영역을 통해 이성적이고 논리적인 사고와 합리적인 의사결정, 그리고 고차원적인 인지 활동 등이 이루어진다. 변연계에서 발생하는 동물적인 충동을 억제하는 역할도 이 영역에서 이루어진다.

이렇게 뇌는 뇌간과 변연계, 그리고 대뇌피질의 3개 영역으로 구성되어 있는데 이 모든 영역들이 한꺼번에 발달하는 것이 아니라 태아 시절부터 성인이 될 때까지 시간을 두고 순차적으로 발달된다. 정자와 난자가 만나 수정이 되면 몇 주 내로 신경판이 만들어지고 이것이 신경관이 되는 신경배형성 과정을 거치게 된다. 신경관은 다시 뇌와 척수로 발달하게 되는데 이 과정에서 뇌간, 변연계, 대뇌피질의 순으로 뇌가 형성된다. 즉 뇌간이 가장 먼저 만들어지고 대뇌피질은 가장 늦게 형성되는 것이다.

대뇌피질에 대해서는 조금 더 자세히 살펴볼 필요가 있다. 다음 그림은 뇌를 외부에서 바라본 모습으로 왼쪽이 이마, 오른쪽이 뒤통수 쪽이다. 대뇌피질은 크게 네 부분으로 나눌 수 있는데 중심고랑을 기준으로 두뇌 앞쪽에 자리 잡고 있는 부분을 전두엽, 머리 위쪽에서 뒤쪽으로 자리 잡은 영역을 두정엽, 뒤통수 부분에 자리 잡은 영역을 후두엽, 그리고 귀가 있는 옆쪽에 자리 잡은 부분을 측두엽으로 부른다. 각 영역의 기능을 살펴보면 다음과 같다.

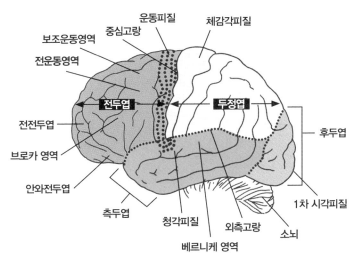

[출처: Kandel & Schwarts, 1984]

전두엽

전두엽은 대뇌피질 중에서 가장 중요한 역할을 담당하고 있는 영역이다. 뇌에서 가장 늦게 진화된 부분이자 가장 늦은 시기까지 발달하는 영역으로 자기 인식self-awareness이나 자유의지 등의 의식 활동이 일어남으로써 인간을 가장 인간답게 만들어주는 역할을 한다. 이 영역은 무엇인가에 집중하거나 몰입할 때 가장 활성화되며 이성적이고 창조적인 사고, 논리적 판단 등과 같은 기능을 가능하게 해준다. 또한 미래의 행동을 계획하고 예측할 수 있도록 만들어준다. 예를 들어 공부를 하지 않으면 좋은 대학에 진학할 수 없다는 것을 예상할 수 있으므로 계획을 세워 공부를 하게 만드는 것이다. 이렇게 전두엽은 자율적이고 목적 지향적인 행동이 가능하게 한다.

또한 작업 기억과도 관련되어 있으며 충동을 억제하는 역할을 하는데 사춘기의 청소년들이 감정 조절에 애를 먹는 것도 전두엽이 제대로 발달하지 않았기 때문이다. 전두엽 중에서도 가장 핵심적인 영역이 전전두엽인데 두뇌의 다른 영역의 기능을 조율하고 조정하는 CEO 역할을 한다. 전전두엽은 가장 고차원적인 의식과 인지 능력을 관장함으로써 인간이 다른 동물들과 확연하게 차별화되는 존재가될 수 있도록 만들어준다.

전두엽의 뒤쪽 부분에는 운동피질이 자리 잡고 있어 필요한 경우 전두엽에서 이 운동피질에 명령을 내려 신체의 근육을 이완시킴으로써 움직임이 일어나도록 한다. 운동피질에는 신체 각 부위의 근육 활동을 제어하는 영역이 배정되어 있어 해당 영역을 자극하면 관련된 신체 부위가 저절로 움직인다. 운동피질 바로 앞에는 전前 운동 영역과 보조 운동 영역이 있는데 실제로 어떤 행동을 실행하기 전에 그것을 마음속에 그려보는 역할을 담당한다.

눈두덩 바로 뒤쪽으로 자리 잡고 있는 안와전두엽은 강한 억제자의 역할을 한다. 이 영역에서는 주의를 유지하고 방해를 차단하며 과다하게 집중하거나 몸이 굳어지는 것을 방지한다. 또한 실수를 파악하거나 저속한 행동이 나타나는 것을 막아준다.

전두엽의 뒤쪽 아래 측으로는 언어를 담당하는 브로카 영역이 존재하는데 이 영역은 정확한 발음을 하도록 만들어주는 운동 언어 영역이다. 이 영역에 이상이 생기면 말을 듣거나 글을 읽는 데는 문제가 없지만 말하는 데 어려움을 겪어 눌변이나 단어 실어증과 같은 증상을 보인다.

두정엽

양쪽 귀 바로 위에서 정수리 부분까지 이어져 있다. 이곳에는 체감각피질이 있어 손이나 발, 피부 등을 통해 들어오는 압력, 온도, 통증, 쾌감, 촉감 등 모든 감각을 처리하는데 그 때문에 체감각 영역이라 부른다. 체감각피질에는 운동피질과 마찬가지로 신체 각 부분에서 느끼는 감각을 관리하는 영역이 구분되어 있다. 그래서 체감각피질의 특정 부분을 건드리면 손을 만지는 느낌이 들기도 하고 다른 부분을 건드리면 얼굴을 만지는 듯한 느낌이 들기도 한다. 두정엽 아래쪽의 피질을 들어내고 안쪽으로 들어가면 미각을 느끼는 뇌섬엽이라는 부위가 존재한다.

체감각 외에 두정엽에서는 시각과 공간 감각 및 방향 감각 등을 담당하며 측두엽에 걸쳐 베르니케 영역이 존재하고 있어 언어 기능의 일부를 담당한다. 이 부위가 손상되면 말은 유창하게 하되 앞뒤가 맞지 않고 횡설수설하는 증상을 보인다. 또한 두정엽은 시각피질과 연합하여 시각 활동을 돕는 역할을 한다. 눈을 통해 들어온 시각 정보가 시각피질을 거친 후 두정엽으로 전달되면 이곳에서 움직임과 깊이감을 계산하여 물체의 위치를 파악한다. 그래서 이 영역에 이상이 생기면 움직이는 물체를 알아보기 어렵게 된다.

측두엽

측두엽은 귀 주변에 위치하고 있어 청각을 담당한다. 이곳에는 소리를 처리하는 데 관여하는 신경세포 집단이 존재하여 음파가 귀의 고막을 통해 청각신호로 변환되면 그 신호를 해석하여 의미를 이해한다. 이러한 역할은 주로 왼쪽 측두엽에서 일어나며 새로운 단어나 소리 등은 오른쪽 측두엽에서 담당한다. 또한 측두엽의 안쪽에는 학습과 기억의 저장에 관여하는 해마가 자리 잡고 있어 새로운 학습과 기억에도 밀접한 관련이 있다. 따라서 측두엽이 손상되면 새로운 것을 기억하지 못하게 된다.

측두엽은 우리가 본 것을 감정이나 기억과 연결시키는 감정 기억의 창고와도 같다. 이 부위도 시각피질과 연합하여 시각 활동을 돕는 역할을 한다. 눈을 통해 받아들인 시각 정보가 2차로 전달되면 그 사물의 형태와 색깔을 인지함으로써 그 물체가 무엇인지 파악하도록 만든다. 그래서 이 영역에 이상이 생기면 눈으로 보면서도 그 물체가 무엇인지 알 수 없게 된다. 정리하자면 측두엽은 언어와 청각, 의미, 개념적 사고, 연합 기억 등을 담당한다.

후두엽

인간이 가장 많이 사용하는 감각이 시각인데 시각중추가 자리 잡고 있는 곳이 후두엽이다. 눈을 통해 들어온 정보의 대다수는 시상을 거쳐 이곳 시각피질로 전달되어 일차적으로 처리된다. 시각피질은 하나의 층으로 구성된 것이 아니라 빛, 움직임, 모양, 형상, 농도, 색조 등 시각적 질감을 해석하는 역할이 나누어진 여러 피질들이 연합되어 있다. 시상을 거친 시각 정보가 후두엽의 시각피질로 전달되면 맨 뒤의 V1 영역으로부터 이마 쪽으로 진행하며 순차적으로 위에 언급한 정보들을 해석한다. V1은 눈으로 보고 의식하는 시각 정보들을 처리하는데 하나의 이미지를 잘게 쪼개어 마치 퍼즐 조각처럼 서로 다른 신경세포들에 나누어 처리한다. 그런데 만약 V1을 이루는 신경세포 중의 일부가 손상되면 이미지의 특정 조각에 관련된 정보를 처리할 수 없게 되므로 이 부분은 보이지 않게 되는데 이를 맹점blind spot이라고 한다. 만약 V1이 완전히 손상되면 앞을 볼 수 없게 된다. V5는 움직임만을 처리하는 시각피질인데 만약 V1이 손상되었더라도 V5가 멀쩡하다면 눈으로 볼 수 없음에도 불구하고 사물의 형상이나 움직임을 볼 수 있다. 이러한 현상을 맹시盲視라고 한다.

　한때 인터넷에서 화제가 되었던 드레스 색깔 논쟁도 시각피질의 기능과 관련되어 있다. 시각피질의 어떤 신경세포 집단은 색깔만 전문적으로 담당하는데 우리가 일상생활 속에서 보는 사물의 색상은 사물 고유의 색과 광원의 색이 결합된 것이다. 그런데 우리 주변을 비추는 빛의 색깔은 시간에 따라, 주위 환경에 따라 일정하지 않고 시시각각 변한다. 예를 들어 새벽녘이나 저녁에는 붉은빛이 돌게 되고 날씨에 따라 푸르스름한 빛이 돌기도 한다. 이렇게 주변의 빛이 바뀔 때마다 그 색을 있는 그대로 인식한다면, 예를 들어 내 자동차의 색깔이 어떤 날은 불그스름하게 보였다가 어떤 날은 푸르스름하게 보이는 등 사물의 색상이 쉴 새 없이 바뀔 것이다. 심지어 하루 중에도 수없이 그러한 현상이 반복됨으로써 방금 전에 본 물체의 색상이 다른 색깔로 보이게 될 것이다.

　이렇게 되면 너무 피곤하지 않을까? 그래서 뇌는 이러한 현상을 방지하기 위해서 하나의 참고점reference point을 이용하여 색이 일관되게 보일 수 있도록color constancy 보정해준다. 예를 들어 새벽녘에 하얀 머그잔을 들고 있으면 일출로 인해 약한 붉은빛을 띠게 되므로 미리 그만큼을 감안해서 머그잔이 붉은색이 아니고 하얀색으로 보이도록 조절해주는 것이다. 마치 카메라의 컬러필터가 작동하는 것처럼 말이다. 그래서 주위에서 보는 사물들이 외부 빛의 변화에 관계없이 항상 일정한 색으로 보이도록 유지시켜주는데 드레스 사진의 경우 주변에 참고점이 많지 않기 때문에 뇌가 잠시 착각을 일으킨 것이다. 어도비Adobe사에서 컴퓨터를 이용해 분석한 결과에 따르면 드레스 색깔은 파란색과 검정색이 혼합된 것이라고 하는데 만약 이것이 흰색과 황금색으로 보인다면 상대적으로 색일관성을 유지하는 기능이 다소 떨어지는 것이라고 생각할 수 있다. 물론 문제가 있는 것은 아니다.

　이렇게 대뇌피질의 각 부위와 그 기능에 대해 살펴보았는데 이제 좀 더 안쪽으로 들어가 보도록 하자.

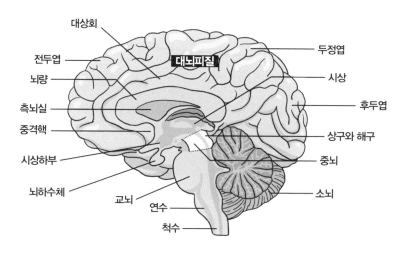

[출처: http://www.brocku.ca에서 일부 수정]

소뇌

인간의 뇌에서 가장 오래된 역사를 가지고 있으며 가장 빨리 만들어지는 영역으로 신경세포의 반 정도가 이곳에 몰려 있다. 대뇌피질이 신경세포들의 허술한 연결로 이루어져 있다면 소뇌는 그와 반대로 아주 촘촘하게 신경세포들이 연결되어 있다. 이 부위는 신체의 움직임과 깊은 연관이 있는데 동작을 계획하고 실행하는 데 관여한다. 골격근 운동을 조절하고 몸의 균형을 잡아주며 타이밍, 조준 및 오류 보정 등 운동을 통제하는 역할을 한다.

그래서 소뇌에 이상이 있는 사람들은 움직이는 물체를 가리키거나 말하기, 글쓰기, 악기 연주하기, 스포츠 활동, 심지어 손뼉 치기와 같은 연속 동작에 어려움을 겪는다. 소뇌는 주의 전환에도 관여하여 옆에서 무슨 일이 생겼을 경우 즉시 그 쪽으로 주의를 돌려 대응할 수 있게 만들어준다. 소뇌는 의도적 계획을 담당하는 전두엽과 연계되어 복잡한 정서적 행동에 영향을 미치기도 한다. 또한 자전거 타기나 수영하기와 같이 무언가 신체적인 활동을 동반하는 학습을 하였을 때 그것을 저장함으로써 의식하지 않고도 그 행동이 재연되도록 돕는 역할을 한다.

대상회

대상회 또는 대상피질은 전두엽의 비서 역할을 하는 부위로 우선순위를 결정하여 행동을 계획하고 개시하며 주의 방향을 제시하는 역할을 한다. 타인의 감정에 공감을 하거나 타인의 감정을 헤아리는 데 관여한다.

시상

'안방'이라는 의미를 가진 그리스어 '탈라무스thalamus'에서 유래된 용어로 후각을 제외한 인체의 모든 감각 정보가 이곳을 거쳐 간다. 신체에서 들어온 각종 정보를 식별해서 적합한 대뇌피질 영역으로 전달하기 때문에 뇌의 관제탑 혹은 컨트롤 타워라 할 수 있다.

시상하부

시상하부는 시상의 아래쪽에 위치한 영역으로 우리 몸에 작용하는 모든 화학물질이 만들어지는 신체의 화학공장이다. 자율신경계와 내분비선을 조절하고 이곳에서 만들어진 화학물질은 뇌하수체를 통해 몸에 분비됨으로써 성행동이나 영양분, 수분, 체온 등의 항상성 유지에 관여한다.

뇌하수체

시상하부에서 만들어진 화학물질을 분비하여 체내의 화학적 상태를 안정되게 유지시켜주는 역할을 한다.

뇌량

뇌의 두 반구를 연결하는 축색다발로 양 반구 사이의 정보 교환이 원활하게 이루어질 수 있도록 한다.

중뇌

감각계, 운동계 등의 기능을 하는 신경세포가 존재하여 우리 몸의 자율적인 활동을 조정하고 화학적 균형을 유지하도록 만들어준다. 또한 위쪽의 뇌 영역과 척수 사이에 정보가 전달되는 통로 역할을 함으로써 우리 몸이 외부 환경에 적응할 수 있도록 해준다.

교뇌

대뇌피질과 소뇌를 연결하는 다리 역할을 하는데 대뇌피질에서 뻗어 나온 신경세포의 90% 이상이 교뇌를 지나며 모든 정보를 반대쪽 소뇌에 전달한다.

연수

연수는 척수 바로 위에 위치해 있으며 호흡이나 심장박동, 구토, 침 분비, 기침, 재채기 등과 같이 생명 유지에 필요한 활동들을 조절하는 역할을 한다.

편도체

불안이나 두려움, 고통 등을 관장하는 부위로 감정 상태의 조절과 관련되어 있으며 위험 상황에서 스트레스 반응을 유발함으로써 우리 몸을 경계 상태로 만들고 적절한 대응이 이루어지도록 한다. 편도체가 지나치게 민감하면 두려움을 느끼거나 화를 억제하기 힘들어진다. 또한 편도체는 해마와 함께 기억의 저장에 관여하기도 한다.

해마

바다 속에 사는 해마와 비슷하게 생겼다고 해서 붙여진 이름으로 장기 기억이 형성되는 곳이다. 우리가 어떤 경험을 하면 해마는 오감과 짝을 지어 새로운 기억을 만들어내는데 오감으로 들어오는 정보를 서로 연결하여 사람과 사물, 장소와 시간, 사람과 사건 등을 연합한다. 예를 들어 벌에 쏘인 경험이 있는 경우 그 장소를 다시 찾아가거나 벌을 보면 예전에 쏘였던 기억이 떠오를 것이고 그때 느낀 고통도 떠오르게 될 것이다. 이러한 기능을 연합 기억이라고 하는데 이러한 기능 때문에 새로운 것을 배우거나 이해할 때 이미 알고 있는 정보를 사용할 수 있게 된다. 해마가 손상되면 새로운 기억을 형성하지 못하게 된다.

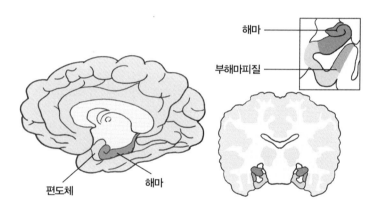

[출처: 브레인 월드]

대상회, 시상, 시상하부, 뇌하수체, 뇌량, 편도체와 해마 등이 감정 조절과 관련되어 있는 변연계에 해당하는 영역들이다.

신경세포의 구조와 활동

두뇌의 구조와 역할에 이어 신경세포의 구조와 활동에 대해서도 간단하게 살펴보도록 하자. 신경세포는 크게 핵이 있는 세포체, 다른 신경세포로부터 신호를 받아들이는 수상돌기, 그리고 신경세포에서 만들어진 신호를 다른 신경세포로 전달하는 축삭 또는 축색 등 세 부분으로 나누어진다. 하나의 신경세포에서는 한 개에서 수만 개의 수상돌기가 생겨나는데 이 수상돌기를 통해 다른 신경세포로부터 전달되는 신호를 받아들인다. 수상돌기를 통해 받아들인 신호가 일정한 수치(역치)를 넘어서면 신경세포에서 신호가 발생하고 그 신호가 축색을 따라 옮겨가 인접한 다른 신경세포로 전달된다. 신경세포에서 뻗어 나오는 축색은 하나뿐이지만 끝에서 여러 마디로 나뉘어져 주변의 수많은 신경세포의 수상돌기들과 시냅스를 이룬다. 축색이 다른 신경세포의 수상돌기와 만나면 이곳에서 신경전달물질이라고 하는 화학물질의 이동이 이루어지는데 이렇게 화학물질을 주고받는 틈을 시냅스라고 한다. 그 간극은 100만 분의 1cm 정도밖에 되지 않는다.

축색은 신경신호의 전달을 빨리하기 위해서 마치 줄줄이 소시지처럼 지방으로 된 절연물질을 둘러싸고 있는데 이를 수초라고 한다. 수초가 형성되면 그 부분을 건너뛰면서 전기 반응이 이루어지므로 정보 전달 속도가 매우 빨라진다. 인간의 뇌에서는 평생을 두고 이러한 수초화가 지속된다. 신호가 발생하여 신호를 전달하는 신경세포를 시냅스 전세포라 하고 신호를 전달받는 신경세포를 시냅스 후세포라 한다.

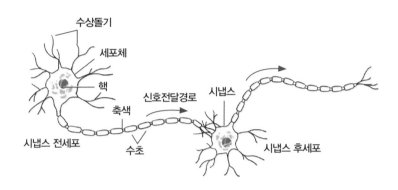

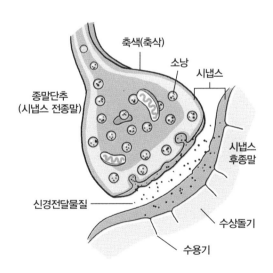

시냅스를 확대해서 살펴보면 축색의 끝은 단추처럼 끝이 부풀어 올라 있는데 이를 종말단추 혹은 시냅스 전종말이라고 부른다. 여기에는 신경전달물질이 담긴 소낭 또는 소포체라고 하는 작은 주머니가 들어 있는데 축색을 따라 신경신호가 전달되면 소낭을 자극하여 이곳에 담겨 있던 신경전달물질들이 시냅스 틈으로 분비된다. 분비된 신경전달물질은 시냅스 틈을 지나 시냅스 후종말에 해당하는 다른 신경세포의 수상돌기로 이동한다. 이곳에는 신경전달물질에 맞는 수용체가 있어 시냅스 전종말에서 분비된 신경전달물질을 받아들인다. 이렇게 하여 신경세포에서의 신호 전달 과정이 연속적으로 일어나게 되는 것이다.

시냅스 틈에서 분비되는 신경전달물질은 우리 몸의 상태나 감정에 영향을 미침으로써 신체 상태를 일정하게 균형 잡힌 상태로 유지할 수 있게 도와주는 역할을 한다. 이를 '항상성恒常性이라 한다. 신경전달물질에는 가장 먼저 발견된 아세틸콜린과 도파민, 에피네프린(아드레날린), 노르에피네프린(노르아드레날린), 세로토닌 등 단백질 단분자로 이루어진 모노아민 계열이 있으며 글루타민산염, GABA, 글리신 등의 아미노산, 그리고 두 개 이상의 아미노산 분자로 이루어진 다양한 펩티드, 마지막으로 일산화질소와 일산화탄소 등 기체 성분이 있다. 이들 각각은 고유의 기능이 있어 신체 상태를 특정한 목적에 적합하게 유지시키는 역할을 한다.

신경전달물질과 유사한 기능을 하는 화학물질로 호르몬이 있다.

호르몬은 신경세포의 시냅스에서 분비되는 것이 아니라 내분비샘에서 혈액으로 분비되어 혈액을 타고 이동함으로써 보다 광범위하게 영향을 미친다. 테스토스테론이나 에스트로겐, 그렐린, 인슐린 등은 모두 호르몬이다. 호르몬 역시 신체의 항상성을 유지시키는 데 관여하며 독특한 고유 기능이 있어 호르몬에 따라 신체 상태가 달라지기도 한다. 신경전달물질이나 호르몬은 외부의 자극에 따라 신체의 특정 부위에 있는 기관으로부터 분비되어 신체의 항상성을 유지시켜 주는 역할을 한다.

이 글을 마무리하기 전에 꼭 짚고 넘어갈 것이 있다. 모차르트는 좌뇌형이었을까, 우뇌형이었을까? 아마도 대다수가 우뇌형이라고 말할 것이다. 그렇다면 아인슈타인은? 아마도 좌뇌형이라고 대답하는 사람들이 압도적으로 많을 것이다. 지금까지 우리는 좌뇌는 언어적이고 논리적·분석적·계산적이며, 우뇌는 예술적·통합적·직관적·창의적이라고 알아왔다. 그렇지 않은가? 아마도 거의 대부분은 그렇게 알고 있을 것이다. 그렇게 배웠으니 그렇게 알고 있는 것이 당연하다. 하지만 우리에게 익숙한 음악가가 우뇌보다는 좌뇌를 더 많이 쓴다면 믿을 것인가?

우리는 지금까지 좌뇌와 우뇌에 대해서 위에서 언급한 대로 구분 지어 역할을 하는 것으로 알고 있었고 그래서 좌뇌형이니 우뇌형이니 하며 따졌지만 최근 들어 진행된 연구들에 따르면 사실이 아닐 가능성이 높다. 그보다는 우뇌는 새로운 것을 학습하고 받아들이는 역할을 더 많이 수행하고 좌뇌는 익숙한 것을 실행하는 역할을 더 많이 수행한다고 보는 것이 더 맞을 수도 있다. 예를 들어 피아노를 배울 때 처음에는 우뇌가 왕성하게 활동하지만 익숙해지면 그다음에는 우뇌의 활동은 줄어들고 좌뇌의 활동이 증가한다. 좌뇌는 분석적이고 논리적이며 우뇌는 창의적이고 예술적이라고 하는 말은 뇌에 관한 가장 잘못된 상식 중 하나가 아닐까 싶다.

참고자료

1장.

[사촌이 땅을 사면 배가 아픈 이유는 무엇일까?]

『뇌는 왜 내 편이 아닌가』, 이케가야 유지 지음, 최려진 옮김, 위즈덤하우스, 2011

『지금 시작하는 인문학』, 주현성, 더좋은책, 2012

『프로이트의 의자』, 정도언, 웅진지식하우스, 2013

『불안』, 알랭 드 보통 지음, 정영목 옮김, 은행나무, 2011

『자기통제의 승부사 사마의』, 자오위핑 지음, 박찬철 옮김, 위즈덤하우스, 2013

『마스터리의 법칙』, 로버트 그린 지음, 이수경 옮김, 살림Biz, 2013

『디퓨징』, 조셉 슈렌드 · 리 디바인 지음, 서영조 옮김, 더퀘스트, 2014

『브레인 스토리』, 수전 그린필드 지음, 정병선 옮김, 지호, 2006

The green-eyed monster that lives in your brain: Scientists discover the jealousy lobe, MailOnline, 2009.2.17http://www.dailymail.co.uk/sciencetech/article-1147525/The-green-eyed-monster-lives-brain-Scientists-discover-jealousy-lobe.html

Natalie Anier, In Pain and Joy of Envy, the Brain May Play a Role, The New York Times(Science), 2009.2.16http://www.nytimes.com/2009/02/17/science/17angi.html?_r=0

[나이 들수록 보수적으로 바뀌는 이유는?]

『가장 뛰어난 중년의 뇌』, 바버라 스트로치 지음, 김미선 옮김, 해나무, 2011

『브레인트레이너 자격시험지침서 1: 두뇌구조와 기능』, 글로벌사이버대학교, 2014

『3일 만에 읽는 뇌의 신비』, 야마모토 다이스케 감수, 박선무 · 고선윤 옮김, 서울문화사, 2002

http://bzzwid.tistory.com/category/...%EA%B8%B0%EC%96%B5%EB%A0%A5%EA%B0%9C%EC%84%A0/%EC%B9%98%EB%A7%A4%EC%98%88%EB%B0%A9

Lindsay Lavine, Trying to achieve happiness? Turns out, how you attain it depends on your age, FastCompany, 2014.3.17(http://www.fastcompany.com/3027726/leadership-now/trying-to-achieve-happiness-turns-out-the-way-to-get-it-depends-on-your-age

Eric J. Lerner, At U-M's Mental Health Research Institute, studies are producing new insight into how we think and feel, medicine, 2001. Vol.3 No. 3http://medicineatmichigan.org/magazine/2001/fall/brain

[노스페이스가 학생들의 교복이 되었던 이유]

『언씽킹』, 해리 백위드 지음, 이민주 옮김, 토네이도, 2011

『뇌는 왜 내 편이 아닌가』, 이케가야 유지 지음, 최려진 옮김, 위즈덤하우스, 2013

『뇌를 훔치는 사람들』, 데이비드 루이스 지음, 홍지수 옮김, 청림출판, 2014

『관찰의 힘』, 얀 칩체이스 · 사이먼 슈타인하트 지음, 야나 마키에이라 옮김, 위너스북, 2013

『뇌, 욕망의 비밀을 풀다』, 한스 게오르크 호이젤 지음, 배진아 옮김, 흐름출판, 2008

[사람들은 왜 복권을 사는 걸까?]

『만족』, 그레고리 번스 지음, 권준수 옮김, 북섬, 2006

『착각하는 뇌』, 이케가야 유지 지음, 김성기 옮김, 리더스북, 2008

Why playing the lottery is so addictive: Our brains can't cope with the odds of winning so we make irrational decisions (http://www.dailymail.co.uk/sciencetech/article-2383644/Why-playing-lottery-addictive-Our-brains-t-cope-little-odds-winning-make-irrational-decisions.html)

Why we keep play the lotteryhttp://nautil.us/issue/17/big-bangs/why-we-keep-playing-the-lottery-2

[왜 나쁜 생각은 하면 할수록 눈덩이처럼 커지는 걸까?]

『신경과학: 뇌의 탐구(제3판)』, Bear M. 공저, 강봉균 공역, 바이오메디북, 2009

『브레인트레이너 자격시험지침서 1: 두뇌구조와 기능』, 글로벌사이버대학교, 2014

『디퓨징』, 조셉 슈랜드 · 리 디바인 지음, 서영조 옮김, 더퀘스트, 2014

『착각하는 뇌』, 이케가야 유지 지음, 김성기 옮김, 리더스북, 2008

『학습과학: 뇌, 마음, 경험, 그리고 교육』, Committee on Developments in the Science of Learning 외 공저, 신종호 외 옮김, 학지사, 2007

Donna Wilson, Metacognition: The gift that keeps giving, Edutopia, 2014.10.7http://www.edutopia.org/blog/metacognition-gift-that-keeps-giving-donna-wilson-marcus-conyers

[내가 뇌의 주인인가, 뇌가 나의 주인인가?]

『뇌, 욕망의 비밀을 풀다』, 한스 게오르크 호이젤 지음, 배진아 옮김, 흐름출판, 2008

『브레인 스토리』, 수전 그린필드 지음, 정병선 옮김, 지호, 2006

『뇌는 왜 내 편이 아닌가』, 이케가야 유지 지음, 최려진 옮김, 위즈덤하우스, 2011

Anil Ananthaswanmy, Brain might not stand in the way of free will, NewScientist(Life), 2013.7.11http://www.newscientist.com/article/dn22144-brain-might-not-stand-in-the-way-of-free-will.html#.VQ_ulpUcTIU

인간에게 자유의지란 존재하는가[자유의지는 없다-샘해리스], YouTube, https://www.youtube.

com/watch?v=Coi7ubAlfaE

신경과학 그리고 자유의지, YouTube,https://www.youtube.com/watch?v=Ywi4nAmYgUQ

Christian Jarrett, Belief in Free Will Not Threatened by Neuroscience, Wired, 2014.9.29 http://www.wired.com/2014/09/belief-free-will-threatened-neuroscience/

Kerri Smith, Neuroscience vs philosophy: Taking aim at free will, nature, 2011.8.31http://www.nature.com/news/2011/110831/full/477023a.html

George Dvorsky, Scientific evidence that you probably don't have free will, io9, 2013.1.14http://io9.com/5975778/scientific-evidence-that-you-probably-dont-have-free-will

인간의 자유의지 없고, 있다고 믿을 뿐, chosun.com, 2013.4.23http://businessnews.chosun.com/site/data/html_dir/2013/04/23/2013042301142.html

2장.

[영화에서 진한 키스씬을 보면 흥분되는 이유는?]

『뇌, 인간을 읽다』, 마이클 코벌리스 지음, 김미선 옮김, 반니, 2013

「공감능력으로 정서와 통하고 관점이동으로 생각을 사로잡아라」, 김학진, The Art of Empathy, Special Report, DBR No.156, 2014.7

「불꽃처럼 타오르는 공감 지속시키려면 '감동의 불씨' 유지하라」, 이은주 · 박민지 · 양승은, The Art of Empathy, Special Report, DBR No.156, 2014.7

Jason Marsh, Do mirror neurons give us empathy?, Greater Good, 2012.3.29http://greatergood.berkeley.edu/article/item/do_mirror_neurons_give_empathy

[남자들은 왜 여자의 마음을 모르는 걸까?]

『뇌, 욕망의 비밀을 풀다』, 한스 게오르크 호이젤 지음, 배진아 옮김, 흐름출판, 2008

『뇌를 훔치는 사람들』, 데이비드 루이스 지음, 홍지수 옮김, 청림출판, 2014

『바잉브레인』, A.K. 프라딥 지음, 서영조 옮김, 한국경제신문사, 2013

『착각하는 뇌』, 이케가야 유지 지음, 김성기 옮김, 리더스북, 2008

『내 안의 CEO, 전두엽』, 엘코논 골드버그 지음, 김인명 옮김, 시그마프레스, 2010

『신경과학: 뇌의 탐구(제3판)』, Mark F. Bear 공저, 강봉균 공역, 바이오메디북, 2009

'남녀의 뇌', KBS 〈생로병사의 비밀〉, 299회~300회

「남녀, 지능담당 뇌구조 달라」, 한겨레(의료/건강), 2005년 1월 22일

Ruben Gur et.al., "Age group and sex differences in performance on a computerized neurocognitive battery in children age 8~21", NCBI, 2012.3.26.

theguardian, "Male and female brains wired differently, scans reveal", http://www.theguardian.com/science/2013/dec/02/men-women-brains-wired-differently 2013.12.3.

Madhura Ingahalikar et.al., "Sex differences in the structural connectome of the human brain, PNAS(Proceedings of the National Academy of Sciences), Vol. 111 No.2, 823.828

"When It Comes To Picking Art, Men & Women Just Don't See Eye To Eye", Huffington Post, 2014.10.13.

['중2'는 왜 가장 무서운 존재가 되었을까?]

『뇌로 통하다』, 최인철 공저, 21세기 북스, 2013

『문제는 무기력이다』, 박경숙 지음, 와이즈베리, 2013

『브레인트레이너 자격시험지침서 1: 두뇌구조와 기능』, 글로벌사이버대학교, 2014

『꿈을 이룬 사람들의 뇌』, 존 디스펜자 지음, 김재일 · 윤혜영 옮김, 한언, 2014

Katie Forster, "Secrets of teenager's brain", theguardian,(http://www.theguardian.com/lifeandstyle/2015/jan/25/secrets-of-the-teenage-brain), 2015.1.25.

Richard Knox, "The Teen Brain : It's Just Not Grown Up Yet", NPR, 2010.3.10., http://www.npr.org/templates/story/story.php?storyId=124119468

David Dobbs, "Teenage Brain", National Geographic, 2011.10(http://ngm.nationalgeographic.com/2011/10/teenage-brains/dobbs-text)

[사람들은 왜 공포 영화를 보는 걸까?]

『만족』, 그레고리 번스 지음, 권준수 옮김, 북섬, 2006

『중독에 빠진 뇌』, 마이클 쿠하 지음, 김정훈 옮김, 해나무, 2014

'그걸 왜 보니?', 공포영화에 대한 상반된 두 입장, 브레인 Vol.29, 2011년 8월 24일

Scary Movies and Real-Life Risks, Wall Streeet Journal, Oct. 25, 2011, Melinda Beck, (아래 링크 참조) (아래는 한글판)http://realtime.wsj.com/korea/2011/11/01/%EA%B3%B5%ED%8F%AC%EC%98%81%ED%99%94%EC%99%80-%EC%9E%90%EA%B7%B9%EC%B6%94%EA%B5%AC/

Allegra Lingo, Why do some brains enjoy fear?, The Atlantic, 2013.10.31http://www.theatlantic.com/health/archive/2013/10/why-do-some-brains-enjoy-fear/280938/

Sharon Begley, Why our brains love horror movies, The Daily Beast, 2011.10.25http://www.thedailybeast.com/articles/2011/10/25/why-our-brains-love-horror-movies-fear-catharsis-a-sense-of-doom.html

The Psychology of Scary Movies, Filmmaker IQ,http://filmmakeriq.com/lessons/the-psychology-of-scary-movies/

[야단을 맞으면 머릿속이 하얗게 되는 이유는?]

Martin H. Teicher, Carl M. Anderson, Ann Polcari, Childhood maltreatment is associated with reduced volume in the hippocampal subfields CA3, dentate gyrus, and subiculum, PNAS, Sep. 19, 2011(http://www.pnas.org/content/109/9/E563)

Early verbal abuse may reduce language ability, New Scientist, Oct. 19, 2006http://www.newscientist.com/article/dn10332-early-verbal-abuse-may-reduce-language-ability.html#.VR3eWJUcTIU

Heledd Hart, Katya Rubia, Neuroimaging of child abuse: a critical review, NCBI, Mar. 19, 2012http://www.ncbi.nlm.nih.gov/pmc/articles/PMC3307045/

R. Douglas Fields, Sticks and Stones--Hurtful Words Damage the Brain, Psychology Today, Oct. 30, 2010https://www.psychologytoday.com/blog/the-new-brain/201010/sticks-and-stones-hurtful-words-damage-the-brain

Verbal beatings hurt as much as sexual abuse, Havard Gazett2, Apr. 26, 2007http://news.harvard.edu/gazette/story/2007/04/verbal-beatings-hurt-as-much-as-sexual-abuse/

Childhood abuse may stunt growth of part of brain involved in emotions, theguardian.com, Feb. 13, 2012http://www.theguardian.com/science/2012/feb/13/childhood-abuse-growth-brain-emotions

How Child Abuse Primes the Brain for Future Mental Illness, Time, Feb. 15, 2012http://healthland.time.com/2012/02/15/how-child-abuse-primes-the-brain-for-future-mental-illness/

「고함만 쳐도 아이의 뇌는 멍든다」, 과학동아, 2014년 2월호

[EBS 청소년 특별기획] 언어폭력개선 프로젝트 2부작, 2013년 3월 11~12일

['옥에 티'는 왜 생기는 걸까?]

『뇌를 훔치는 사람들』, 데이비스 루이스 지음, 홍지수 옮김, 청림출판, 2014

『착각하는 뇌』, 이케가야 유지 지음, 김성기 옮김, 리더스북, 2008

『뇌는 왜 내 편이 아닌가』, 이케가야 유지 지음, 최려진 옮김, 위즈덤하우스, 2013

『보이지 않는 고릴라』, 크리스토퍼 차브리스 · 대니얼 사이먼스 지음, 김명철 옮김, 김영사, 2011

「바꿔도 모른다? '선택맹' 보고도 모른다 '변화맹'」, 서울신문 23면, 2013년 4월 16일(http://www.kdaily.com/news/newsView.php?id=20130416023002&spage=8)

Daniel Simons & Christopher Charbris, Gorillas in our midst: sustained inattentional blindness for dynamic event, CNBC, Vol. 28, 1999

Victoria Gill, How blind to change are you?, BBC News, 2010.6.11http://whywereason.com/tag/change-blindness/

3장.
[발가락을 자극하면 왜 성적 흥분을 느끼는 것일까?]

「라마찬드란 박사의 두뇌실험실」, 빌라야누란 라마찬드란 지음, 신상규 옮김, 바다출판사, 2009

「꿈을 이룬 사람들의 뇌」, 조 디스펜자 지음, 김재일 · 윤혜영 옮김, 한언, 2009

「중독에 빠진 뇌」, 마이클 쿠하 지음, 김정훈 옮김, 해나무, 2014

「브레인트레이너 자격시험지침서 1: 두뇌구조와 기능」, 글로벌사이버대학교, 2014

「브레인트레이너 자격시험지침서 4: 두뇌훈련 지도법」, 글로벌사이버대학교, 2014

[책을 많이 읽어야 하는 이유는 무엇일까?]

「즐겁게 책 읽으면 창의력과 성공지능 높아져」, 브레인 미디어, 2012년 10월 5일(http://kr.brainworld.com/BrainEducation/10102)

Christopher Bergland, Reading Fiction improves Brain Connectivity and Function, Psychology Today, 2014.1.4https://www.psychologytoday.com/blog/the-athletes-way/201401/reading-fiction-improves-brain-connectivity-and-function

Lee Dye, How Reading a Novel Can Improve the Brain, abc News, 2014.1.12"http://abcnews.go.com/Technology/reading-improve-brain/story?id=21501657

http://www.nytimes.com/2012/03/18/opinion/sunday/the-neuroscience-of-your-brain-on-fiction.html?pagewanted=all&_r=1

Annie Murphy Paul, Your Brain on Fiction, The New York Times(Sunday Review), 2012.3.17http://www.nytimes.com/2012/03/18/opinion/sunday/the-neuroscience-of-your-brain-on-fiction.html?pagewanted=all&_r=1

Allison Watkins, How Does Reading Improve Brain Function, Reading Horizons, 2012.9.17http://athome.readinghorizons.com/blog/how-does-reading-improve-brain-function

C. J. Price et al, Brain activity during reading: The effects of exposure duration and task, Brain(A Journal of Neurology), 1994.12.1http://brain.oxfordjournals.org/content/117/6/1255

See Brain. See Brain Read…, American Psychological Association, 2014.7http://www.apa.org/research/action/reading.aspx

[사춘기 아이들이 늦게 자고 늦게 일어나는 이유는?]

「만족」, 그레고리 번스 지음, 권준수 옮김, 북섬, 2010

「뇌는 왜 내 편이 아닌가」, 이케가야 유지, 최려진 옮김, 위즈덤하우스, 2013

「신경과학: 뇌의 탐구(제3판)」, Mark F. Bear 공저, 강봉균 공역, 바이오메디북, 2009

「낮잠 45분에 기억력 5배 향상 효과」, 연합뉴스, 2015년 3월 24일

「수면 부족한 한국 학생들」, 전북도민일보, 2015년 3월 9일(http://www.domin.co.kr/news/articleView.html?idxno=1059448)

한의학박사 김성훈 블로그, http://blog.daum.net/kidoctor/15964303

BBC News, "Why do teenagers sleep late", 2009.3.9,http://news.bbc.co.uk/2/hi/uk_news/magazine/7932950.stm

BBC, Teenagers: Sleeping Pattern, 2014.9.17

Alice Park, School should start later so teens can sleep, Urge Doctors, Times, 2014.8.15http://time.com/3162265/school-should-start-later-so-teens-can-sleep-urge-doctors/

Dr. David Sousa, "Impact of Circadian Rhythms on Schools and Classrooms", 2011.10.17, https://howthebrainlearns.wordpress.com/2011/10/17/impact-of-circadian-rhythms-on-schools-and-classrooms/

Y. Dakahashi et.al., Growth Hormone Secretion during Sleep, NCBI, Vol. 47(1968)

Tony Schober, How to increase growth hormone the natural way, http://www.coachcalorie.com/maximizing-growth-hormone-for-fat-loss/

Chalita Thanykoop, Daytime napping improves memory, 2010.11.6, http://brainblogger.com/2010/11/06/daytime-napping-improves-memory/

Alexandra Siffelin, Study or sleep? For better grade, teens should go to bed early, Times, 2012.8.21,http://healthland.time.com/2012/08/21/study-or-sleep-for-better-grades-students-should-go-to-bed-early/

Bronwyn Fryer, Sleep deficit: The performance killer, HBR, 2006.10

D.T. Max, The Secret of Sleep, National Geographic, 2010.5

CBS News, Too Little Sleep: The New Performance Killer, 2011.2.9http://www.cbsnews.com/news/too-little-sleep-the-new-performance-killer/

Max Read, Want to Memorize Something? Take a Nap, http://gawker.com/5741490/want-to-memorize-something-take-a-nap, 2011.1.24

Li E. et al., Ghrelin directly stimulates adult hippocampal neurogenesis: implications for learning and memory, NCBI, 2013(60),

Sabrina Diano et. Al, Ghreline controls hippocampal spine synapse density and memory performance, Nature Neuroscience 9, 2006.2.19http://www.nature.com/neuro/journal/v9/n3/full/nn1656.html

[운동을 하면 공부도 잘한다고?]
「브레인 스토리」, 수전 그린필드 지음, 정병선 옮김, 지호, 2006
「매력적인 장 여행」, 기울리아 엔더스 지음, 배명자 옮김, 와이즈베리, 2014
「운동화 신은 뇌」, 존 레이티 · 에릭 헤이거먼 지음, 이상헌 옮김, 북섬, 2009
「되살아나는 뇌의 비밀」, 이쿠타 사토시 지음, 황소연 옮김, 가디언, 2011
Carl W. Cotman et.al, Exercise builds brain health: key roles of growth factor cascades and inflammation, Trend in NeuroScience, Vol.30 No.7,

Heidi Godman, Regular Exercise changes the brain to improve memory, thinking skill, Harvard Health Publication, 2014.4.9

Physical Exercise for Brain Health, Brain HQ,http://www.brainhq.com/brain-resources/everyday-brain-fitness/physical-exercise

[텔레비전은 정말 바보상자일까?]

『뇌를 훔치는 사람들』, 데이비드 루이스 지음, 홍지수 옮김, 청림출판, 2014

『이기적인 뇌』, 아힘 페터스 지음, 전대호 옮김, 에코 리브르, 2013

『당신의 고정관념을 깨뜨릴 심리실험 45가지』, 더글라스 무크 지음, 진성록 옮김, 부글북스, 2010

Wade, C., & Tavris, C. (2000) 〈Psychology〉 (6th ed.) Upper Saddle River, NJ: Prentice Hall

The effects of TV on the brain, EruptingMind, http://www.eruptingmind.com/effects-of-tv-on-brain/

Robin Yapp, Children who watch too much TV may have 'damaged brain structures', MailOnline, 2014.1.10http://www.dailymail.co.uk/health/article-2537240/Children-watch-TV-damaged-brain-structures.html

Peter Bongiorno, Your unhappy brain on television, Psychology Today, 2011.10.6https://www.psychologytoday.com/blog/inner-source/201110/your-unhappy-brain-television

[멍 때릴 때 진짜 창의력이 나온다]

『뇌의 배신』, 앤드류 스마트 지음, 윤태경 옮김, 미디어윌, 2014

『뇌는 왜 내 편이 아닌가』, 이케가야 유지 지음, 최려진 옮김, 위즈덤하우스, 2013

『멍때려라』, 신동원 지음, 센츄리원, 2013

공부도 '헝그리 정신'으로? … 허기와 학습효과의 관계, DongA.com, 2006년 3월 3일(http://www.donga.com/news/print.php?n=200603030076)

Marcus E. Raichle, The Brain's Dark Energy, Scientific American, 2010.3 http://www.scientificamerican.com/article/the-brains-dark-energy/

Kerri Smith, Neuroscience: Idle minds, Neuroscientists are trying to work out why the brain does so much when it seems to be doing nothing at all., Nature, Sep 19, 2012http://www.nature.com/news/neuroscience-idle-minds-1.11440

[요리 활동이 주는 커다란 혜택들]

『꿈을 이룬 사람들의 뇌』, 조 디스펜자 지음, 김재일 · 윤혜영 옮김, 한언, 2014

『껌만 씹어도 머리가 좋아진다』, 오노즈카 미노루 지음, 이경덕 옮김, 클라우드나인, 2015

『세로토닌 100% 활성법』, 아리타 히데호 지음, 윤혜림 옮김, 전나무숲, 2011

『디퓨징』, 조셉 슈랜드 · 리 디바인 지음, 서영조 옮김, 더퀘스트, 2014

4장.

[해소 방법만 알아도 스트레스가 줄어든다]

『만족』, 그레고리 번스 지음, 권준수 옮김, 북섬, 2010

『되살아나는 뇌의 비밀』, 이쿠타 사토시 지음, 황소연 옮김, 가디언, 2011

『착각하는 뇌』, 이케가야 유지 지음, 김성기 옮김, 리더스북, 2008

『껌만 씹어도 머리가 좋아진다』, 오노즈카 미노루 지음, 이경덕 옮김, 클라우드 나인, 2014

『브레인트레이너 자격시험지침서 1: 두뇌구조와 기능』, 글로벌사이버대학교, 2014

[긴장을 하면 배가 아픈 이유는?]

『매력적인 장 여행』, 기울리아 엔더스 지음, 배명자 옮김, 와이즈베리, 2014

『뇌를 훔치는 사람들』, 데이비스 루이스 지음, 홍지수 옮김, 청림출판, 2014

『장을 클린하라』, 오쿠무라 코우 지음, 김숙이 옮김, 스토리유, 2011

『제2의 뇌』, 마이클 D. 거숀 지음, 김홍표 옮김, 지만지, 2011

『세로토닌 100% 활성법』, 아리타 히데호 지음, 윤혜림 옮김, 전나무숲, 2011

[Health & Life] 「제2의 뇌' 장을 웃게 하세요」, MK뉴스, 2011년 8월 23일(http://news.mk.co.kr/newsRead.php?year=2011&no=547185)

「2번째 뇌, 장 신경계를 아시나요」, 이상우 기자, TechHollic, 2014년 11월 13일(http://techholic.co.kr/archives/24168)

Gut Instincts: The secrets of your second brain, Neuroscience, 2012.12.18http://neurosciencestuff.tumblr.com/post/38271759345/gut-instincts-the-secrets-of-your-second-brain

[과일과 채소만 먹는다고 살이 빠지진 않는다]

『이기적인 뇌』, 아힘 페터스 지음, 전대호 옮김, 에코리브르, 2013

『꿈을 이룬 사람들의 뇌』, 조 디스펜자 지음, 김재일 · 윤혜영 공역, 한언, 2009

『착각하는 뇌』, 이케가야 유지 지음, 김성기 옮김, 리더스북, 2008

Top 10 Foods Highlights in Tryptophan, HealthAliciousNess.com,http://www.healthaliciousness.com/articles/high-tryptophan-foods.php

「에너지의 균형을 맞추는 맞수 그렐린과 렙틴」, 브레인 Vol.12, 2012

[스트레스를 받으면 왜 매운 음식이 당길까?]

『이기적인 뇌』, 아힘 페터스 지음, 전대호 옮김, 에코리브르, 2013

『브레인트레이너 자격시험지침서 1: 두뇌구조와 기능』, 글로벌 사이버대학교, 2014

『브레인트레이너 자격시험지침서 4: 두뇌훈련 지도법』, 글로벌 사이버대학교, 2014

락싸 홈페이지 자료, http://www.laxtha.com/SiteView.asp?x=3&y=19&z=0&infid=231

Jenny Everett, 5 Hidden Health Benefits of Spicy Foods, Flash, 2010.9.24,http://www.self.com/flash/health-blog/2010/09/5-healthy-benefits-of-eating-s/

Sarah Brooks, Spice up your life, sheknows, 2013.3.21,http://www.sheknows.com/food-and-recipes/articles/988185/health-benefits-of-spicy-foods

James Gorman, A perk of our evolution: Pleasure in pain of chilies, The New York Times, 2010.9.20

Varsha Naik, If you're stressed, stay away from these foods, The HealthSite, 2013.7.17http://www.thehealthsite.com/diseases-conditions/if-youre-stressed-stay-away-from-these-foods/

Anupum Pant, Spicy Foods for a Happy Stress Free Life, AweSci . Science Everyday, 2014.5.6http://awesci.com/spicy-food-for-a-happy-stress-free-life/

[왜 가위에 눌리는 것일까?]

『착각하는 뇌』, 이케가야 유지 지음, 김성기 옮김, 리더스북, 2008

『꿈을 이룬 사람들의 뇌』, 조 디스펜자 지음, 김재일 · 윤혜영 옮김, 한언, 2009

『브레인트레이너 자격시험지침서 1: 두뇌구조와 기능』, 글로벌사이버대학교, 2014

Stephanie Pappas, Brain Chemicals that cause Sleep Paralysis Discovered, LiveScience, 2012.7.17http://www.livescience.com/21653-brain-chemicals-sleep-paralysis.html

Stephanie Pappas, What makes sleep paralysis scary, LiveScience, 2013.3. 4http://www.livescience.com/27621-sleep-paralysis-scary.html

Stephanie Pappas, The 10 spooky sleep disorders, LiveScience, 2011.2.15http://www.livescience.com/12868-top-10-spooky-sleep-disorders.html

Rebecca Turner, How to stop sleep paralysis and turn it into lucid dreams, WorldofLucidDreming, http://www.world-of-lucid-dreaming.com/sleep-paralysis.html

[고스톱을 치면 정말 치매를 예방할 수 있을까?]

『내 안의 CEO, 전두엽』, 엘코논 골드버그 지음, 김인명 옮김, 시그마프레스, 2010

『가장 뛰어난 중년의 뇌』, 바버라 스트로치 지음, 김미선 옮김, 해나무, 2011

『껌만 씹어도 머리가 좋아진다』, 오노즈카 미노루 지음, 이경덕 옮김, 클라우드 나인, 2014

『브레인트레이너 자격시험지침서 2: 두뇌특성 평가법』, 글로벌사이버대학교, 2014

Rosa Silverman, Follow five golden rules to prevent dementia, says study, The Telegraph, 2014.12.22http://www.telegraph.co.uk/news/health/news/11293313/Follow-five-golden-rules-to-prevent-dementia-says-study.html

Huffpost Living, Brain Food: Diet Can Help Prevent Dementia After Age 50, 2014.3.27http://www.huffingtonpost.ca/2014/03/12/brain-food_n_4948811.html

Paula Span, Small Changes, and Hope, for Preventing Dementia, The New York Times, 2014.7.15.

[껌을 씹는 것은 정말 버릇 없는 짓일까?]

『껌만 씹어도 머리가 좋아진다』, 오노즈카 미노루 지음, 이경덕 옮김, 클라우드 나인, 2014

『세로토닌 100% 활성법』, 아리타 히데호 지음, 윤혜림 옮김, 전나무숲, 2011

『착각하는 뇌』, 이케가야 유지 지음, 김성기 옮김, 리더스북, 2008

Jeniffer Welsh, Gum-Chewing Improves Test Performance, Study Suggests, Livescience, 2011.12.16http://www.livescience.com/17520-chewing-gum-test-performance.html

Cara Lee, How chewing gum can boost your brain power, Mail Online, 2013.4.2 http://www.dailymail.co.uk/health/article-2302615/How-chewing-gum-boost-brain-power.html

Chewing Gum Stimulates the Brain, Brain Health & Puzzle,http://www.brainhealthandpuzzles.com/chewing_gum_stimulates_the_brain.html

Smith A., Effects of chewing gum on mood, learning, memory and performance of an intelligence test, NCBI, 2009.4http://www.ncbi.nlm.nih.gov/pubmed/19356310

Anne Hart, Scientists study how chewing gum improves brain function, http://www.examiner.com/article/scientists-study-how-chewing-gum-improves-brain-function

Marisa Ramiccio, The Surprising Health Benefits Of Chewing Gum, http://www.symptomfind.com/nutrition-supplements/benefits-of-chewing-gum

[부록]

『내 안의 CEO, 전두엽』, 엘코논 골드버그 지음, 김인명 옮김, 시그마프레스, 2010

『꿈을 이룬 사람들의 뇌』, 존 디스펜자 지음, 김재일 · 윤혜영 옮김, 한언, 2014

『신경과학: 뇌의 탐구(제3판)』, Mark F. Bear 공저, 강봉균 공역, 바이오메디북, 2009

『브레인 스토리』, 수전 그린필드 지음, 정병선 옮김, 지호, 2006

Marie Rogers, "Is The Dress blue and black or white and gold? The answer lies in vision psychology", theguardian, 27 Feb. 2015

일상 속에 숨겨진 재미있는 뇌의 비밀

처음 만나는 뇌과학 이야기

초판 1쇄 발행 2016년 9월 26일
초판 7쇄 발행 2022년 11월 2일

지은이 양은우
펴낸이 민혜영
펴낸곳 (주)카시오페아 출판사
주소 서울시 마포구 월드컵로 14길 56, 2층
전화 02-303-5580 | **팩스** 02-2179-8768
홈페이지 www.cassiopeiabook.com | **전자우편** editor@cassiopeiabook.com
출판등록 2012년 12월 27일 제2014-000277호
외주편집 박김문숙
편집1 최유진, 오희라 | **편집2** 이수민, 양다은 | **디자인** 이성희, 최예슬
마케팅 허경아, 홍수연, 이서우, 이애주, 이은희

ⓒ양은우, 2016
ISBN 979-11-85952-55-0 03400